矿产资源开采与地质勘查

李　杨　王合玲　靳　杨　著

吉林科学技术出版社

图书在版编目（CIP）数据

矿产资源开采与地质勘查 / 李杨，王合玲，靳杨著
. -- 长春：吉林科学技术出版社，2023.10
ISBN 978-7-5744-0917-0

Ⅰ. ①矿… Ⅱ. ①李… ②王… ③靳… Ⅲ. ①煤矿开采－研究②矿产资源－地质勘探－研究 Ⅳ. ① TD82
② P624

中国国家版本馆 CIP 数据核字 (2023) 第 205453 号

矿产资源开采与地质勘查

著　　者　李　杨　王合玲　靳　杨
出 版 人　宛　霞
责任编辑　王凌宇
封面设计　乐　乐
制　　版　乐　乐
幅面尺寸　185mm × 260mm　1/16
字　　数　285 千字
页　　数　283
印　　张　17.75
印　　数　1-1500 册
版　　次　2023 年 10 月第 1 版
印　　次　2024 年 2 月第 1 次印刷

出　　版　吉林科学技术出版社
发　　行　吉林科学技术出版社
地　　址　长春市净月区福祉大路 5788 号
邮　　编　130118
发行部电话 / 传真　0431-81629529　81629530　81629531
81629532　81629533　81629534
储运部电话　0431-86059116
编辑部电话　0431-81629518
印　　刷　三河市嵩川印刷有限公司

书　　号　ISBN 978-7-5744-0917-0
定　　价　72.00 元

前言

我国矿产资源分布面广、赋存区域较为集中，存在小型矿床多散、大型矿床少的分布特点，矿产资源禀赋决定了我国矿产资源开发必然经历从弱小分散到整合壮大的发展历程。近年来，通过开展矿产资源开发秩序整顿、开发整合等专项工作，以及矿业权设置方案制度，我国矿产资源开发利用逐步向规模化、集约化发展，矿业权布局明显优化。同时，随着矿产资源开发利用水平和相关政策技术要求的不断提高，我国矿业权布局已成为一个持续动态调整的过程，矿产资源勘查、开采、优化布局的相关研究也相继开展起来。

地质矿产资源可以满足建筑、石油化工、企业等行业领域的发展需求，对地质矿产资源的有效勘查可以为资源的开发与利用奠定良好的基础。在勘查的过程中可以充分了解当地的水文地质状况和矿产资源分布情况，还可以就地质资源开发对生态系统造成的破坏进行预估。对地质矿产资源的合理开发不仅可以确保开采人员的安全，还可以结合当地的实际状况应用合理的开采手段，降低对生态环境的不良影响。地质矿产资源勘查与开发工作是一项难度比较大、对技术要求比较高的工作，要想提高效率，就要使用先进的工具和技术，聘用经验丰富、专业素质高的专业人员，这样才可以确保勘查结果的准确性，提高地质矿产资源开发利用的效率。

地质矿产勘查以寻找和评价矿产为主要目的，依据先进的地质科学理论，在进行大量野外地质观察和搜集整理有关地质资料的基础上，采用地质测量、物化探、钻坑探工程等综合地质手段和方法，通过钻探、坑探、井探和槽探等方式，进行编录、取样、化验、储量计算、技术经济评价或可行性研究等项工作，以此获取可靠、真实、有效的地质矿产信息资料，为地质矿产资源合理开发提供依据。本书是矿产资源方向的书籍，主要研究矿产资源开采与地质勘查。从矿产地质勘查技术介绍入手，针对矿产勘查取样、地质勘查安全生产进行了分析研究；对煤炭地质勘查技术、非金属矿产地质勘查做了一定的介绍；还对地质勘查高新技术发展路径、矿产资源开采的环境伦理以及地质找矿工作模式创新做了研究。本书重视知识结构的系统性和先进性，论述严谨、结构合理、条理清晰、重点突出、通俗易懂、内容丰富新颖，具有前瞻性、科学性、系统性和指导性。

本书由李杨（安徽理工大学深部煤矿采动响应与灾害防控国家重点实验室）；王合玲（浙江省地矿勘察院有限公司）；靳杨（青海省有色第一地质勘查院）；白瑞峰（国家能源集团神东煤炭集团补连塔煤矿）；初长江（山东恒邦冶炼股份有限公司）；张锦（黑龙江省第二地质勘查院）；王生庆（国网能源和丰煤电有限公司）；王立佳（黑龙江省自然资源调查院）吕明奇（黑龙江省自然资源调查院）共同撰写。

作者在相关内容的撰写、资料查阅、收集和整理以及审校等工作过程中参阅了大量资料，并引用了大量论文材料，在此向原作者表示诚挚的谢意。若在引用文献中出现未做具体说明的，实为疏漏所致，特此向原作者表示歉意。由于作者水平有限，书中难免会出现不足之处，希望各位读者和专家能够提出宝贵意见，以待进一步修改，使之更加完善。

目 录

第一章　矿产地质勘查技术

第一节　地球物理勘查技术

一、地球物理勘查技术概述

（一）地球物理勘查的基本原理

地球物理勘查方法是在某种程度上测量所有岩石具有的客观特征并收集大量用于图形处理的数字资料。在矿产勘查中的应用体现在两个方面：①定义重要的区域地质特征；②直接进行矿体定位。第一方面的应用主要是填制某种岩石或构造特征的区域性分布图，如运用地球物理方法测量地表对电磁辐射的反射率、磁化率、岩石传导率等。这方面的应用不要求观测值与所寻找的目标矿床之间存在任何直接或间接的关系，根据这类观测资料结合地质资料可以产生地质特征的三维解释，然后应用成矿模型预测在什么地方可以找到目标矿床，从而指导后续勘查工作。这类应用的关键是对这些观测值以最容易进行定性解释的形式展示，即转化为容易为地质人员理解的模拟形式，现在利用 GIS 技术可以很容易实现。第二方面的应用是要测量直接反映并且在空间上与工业矿床（体）紧密相关的异常特征。因为矿床在地壳内的赋存空间很小，决定了这类测量必须是观测间距很小的详细测量，从而测量费用较高。以矿床为目标的地球物理 / 地球化学测量项目通常是在已经圈定的勘查靶区内或至少是有远景的成矿带内进行，其观测结果的解释关键在于选择那些被认为是异常的观测值，然后对这些异常值进行分析，确定异常体的大致性质、规模、位置及其产状。

岩石或矿石的物性差异是选择相应物探方法的物质基础。任何地球物理勘查技术应用的基本条件是，矿体（或它所要探测的地质体）与围岩之间在某种可测量到的物性方面能进行对比。

（二）勘查地球物理技术的应用及其限制

地球物理技术在矿产勘查各阶段都可使用。初步勘查阶段，采用航空地球物理圈定区域地质特征；详细勘查阶段，运用地面地球物理和钻孔地球物理测井，甚至在坑道内直接运用地球物理技术。

地球物理技术常可用做辅助地质填图。例如，在美国密苏里铅锌矿区东南部，依靠航磁异常圈定埋藏的前寒武系基底岩石的隆起和凹陷，这些隆起和凹陷与上覆碳酸盐岩石中的藻礁和矿床有关。在一些具有广泛覆盖层分布的地区，电法、电磁法、地震法和重力法广泛用于在高阻的石灰岩层、低阻的板岩层以及高密度的镁铁质岩墙分布区填图。

地球物理技术也可直接用于寻找矿床。如利用放射性法找铀矿、磁法找铁矿、电法找基本金属矿床等。通常认为，它们是在未开发地区进行矿产勘查的一部分。许多老矿区利用这些地球物理技术还获得了许多新的发现；在生产矿区正在力图应用地球物理技术寻找深部隐伏矿体，因为在寻找具有特征相对明显的矿体时更容易应用新概念和新技术。生产矿区有特殊的优点，地球物理技术可在深部坑道运用，但也存在缺点——杂散电流及工业有关的噪声干扰。

综上可见，地球物理技术在矿产勘查中的应用目的在于：① 确定具有潜在工业矿床的地区；② 排除潜在无矿的远景区。例如，假设要寻找含铜镍硫化物矿床，地球物理勘查的目的是，查明在工作区一定深度范围内是否存在某种具有电导带或很大密度带的地质体及其赋存部位；如果兴趣更广泛些，相同的地球物理工作还能阐明超镁铁岩体或主要断裂带的特征信号，因为它们能预测铜镍矿化的地质特征。

地球物理信号是由信息和噪声组成的，异常存在于信息中，必须根据地质条件进行解释。由于影响异常的因素复杂，因此，地球物理异常具有多解性，致使利用地球物理技术进行矿产勘查命中率较低。

地球物理技术探测的深度极限与信号 / 噪声的值、探测目标的形状和规模以及作用力的强度有关。仪器敏感度的增益或外加力的增强均无助于来自深部的弱信号。例如，如果近地表的噪声来源碰巧是覆盖层中的电导带或火山岩中的磁性带，那么，随着外加电流的增强或磁力仪灵敏度的改善，噪声也将增大。虽然磁法、地震法和大地电流法测量都可以渗透很深，并对探测目标进行大致对比，但是，就矿体的效应而言，大多数金属地球物理技术的有效实际探测深度为 300m 以内。在有利条件下，对于一定的电法测量（激发极化法）和电磁法测量（声频电磁法），300m 深度可作为工作极限。激发极化法可以探测到所寻目标最小维的两倍深度范围内所产生的效应。就磁性体而言，赋存于其最小维 4 ~ 5 倍的深度范围内可被探测到；在电磁测量中，最深的效应大于传感器和接收器之间距离的 5 倍。在地质勘查中，人们不能依赖单纯地球物理勘查技术，因为它涉及许多变量且穿透深度有限，所以，必须综合应用各种手段和理论推断等才能圆满完成任务。

物性（physical properties）是岩石或矿石物理性质的简称，如岩石和矿石的密度、磁化率，电阻率、弹性等。在实施地球物理测量项目工作之前，需要对测区内各类岩石和矿石进行系统的物性参数测量和研究，物性测定是选择地球物理勘查方法和进行地球物理异常解释的前提和主要依据。

物探仪器发展的明显特点是智能化、网络化功能的增强，以及一机多参数测量，这不仅可以大大提高观测速度，还为实现张量和阵列观测提供了基础。

（三）航空地球物理勘查和井中地球物理测量的主要技术

1. 航空地球物理勘查技术

航空地球物理测量在一些发达国家应用比较广泛，它们速度快，每单位面积成本相对较低，不仅可以同时进行航空磁法、电磁法、放射性法测量，某种情况下还可同时进行重力测量。目前，航空测量精度大大提高，不仅勘查成本低，而且具有所获资料全面等优点，勘查效果比较显著。航空地球物理与地面地球物理方法的配合，以及航空地球物理测量数据与遥感数据的结合，极大地推动了地球物理技术的发展和应用。

高分辨率航空磁测方法是采用高灵敏度仪器、大比例尺高精度航空勘查技术来获取高质量的航空磁测数据。先进的数据处理方法，对磁测信息进行有效的分离与提取，精细定量解释方法。高分辨率航磁测量方法具有速度快、测量数据精度高、解释方法精细、价格低廉等优势，目前在国内外得到了广泛应用。它在矿产勘查方面可快速有效地对矿产勘查远景区进行评价，更好更快地进行勘查选区；直接发现矿床或矿体，可替代地面物探测量；识别构造细节，分辨细小的断层与裂隙；对岩石边界进行精确填图，区分杂岩单元；“穿透”沉积层对下伏基岩进行填图，较准确圈出隐伏地质体的空间分布状态。

航空电磁法分为时间域和频率域两类。时间域发射断续的脉冲电磁波，主要测量发射间隙的二次电磁场，所以又称为航空瞬变电磁法。频率域发射连续的交变电磁波，发射的同时测量二次电磁场。航空电磁法广泛应用于地质填图、矿产勘查、水文地质和工程地质勘查、环境监测等。其成本低、效率高、适应性强，能够在地面难以进入的森林、沙漠、沼泽、湖泊、居民区等地区开展物探测量工作，特别适合大面积地普查工作，是国土资源大调查中必不可少的物探方法。多年来，国外一直将航空电磁法作为一种常规的物探方法广泛应用。

航空放射性测量系统主要由航空多道伽玛能谱仪和飞机系统组成。利用光电效应，晶体探测器将不可见的射线转换为能够被探测的光电子流，该光电子流正比于放射射线的能量。通过分析光电子流的强度，能谱分析仪获得放射射线的能量和该能量射线单位时间内出现的次数，即该能量射线单位时间内的计数。该计数越大，说明该能量射线的强度越大。通过分析不同能量射线的强弱分布特点，获取有用的地质信息或放射污染的程度。

航空放射性测量的特点是快速、经济而有效，最初主要用于寻找放射性矿产资源，即铀矿普查，测定岩石中铀、钍、钾的含量。固定翼航空放射性测量主要用于铀矿普查，直升机航空放射性测量主要用于铀矿详查。到了20世纪60年代，航空放射性测量开始广泛应用。80年代以来，航空放射性测量引起重视，在基础地质研究和矿产资源勘查中得到了广泛的应用，利用其进行地质填图及寻找其他矿产资源，取得了丰硕的地质和找矿效果，并形成了一套成熟的测量方法技术。

2. 井中地球物理测量技术

众所周知，地面物探异常往往是地下多个地质体（包括矿体）所形成异常的叠加结果，根据地面异常布置验证孔不一定发现地下矿体。同时，依据普查资料的地表地质、地面地球物理和地球化学采集的数据经过分析、解释而布置的钻孔能够穿过目的物，但分析解释的正确性和精度与工作的详细程度及非目的物的干扰程度有关，故在普查或干扰严重的地区，普查钻孔的见矿率较低。而进行地下地球物理勘查则可弥补地面地球物理勘查的不足之处。钻探工程在条件适宜的情况下，应根据地球物理条件进行测井与井中地球物理测量，以发现和圈定井旁盲矿。

井中地球物理测量技术包括井中地球物理勘查和地球物理测井技术。井中地球物理勘查用来解决井周、井间的地质问题，其探测范围为几十米到几百米，是介于地面地球物理勘查和常规测井的过渡性技术；具有受地面干扰因素影响小、探测范围大的特点，可准确地确定井周与井间盲矿的空间位置及形态。地球物理测井技术在石油勘查中被广泛应用，主要用来解决井壁的地质问题，其探测范围为十几厘米到几米。

井中地球物理勘查技术主要包括井中磁测（包括磁化率测井）、井中激发极化法、井中大功率充电法、井中瞬变电磁法、井中电磁波法、井中声波法等。可应用于固体矿产勘查、石油勘查、水文及工程地质勘查等领域。特别是在深部和外围找矿评价中，井中地球物理勘查具有独特的优势，是寻找深部、隐伏矿床的重要手段。

井中磁测主要用于解决井底、井旁和井周的地质问题。例如，① 划分磁性层，确定磁性层的深度和厚度，提供磁性参数（磁化率、磁化强度等），验证评价地面磁异常；② 发现井旁盲矿，并确定其空间位置；③ 预测井底盲矿，估算可能见矿的深度；④ 估计磁性矿体资源量等。

井中激发极化法可以校正钻孔地质剖面，确定被钻孔穿过矿层的深度和厚度，探测井旁盲矿体，预测井底盲矿，确定见矿深度，以及为地面地球物理和井中地球物理的资料解释提供岩矿石的电阻率、极化率等参数。

地—井瞬变电磁法是近年来国内外发展较快、地质找矿效果较好的一种电法勘查技术，主要应用于金属矿勘查、构造填图、油气田、煤田、地下水、地热、冻土带、海洋地质等方面的研究。在金属矿勘查方面，主要应用于勘查井旁、井底盲矿体，尤其是当地面电磁法工作因矿体深度太大，或者是在受电性干扰因素（如导电覆盖、浅部硫化物、地表矿化地层等）影响大的地区，更能体现其优越性。

利用井中地球物理勘查预测井旁、井底盲矿、判断已见矿体的空间分布对于提高钻探（含坑探）工程效益、扩大钻探工程作用半径、降低钻探工作量等方面具有重要的意义。

二、磁法测量

（一）磁法测量基本概念

物质在外磁场的作用下，由于电子等带电体的运动，会被磁化而感应出一个附加磁场，其感应磁化强度与外加磁场强度的关系可表述为

$$M=k H$$

式中，k 为磁化率（magnetic susceptibility）；M 为感应磁化强度（induced magnetization），H 外加磁场强度。在国际单位制（SD）中，感应磁化强度的单位是特斯拉（Tesla），用 T 表示，如中纬度地区地磁场总强度为 5×10^{-5}T（50μT）。由于磁法测量测得的强度变化要小得多，从而采用毫微特斯拉（nano Tesla）为基本单位，简称为纳特（nT，1nT = 10^{-9}T），又称为伽玛（γ）；磁场强度的单位为安培 / 米（A/m）。

如果移除外加磁场后物质仍存在天然磁化现象，其磁化强度称为剩余磁化强度（remnant magnetization）。地壳物质可以同时获得感应磁场和剩余磁场，感应磁场会随着外加磁场的移除而消失，剩余磁场则能够固化在地质体中。地壳物质的感应磁场方向与地球磁场方向平行，而剩余磁场可以呈任意方向，如果环境温度高于居里温度，物质的剩余磁化强度随之消失。在北半球，感应磁化强度的负异常指向北，正异常指向南；如果实测的磁化强度不符合这一规律，则意味着测区内存在显著的剩余磁场。

磁异常是磁法勘查中的观测值与正常磁力值以及日变值之间的差值，换言之，磁异常是在消除了各种短期磁场变化后，实测地磁场与正常地磁场之间的差异。

对磁异常数据进行分析时，需要了解磁异常是感应磁化强度为主还是剩余磁化强度为主，可以借助于科尼斯伯格比值（konigsberg ratio，Ir/Ii）进行表述。只有含磁铁矿较高的岩石（如镁铁质、超镁铁质岩石）才能以剩余磁化强度为主。

磁法测量（magnetic surveys）是采用磁力仪记录由磁化岩石引起的地球磁场的分布。因为所有的岩石在某种程度上都是磁化了的，所以，磁性变化图可以提供极好的岩性分布图像，而且在某种程度上反映岩石的三维分布。

区域磁性分布图一般是由安装有磁力仪的飞机在低空平稳飞行测出来的，它准确地记录了工作区内地磁场的变化，图的细节与飞行线的高程和间距有关。在加拿大和澳大利亚等国家，公益性航空磁法测量采用固定机翼的飞机，常用标准是飞行高为305m、线距约2.5km；而在近年来的金刚石勘查活动中，一些勘查公司采用直升机进行测量，飞行高度在30～50m，而飞行间距达到50m。因为磁场强度与距离（飞行高度）的平方成反比，其细节随飞行间距的增大而减弱，所以飞行高度和飞行间距以及测量仪器的选择是非常重要的。

磁法测量不仅是最有用的航空地球物理技术，而且由于其飞行高度低并且设备简单，费用也最低。现在使用的标准仪器是高灵敏度的铯蒸气磁力仪，有时也采用质子磁力仪，铯磁力仪不仅灵敏度比质子磁力仪高100倍，而且能以每十分之一秒的区间提供一次读数，而质子磁力仪只能以每秒或每二分之一秒区间提供读数。铯磁力仪和质子磁力仪都能够自动定向而且可以安装在飞机上或吊舱内。因为地面磁法扫面速度比较慢，因而矿产勘查中大多数磁法测量都是采用航空磁法测量。近年来，航空磁法测量的测线间距在不断缩小，可能小至100m，离地高度也可能小至100m。

（二）磁法测量的技术要求

1. 磁法测量的适用条件

① 所研究对象与其围岩之间存在明显磁化强度差异。

② 研究对象的体积与埋藏深度的比值应足够大，否则可能会由于引起的磁异常太小而观测不出来。

③ 由其他地质体引起的干扰磁异常不能太大，或能够消除其影响。

2. 测网的布置

在地面磁法测量中，一般是以一定网度建立测站，探测磁性差异较小的板状地质体，要求间距也较小。现代仪器通常都与GPS联结，从而能够同时自动记录站点坐标和相对磁性读数。地面磁法的仪器设备携带方便，容易操作，因而磁法测量常作为地质填图和初步勘查项目的一部分工作内容。

磁法测量的测线布置应尽可能与磁异常长轴方向垂直，点距和线距的大小应视磁异常的规模大小而定，使每个磁异常范围内测点数能够反映出磁异常的形状和特点。

3. 基点的确定

磁测结果是相对值而不是绝对值，为便于对比，一般一个地区要选择一个固定值，固定值所在的观测点称为基点。基点可分为两种类型：① 全区异常的起算点称为总基点，要求位于正常场内，附近没有磁性干扰物，有利于长期保留；② 测区内某一地磁异常的起算点称为主基点，可检查校正仪器性能，故又称为校正点。

（三）磁异常的地质解译

1. 常见磁异常图的表现形式

磁法测量获得的数据经各种方法校正（包括日变化、纬度影响、高程影响、向上延拓和向下延拓等）后，便可以绘制成磁异常图。区域性磁异常图通常是根据航空磁法测量数据绘制而成。磁异常通常采用三种图件展示形式。

① 磁异常剖面图：反映剖面上磁异常变化情况。剖面上磁异常的对称性受磁性地质体的形状及其相对于地磁场的方向影响：垂向或水平产状的磁性地质体产生对称的磁异常；倾斜的长条形磁性地质体形成非对称性异常。磁性体的规模及埋藏深度可以利用磁测剖面异常曲线的形状进行定性估计。一般来说，埋藏越深、规模越大的磁性体，所产生的磁异常宽度越大，而且磁异常曲线的对称性越高。

② 磁异常平面剖面图：这种图件是把多个磁异常剖面按测线位置以一定比例尺展现在平面上，反映测区磁异常的三维变化，可以给人以立体视觉，便于相邻剖面间异常特征的对比。

③ 磁异常平面等值线图：磁法测量的数据可以绘制成磁力等值线图。

根据等值线的形状和轮廓可以大致确定磁性地质体的位置、形态特征、走向及分布范围，解译深部地质界线的性质，以及发现断层等。根据磁异常梯度可以大致判别地质体的埋藏深度：浅部磁性地质体引起显著的陡倾异常；深部磁性地质体则形成宽缓异常。现有的许多地质专用软件已经很好地利用晕渲法解决了等值线着色的问题，所绘制的磁异常彩色渲绘图像中采用红色代表磁力高、蓝色代表磁力低，两者之间的色调表示磁力高、低之间的值，这种图像易于判读，而且能够更直观地表现磁异常的三维空间变化。

磁异常的等值线形态多种多样，有的是等轴状或同心圆状，有的是条带状，有的呈椭圆形。一般等轴状和椭圆形异常是由三维空间体引起的，而条带状和长椭圆状异常可以近似看作由二维空间体（板状、层状体）引起。

三维空间体一般是正负成对出现。在北半球，一般负异常位于偏北一侧，若整个正异常周围有负异常（伴生负异常）环绕，则表示磁性体向下延伸不大。

实际上，真正的三维体是不存在的，只要磁性体沿走向的长度大于埋深5倍，将其看作二维体来解释，误差就不大。通常是由异常等值线来判定二维体或三维体的异常，其方法是：取1/2极大值等值线，若长轴长度为短轴长度的三倍以上，即可将其看作二维体异常，这一规则属于中、高纬度区。

2. 借助于磁异常图了解地下地质特征空间展布的大致范围

具体操作过程是先将磁异常图与相应的地质图进行对比，建立磁异常所在位置与相应地质体之间的联系，根据岩石（矿石）磁性参数，判别引起磁异常的原因再结合控矿地质因素区分哪些磁异常是矿致异常，哪些是非矿致异常。若异常位于成矿有利地段，且磁性资料表明该区矿体的磁性很强，则该异常有可能是矿质异常。

磁异常的位置和轮廓可以大致反映地质体的位置和轮廓，其轴向一般能反映地质体的走向。平面上呈线性条带、弧形条带或“S”形条带展布的磁异常，通常是构造带的反映；区域性磁力高或磁力低，可能是隆起或凹陷（穹窿或盆地）的反映；局部磁力高通常是小岩体或矿体的反映。

只有正异常而无负异常，或者正异常两侧虽然存在负异常但不明显，或两侧负异常大致相等，可以解释为磁性地质体位于正异常的正下方；磁异常正负相伴可以解释为磁性地质体的顶面大致位于正负异常之间且赋存在梯度变陡的下方。

3. 磁异常的区域趋势和剩余分析

由深部磁性体引起的磁异常具有较长的波长，这种长波长的磁异常称为区域趋势。埋藏较浅的磁性体引起的磁异常以较短的波长为特征，具有短距离波长的磁异常称为剩余或异常。

如果对浅部地质体感兴趣，那么，长波长的磁异常（区域趋势）就是噪声，因而可以滤除。同理，如果研究的是埋藏较深的地质体，那么，短波长的异常就成为噪声，应该去除掉。但这两类数据并不容易区分开，难以进行分离。

区域异常一般反映了区域性构造或火成岩的分布，局部异常可能与矿化体、小规模的侵入体有关。为了进一步查明每个异常的地质原因，还可结合地质特征或控矿因素对磁异常进行分类。

（四）磁法在矿产勘查中的应用

1. 划分不同岩性区和圈定岩体

利用磁法测量对在磁性上与围岩有明显差异的各类岩浆岩，尤其是镁铁质和超镁铁质岩体进行填图的效果非常好。基性与超基性侵入体，一般含有较多的铁磁性矿物，可引起数千纳特的强磁异常；玄武岩磁异常值在数百至数千纳特之间；闪长岩常具中等强度的磁性，在出露岩体上可以产生1000～3000nT的磁异常，当磁性不均匀时，异常曲线在一定背景上有不同程度的跳跃变化；花岗岩类一般磁性较弱，在多数出露岩体上只有数百纳特的磁异常，曲线起伏跳跃较小。如果在岩浆侵位过程中与围岩发生接触交代作用而产生磁铁矿或磁黄铁矿，沿岩体边缘则有可能形成磁性壳。喷出岩一般具有不规则状分布的磁性，少数喷出岩无磁性。

磁异常一般都源自火成岩和变质岩，沉积岩通常不产生磁异常，因而磁异常一般都是以基底岩石为主。沉积盖层实际上不产生磁异常，或者说沉积盖层对磁力实际上是透明的，所以在沉积盆地观测到任何有意义的磁异常，一定是基底表面或内部磁性体引起的，因此磁法测量特别适应于较厚沉积盖层下的基底构造填图。此外，利用磁异常的平滑度估计基底的埋藏深度（或者沉积盖层的厚度）是磁异常数据的标准应用。

原岩为沉积岩的变质岩一般磁性微弱，磁场平静；原岩为火山岩的变质岩，其磁异常与中酸性侵入体的异常相近；含铁石英岩建造通常形成具有明显走向的强磁异常。

2. 推断构造

构造趋势能够借助于磁性分布形式展示出来，因而在矿产勘查尤其是在油气勘查中，磁法勘查主要用于研究结晶基底的起伏与结构，测定深大断裂和火成岩活动地带。近年来，高精度磁法勘查在研究沉积岩构造方面也有一定效果。

断裂的产生或者改变了岩石的磁性，或者改变了地层的产状，或者沿断裂带伴随有同期或后期的岩浆活动，因而断裂带上的磁异常大多表现为长条状线性正异常或呈串珠状、雁行排列的线性磁异常。有些发育在磁性岩层中的断裂带，由于断裂带内岩石破碎而使其磁性减弱，如果没有岩浆侵入的话，则这类断裂带上会出现线性低磁异常带。

在褶皱区，一般背斜轴部上方会出现高值正磁异常，向斜轴部上方可能出现低缓异常而其两翼则表现为升高的正异常。

综上所述，利用磁法测量能够测定地表盖层之下地质建造相对磁性分布图，据此我们能够推断不同岩石类型的边界，以及断层和其他构造的展布等。从而在露头发育不良的地区，磁法测量可以作为矿产地质填图的重要辅助手段。

3. 矿致异常

铁矿体具有很高的磁化率，并且可以呈现感应磁化强度和剩余磁化强度，这些磁异常在一定的飞行高度上很容易被探测到，因此，航磁测量是预查阶段最有用的勘查手段之一。

因为石棉矿常常赋存在富含磁铁矿的超镁铁侵入岩中，所以利用磁法勘查可以确定石棉矿床。需要指出的是，赤铁矿具有反铁磁性，只能产生微弱异常。

有经济价值的矿床本身可能不具有磁性，但是只要矿石矿物与一定的磁性矿物

(主要是磁铁矿和磁黄铁矿) 之间存在某种相对直接的关系或者与某些可以采用磁法填图的岩石类型相关，就有可能利用磁法探测到矿化的存在。例如，由于含铁建造中含磁铁矿，因此在一些金矿化带内含磁黄铁矿，利用磁法测量可以圈出含铁建造层位，至于如何在含铁建造中找到金矿体则属于另一个研究内容。对于夕卡岩型金矿，则可以利用磁法圈定夕卡岩体中常常含有一定量的磁铁矿和磁黄铁矿。

在一些斑岩型铜矿床中，磁法测量结果可能表现为在未蚀变的岩石建造之上圈出的是正磁异常，而勘查目标则圈定为磁力低。这是因为在成矿过程中，原始侵入体或火山岩中所含的磁铁矿矿物被成矿流体交代蚀变，其中的磁铁矿已被蚀变为诸如黄铁矿之类的非磁性矿物。

三、电法测量

电法测量 (electrical surveys) 是通过仪器观测人工的、天然的电场或交变电磁场，根据岩石和矿石的电性差异分析和解释这些场的特点和规律，达到矿产勘查的目的。

(一) 电阻率测量法

1. 电阻率测量法的基本概念

当地下介质存在导电性差异时，地表观测到的电场将发生变化，电阻率测量法就是利用岩石和矿石的导电性差异来查找矿体以及研究其他地质问题的方法。电阻率是表征物质电导性的参数，用 ρ 表示，单位为 $\Omega \cdot m$。

根据地下地质体电阻率的差异而划分出电性层界线的断面称为地电断面。由于相同地层的电阻率可能不同，不同地层的电阻率又可能相同，所以地电断面中的电性层界线不一定与地质剖面中相应的地质界线完全吻合，实际工作中要注意研究地电断面与地质剖面的关系。

另外，由于地电断面一般都是不均匀的，将不均匀的地电断面以等效均匀的断面来替代，所计算出的地下介质电阻率不等于真电阻率，而是该电场范围内各种岩石电阻率综合影响的结果，故称为视电阻率。由此可见，电阻率测量法更确切地说应该是视电阻率测量法。

电阻率测量技术是利用两个电极把电流输入地下并在另两个电极上测量电压而实现的。可以采用各种不同的电极布置形式，并且在所有情况下都可以计算出地下不同深度的视电阻率，利用这些数据可以生成真电阻率的地电断面。

矿物中金属硫化物和石墨是最有效的电导体，含孔隙水的岩石也是良导体，而且正是由于岩石中孔隙水的存在使得电法技术的应用成为可能。就大多数岩石而言，岩石中孔隙发育程度以及孔隙水的化学性质对电导性的影响大于金属矿物粒度的影响；如果孔隙水是卤水，电法的效果最好，只含微量水分的黏土矿物也容易发生电离。

2. 电阻率测量法的布设

电阻率测量法的目的是圈定具有电性差异的地质体之间垂直边界和水平边界，一般采用垂直电测深法和电剖面法的布设方式来实现。

(1) 垂直电测深法 (vertical electrical sounding)

垂直电测深法是探测电性不同的岩层沿垂向方向的变化，主要用于研究水平或近水平的地质界面在地下的分布情况。该方法采用在同一测点上逐次加大供电极距的方式来控制深度，逐次测量视电阻率 f 的变化，从而由浅入深了解剖面上地质体电性的变化。垂直电测深法有利于研究具有电性差异、产状近于水平的地质体分布特征，这一技术广泛应用于岩土工程中确定覆盖层的厚度以及在水文地质学中定义潜水面的位置。

(2) 电剖面法 (electrical profile)

是电阻率剖面法的简称，这种方法用于确定电阻率的横向变化，是将各电极之间的距离固定不变 (勘查深度不变)，使整个或部分装置沿观测剖面移动。在矿产勘查中采用这种方法确定断层或剪切带以及探测异常电导体的位置；在岩土工程中利用该法确定基岩深度的变化和陡倾斜不连续面的存在。利用一系列等极距电剖面法的测量结果可以绘制电阻率等值线图。电阻率测量法要求输入电流和测量电压，由于电极的接触效应，同一对电极不能满足这一要求，而需要利用两对电极 (一对用作电流输入，另一对用作电压测量) 才能实现。根据电极排列形式不同，电剖面法主要分为联合剖面法和中间梯度法等。

联合剖面法采用两个三极装置排列 (三极装置是指一个供电电极置于无穷远的装置) 联合进行探测，主要用于寻找产状陡倾的板状 (脉状) 低阻体或断裂破碎带。中间梯度法的装置特点是供电电极距很大 (一般为覆盖层厚度的 70 ~ 80 倍)，测量电极距相对要小得多 (一般为供电电极距的 1/50 ~ 1/30)。实际操作中供电电极固定不变，测量电极在供电电极中间 1/3 ~ 1/2 处逐点移动进行观测，测点为测量电极之间的中点。中间梯度法主要用于寻找诸如石英脉和伟晶岩脉之类的高阻薄脉。

3. 电阻率数据的定性解读

由于电法勘查的理论基础很复杂，因而在地球物理勘查中电法测量结果最难于进行定量解读。在电阻率测量法结果的解释中，对于垂直电测深结果的数学分析方法已经比较成熟，而电剖面测量结果的数学分析相对滞后。

利用垂直电测深法获得的视电阻率数据可以绘制相应的视电阻率地电断面等值

线图、视电阻率平面等值线图等，借助这些图件分析勘查区的地质构造、地层的分布特征等。

联合剖面法的成果图件主要包括视电阻率剖面图、视电阻率剖面平面图，以及视电阻率平面等值线图等，利用这些图件可以确定异常体的平面位置和形态，并可进行定性分析。

① 沿一定走向延伸的低阻异常带上各测线低阻正交点位置的连线一般与断层破碎带有关。

② 沿一定走向延伸的高阻异常带多与高阻岩墙（脉）有关。需要指出的是，地下巷道、溶洞等也具有高阻的特征，应注意区分。

③ 没有固定走向的局部高阻或低阻异常与局部不均匀体有关。

4. 电阻率的应用

这种方法既可以直接探测矿体（如密西西比河谷型硫化物矿床），也可用于定义勘查目标的三维几何形态（如金伯利岩筒），还可用于绘制覆盖层厚度图。

电阻率测量法应用于水文地质研究，可以提供地质构造、岩性以及地下水源的重要信息，它也广泛应用于工程地质研究。垂直电测深是一种非常方便的、非破坏性确定基岩深度的方法，并且能够提供地下岩石含水性的信息；电剖面法可用于确定探测深度之间基岩的变化，并且能够显示地下可能存在不良地质现象。

尽管电阻率测量法在圈定浅部层状岩系以及垂向电阻不连续面是一种有效的方法，但是，这种方法在使用上也有许多限制，主要表现在：① 电阻数据具多解性；② 地形和近地表电阻变化可能屏蔽深部电阻变化；③ 有效深度大约为 1km。

（二）激发极化法

1. 激发极化法的基本概念

当施加在两个电极之间的电压突然断开时，用于监测电压的两个电极并没有瞬间降低为零，而是记录了一个由初始的快速衰减而后转为缓慢衰减的过程；如果再次开通电流，电压开始时迅速增高而后转为缓慢增高，这种现象称为激发极化（induced polarization，IP）。

IP 法测量地下的极化率（物质趋向于持续充电的程度）。其原理是利用存在于矿化岩石中的两种电传导介质：离子（存在于孔隙流体中）和电子（存在于金属矿物中），若在含有这两类导体的介质中施加电流，在金属矿物表面就会发生电子交换，引起（激发）极化，形成电化学障。这种电化学障提供了两种有用的现象：① 需要额外电压（超电压）来传送电流通过该电化学障，如果切断电流，这种超电压不会立即下降为零而是逐渐衰减，使电流能在短时间内流动；② 具有电化学障的矿化岩石，其电阻具有鉴别意义的特征，包括与外加电流频率有关的相位和差值。在非矿化岩石中，外加电流只是通过孔隙间的离子溶液传导，因此，其电阻与外加电流频率无关。尽管激发极化现象很复杂，但比较容易测量。

激发极化法根据上述原理可以采用直流激发极化法，这种技术利用电压衰减现象，其观测值以时间域的方式获取，以毫秒（msec）为单位表示。也可以利用电阻对比现象采用交流激发极化法，其观测值以频率域的方式获取，以百分频率效应（PFE）为单位表示。

在直流激发极化法中，用极化率来表示岩（矿）石的激发极化特性。实际工作中，由于地下介质的极化并不均匀且各向异性，所计算出的极化率值是电场有效作用范围内各种岩（矿）石极化率的综合影响值，称为视极化率值。

2. 激发极化法测线的布设

激发极化法测量是沿着垂直于主要地质走向等间距布设测线，采用两个电极将电流注入地下，利用两个电压电极测量衰减电压，同时还可以测量电阻率。电极布置可以采用多种方式，如单极—偶极排列（梯度排列）、偶极—偶极排列等。改变电极之间的距离可以获得不同深度的测深结果，从而可以绘制出电阻率和极化率随深度变化而变化的图像。对于偶极—偶极测量来说，电极对之间的距离保持不变，增加电压电极和电流电极之间的间隔，这种间隔是以电压电极之间距离的整数倍（n）增加的。

激发极化法测量结果一般绘制成极化率视剖面图。视剖面图能够表现极化率相对于深度以及电极距的变化，反映导体的几何形态。视剖面图的具体做法是利用3～4种电极距所获得的IP观测值（视电阻率值），以供电偶极的中点和测量偶极中点的连线为底边作等腰三角形，取直角顶点为记录点，并将相应的IP观测值（视电阻率值）标在旁边。同理，当改变电极距（n）时可作出同一测点不同n值的直角顶点，同时标出相应的观测值，然后绘制成等值线图或晕渲图。

3. 激发极化法的应用

电法测量中，激发极化法是矿产勘查中应用最广的一种地面地球物理技术。最初设计这种技术是用于寻找浸染状硫化物矿床，尤其是斑岩铜矿，但不久便会发现这种方法比常用的电阻法更能在层状、块状硫化物矿床以及脉状矿床中显示有特征意义的异常（理论上来讲，导电的块状硫化物矿化只能产生微弱的IP响应，但实际上，IP法在勘查块状硫化物矿床的效果也很好，因为块状硫化物成分比较复杂）。

激发极化法是一种特殊类型的电法测量，是目前唯一一种能够直接探测隐伏浸染状硫化物矿床的地球物理方法。

除闪锌矿外，所有常见的硫化物都是电导体；大多数具有金属光泽的矿物也都是电导体，包括石墨和某些类型的煤；一些不是电导体但具有不平衡表面电荷的黏土矿物也能产生效应（地质噪声）。一些具有阻挠特性、使用相角关系的措施，如采用光谱激发极化法，能够判别出金属矿物和非金属矿物发出的信号。激发极化法应用的另一个限制是成本较高。

4. 电法的适用条件

电法测量技术要求一台能够输出高压的发电机以及直接置于地下的传送输入电流的电极，并且需要沿着地面布置的一系列接收器测量电阻或极化率（充电率）。因而，电法测量是相对费钱费力的技术，主要用于具有金属硫化物矿床潜力的勘查区内直接圈定目标矿床。

应用电法测量有可能会遇到输入电流短路的问题，导致短路的原因可能是在深度风化地区含盐度较高的地下水引起的。综上所述，电法测量结果解释过程中可能会遇到的问题是：除了块状和浸染状硫化物矿体会产生低电阻或高极化率外，岩石中还有其他可能产生类似的响应带，如石墨带。因此，在结果的解释中应结合工作区的地质特征进行排除。

电法测量的有效探测深度在200～300m内，适合于近代抬升和剥蚀的地区，因为在这些地区新鲜的、风化程度较弱的岩石相对接近地表。地面电法测量的主要优点是能够直接与地面接触，因此电法测量在详细勘查中应用广泛。

（三）电磁法测量

1. 电磁法测量的工作原理

电磁法是电法勘查的重要分支技术，主要利用岩石（矿物）的导电性、导磁性和介电性的差异，应用电磁感应原理，观测和研究人工或天然形成的电磁场分布规律（频率特性和时间特性），进而解决有关各类的地质问题。

电磁法测量（electromagnetic measutement，EM）的目的是测量岩石的电导性，其原理或者是利用天然存在的电磁场或者是利用一个外加电磁场（一次场）诱发电流通过下部的电导性或磁导性岩（矿）石产生次生电磁场（二次场），从而导致一次场发生畸变。一般来说，一次场和二次场叠加后的总场在强度、相位和方向上较一次场不同，因此研究二次场的强度和随时间衰变或总场各分量的强度、空间分布和时间特性等，可发现异常和推断地下电导体或磁导体的存在。

一次场是使交流电通过导线或线圈产生，这种导线或线圈既可以布设在地面也可以安装在飞机上；在电导性岩石中诱发的电流会产生二次场。一次场和二次场之间的干扰效应提供了确定电导性或磁导性岩（矿）体的手段。

2. 岩石（矿物）的电导率

电导率是表征物质电导性的另一个参数，以西 / 米（Siemens/m）为单位进行度量，电导率与电阻率互为倒数关系，这两个术语都很常用。不同类型岩石和矿物之间的电导率差异相当大，如铜和银之类的自然金属是良导体，而石英之类的矿物实际上不具有电导性。岩石和矿物的电导性是一种复杂现象，电流可以以电子、电极或电介质三种不同方式进行传导。

花岗岩基本上不导电，而页岩的电导率在 0.5 ~ 100mS/m 内变化。岩石中含水量的增加其电导率也将显著增大，如湿凝灰岩和干凝灰岩的电导率可以相差 100 倍。不同类型岩石之间的电导率值域存在重叠现象，块状硫化物的电导率值域可能覆盖诸如石墨和黏土矿物之类的其他非矿化岩石。导电的覆盖层，尤其是水饱和的黏土层可能足以屏蔽下伏块状硫化物的电磁异常。

3. 电磁法的应用

电磁法测量系统对于位于地表至 200m 深度范围内的电导性矿体最有效。虽然理论上来讲，较高的一次场强和较大间距的电极可以穿透更大的深度，但是对 EM 观测结果解释过程中遇到的问题将会随穿透深度的增加呈对数方式增多。一般来说，地面电磁法的有效探测深度大约为 500m，航空电磁法的有效探测深度大约为 50m 。电磁法数据的定量解释比较复杂。

电磁法借助地下硫化物矿体周围产生的电导异常来探测各种贱金属硫化物矿床。航空电磁测量和地面电磁测量结果都可以绘制出地下硫化物矿体的三维图像，从而提供钻探靶区。

电磁法测量尤其适合于探测由黄铁矿、磁黄铁矿、黄铜矿，以及方铅矿等矿物组成的块状硫化物矿床，这些矿物紧密共生形成致密块状矿体，犹如一个埋藏在地下的金属体。需要指出的是，如果块状硫化物矿体中闪锌矿含量较高，由于闪锌矿为不良导体，矿体可能只表现为弱的 EM 异常。

地面电磁测量技术的费用相对较高，一般是在勘查区内用于圈定特殊矿化类型的钻探靶区时使用。这种技术也可以在钻孔测井中应用，用于测量钻孔与地表之间或两相邻钻孔之间通过的电流效应。航空电磁法既可以用于矿床靶区圈定，也可用于辅助地质填图。

EM 结果解释过程中经常出现的问题是，由于许多矿体围岩可能产生与矿体本身相似的地球物理响应，充水断裂带、含石墨页岩以及磁铁矿带都能产生假的电导异常；风化程度很深的地区或含盐度很高的地下水都有可能导致电磁法测量失效或者造成观测结果难以解释。正因如此，在新鲜岩石露头发育较好或风化程度较低的地区应用 EM 技术效果更好。

EM 测量在矿产勘查中都是很常用的技术，如果在具有电导性的贱金属矿床和电阻性围岩之间或者厚度不大的盖层之间存在明显的电导性差异，那么利用电磁法测量能够直接探测导电的基本金属矿床。许多其他电导源，包括沼泽、构造剪切带、石墨等电导体，在 EM 异常解释中构成主要的干扰源。

四、重力测量

（一）重力测量的基本概念

1. 重力测量的基本原理

重力测量（gravity survey）的基本原理是利用地下岩石、矿石之间存在的密度差异而引起地表局部重力场的变化，并通过仪器观测地表重力场的变化特征及规律，进行找矿或解决重要的地质构造问题。主要应用于铁、铜、锡、铅、锌及盐类能源矿产的找矿、调查或了解大地构造的形态等方面。

重力方法是测量地下岩石密度的横向变化，所采用的测量仪器称为重力仪，实际上它是一种灵敏度极高的称量器。通过一系列的地面测站称量标准质量，能够探测出由地壳密度差异引起的重力细微变化。像磁法数据一样，重力异常也可采用重力等值线图或彩色图像表示。

2. 岩石（矿物）的密度

所有的地球物理参数中，岩石密度是变化程度最小的变量，大多数常见岩石类型的密度为 1.60 ~ 3.20g/cm³。

岩石的密度和孔隙度上矿物成分有关。在沉积岩中孔隙度的变化是导致密度变化的主要原因：由于压实作用导致密度随深度的增加而增大；由于渐进胶结作用致使时代越老的岩石密度越大。大多数岩浆岩和变质岩的孔隙度极低，其成分是引起岩石密度变化的主要因素。一般来说，密度随岩石酸性增加而降低，从而导致酸性岩、中性岩、基性岩—超基性岩的密度逐渐增大。

3. 重力测量工作比例尺的确定

就金属矿产勘查而言，要求以不漏掉最小有工业价值的矿体产生的异常为原则，即至少应有一条测线穿过该异常，所以线距应不大于该异常的长度，并且在相应工作成果图上线距一般应等于 1cm 所代表的长度，允许变动范围为 20%。至于点距，应保证至少有 2 ~ 3 个测点在所确定的工作精度内反映其异常特征，一般为线距的 1/10 ~ 1/2。

(二) 重力异常的解释

1. 重力异常解释过程中应注意的问题

① 从面到点：对重力异常的解释一般是从读图或异常识别开始，即先把握全局，再深入局部。不同地质构造单元内由于地质条件的差异而呈现不同的重力异常分布特征，所以先对异常进行分区或分类，分析研究各区 (类) 异常特征与区域地质环境可能存在的内在联系，在此基础上才有可能进一步对各区内的局部异常作出合理的地质解释。

② 从点至面：对重力异常的解释必须遵循从已知到未知的原则，因为相似的地质条件产生的异常也具有相似特征，因而可以利用某一点或一条线作控制进行解释，将获得的成功经验推广到周围条件相似地区的异常解释中去，或者是从露头区的异常特征推断邻近覆盖地区的异常成因解释。

③ 收集工作区内已有地质、地球物理、地球化学以及钻探资料，尽可能多地增加已知条件或约束条件，为重力异常解释提供印证、补充或修改。有条件时，应对所解释的异常进行验证，进一步深化是重力异常的认识和积累经验。

2. 重力异常特征的描述

对于一幅重力异常图，首先要注意观察异常的特征。在平面等值线图上，区域性异常特征主要是指异常的走向及其变化 (从东到西或从南至北异常变化的幅度)、重力梯级带的方向及延伸长度、平均水平梯度和最大水平梯度值等。对于局部异常，主要指圈闭状异常的分布特点，如异常的形状、走向及其变化、重力高低，以及异常的幅值大小及其变化等。

在重力异常剖面图上，应注意异常曲线上升或下降的规律、异常曲线幅值的大小、区域异常的大致形态与平均变化率、局部异常极大值或极小值幅度以及所在位置等。

3. 典型局部重力异常可能的地质解释

① 等轴状重力高：可能反映的是囊状、巢状或透镜状的致密块状金属矿体，或反映镁铁质–超镁铁质侵入体，也有可能是反映密度较大的地层形成的穹窿或短轴背斜，还有可能是松散沉积物下伏基岩的局部隆起。

② 等轴状重力低：可能是盐丘构造或盆地中岩层加厚地段的反映，或者是密度较大的地层形成的凹陷或短轴向斜，或者是碳酸盐地区的地下溶洞，也有可能是松散沉积物的局部增厚地段。

③ 条带状重力高：可能是由高密度岩性带或金属矿化带引起的重力异常，也可能是镁铁质岩墙的反映，或者是密度较大地层形成的长轴背斜构造等。

④ 条带状重力低：可能反映密度较低岩性带或非金属矿化带的展布特征，或者是侵入密度相对较大的围岩中的酸性岩墙，或者是密度较大地层形成的长轴向斜。

⑤ 重力梯级带：重力异常等值线分布密集，并且异常值向某个方向单调上升或下降的异常区称为重力梯级带，可能反映垂直或陡倾斜断层的特征，或者是不同密度岩体之间的陡直接触带等。

(三) 重力测量与磁法测量的比较

1. 重力测量和磁法测量的相似之处

① 重力测量和磁法测量都属于被动地球物理勘查技术，即利用这两种技术测量地球上天然发生的场——重力场或磁场。

② 可以采用相同的物理和数学表达式理解重力和磁力。例如，用于定义重力的基本要素是质点（mass point），同样的表达式也可用于定义由基本地磁要素派生的磁力，只不过基本地磁要素不是称为质点，而称为磁单极（magnetic monopole），质点和磁单极具有相同的数学表达式。

③ 重力和磁法测量的数据采集、处理及其解释原理都具有相似性。

2. 重力测量和磁法测量的不同之处

① 控制密度变化的基本参数是岩石密度，不同地区近地表岩石和土壤密度的变化非常小，一般观测到的最高密度为3g/cm^3，最低密度大约为lg/cm^3。同时，不同地区磁化率的变化可达4～5个数量级，这种变化不仅表现在不同的岩石类型中，而且同一种岩石类型的磁化率也存在显著变化，因此在磁法测量中根据磁化率的估计来确定岩石类型是极其困难的。

② 磁力与重力不同，重力总是表现为引力，而磁力既可以是引力也可以是斥力，也就是说，数学上单极可以假设为正值也可以为负值。

③ 与重力的情况不同，磁性单点源（单极）不能单独存在于磁场中，而是成对出现；一对磁单极（称为双极）总是由一个正极和一个负极组成。

④ 一个存在明显对比的重力场是由地下岩石密度的变化产生的，具有明显对比的磁场至少起源于两种可能性：可能由感应磁化产生，也可能由剩余磁化产生，仅凭野外观测难以将二者区分开。

⑤ 重力场不随时间的变化发生明显的变化；而磁场与时间显著相关。

3. 重力异常与磁异常的差异

① 重力异常是由于地下密度的变化而产生的，而磁异常是由地下磁化率的变化引起的。由于控制磁异常形状的因素比控制重力异常形状的因素更多，因而难以直观地构建起磁异常的形状。

② 根据一个简单形体（如一个质点）引起的重力异常形状，常常能够推断更复杂的密度分布上的重力异常形状。一旦确定了该密度分布产生的重力异常形状，则可以合理地推断该异常将如何随着密度差的变化而变化，或者随着密度差的深度变化而变化。此外，如果这种密度分布转移至地球上其他部位，其异常的形状也不会改变。

另外，磁异常与两个独立的参数有关，即地下磁化率的分布以及地磁场的方向，其中一个参数的变化将引起磁异常的改变。这实际上意味着相同的磁化率分布如果处于不同部位（如位于赤道部位和北极地区），产生的磁异常形状是不同的。此外，不同方向（如东西向或南北向）的二维地质体（如脉状矿体），即便磁测剖面总是与矿脉的走向垂直，所产生的磁异常形状也是不同的。

（四）重力测量在矿产勘查中的应用

重力测量可用于探测相对低密度围岩中的高密度地质体，因而可以直接探测密西西比河谷型铅锌矿床、奥林匹克坝型矿床（又称为铁氧化物铜—金矿床，简称IOCG）、铁矿床、夕卡岩型矿床、块状硫化物矿床（VMS 型矿床）等。

在地质情况比较清楚的地区，当能够预测探测目标的大致密度和形状时，重力测量可直接用于寻找块状矿体。重力测量受地形效应影响较大，尤其在山区，较深的地下坑道内这种影响会小得多。

重力测量和磁法测量配合可以有效地识别从基性到酸性的各类隐伏侵入体。如果同步显示重力高和磁力高，而且异常强度和规模较大，则该异常可能是镁铁或超镁铁岩体所致；如果显示磁力高而且异常规模较大，重力只表现为弱异常，则有可能是中性侵入体；如果同步显示磁力低和重力低，而且异常规模很大，则有可能是酸性侵入体。

具有一定规模的磁性铁矿体将同时在其周围空间激发起重力异常和磁异常，即所谓的重磁同现。而高密度但弱磁到无磁性的地质体，如石膏、基岩起伏，或具磁性但不具剩余密度差的地质体（如强磁性火山岩）都将引起单一的重力异常或磁异常，即所谓的重磁单现。重磁单现是指重力异常与磁场（包括正异常及伴随的负异常）在一起出现，并不是指两者的极大值重合。

在勘查基本金属矿床中，重力测量技术通常用于磁法、电法以及电磁法异常或者地球化学异常的追踪测量，尤其适合于评价究竟是由低密度含石墨体引起还是由高密度硫化物矿床引起的电导异常。重力测量也是用于探测基本金属硫化物矿床盈余质量（密度差）的主要勘查工具。重力数据可以估计矿体的大小和吨位，重力异常可以用于了解有利于成矿的地质和构造的分布特征。近年来，航空重力测量技术取得了显著进展。

重力测量最常用的功能是验证和帮助解释其他地球物理异常，也被用于地下地质填图；重力法以及折射地震法的特殊功能是确定冲积层覆盖区下部基岩的埋深及轮廓，还可用于寻找砂矿床。

最适合于重力测量的条件主要包括：① 作为研究对象的地质体与围岩之间存在明显的密度差异；② 地表地形平坦或较为平坦；③ 工作区内非研究对象引起的重力变化较小，或通过校正能予以消除。

五、设计和协调地球物理工作

地球物理和矿产勘查关系十分密切，因此，勘查地质工作者要善于把两者的工作协调好。地球物理工作者根据地质解释选择野外方法和测线，而勘查地质工作者却要利用地球物理信息进行有关解释。

(一) 地球物理勘查的初步考虑

1. 模型。基于矿床（体）的概念模型以及与工作有关的任何其他地质信息，可以预测一定的物性对比以及矿床可能产出的深度范围。一种模型是矿床发现模型；另一种模型是填图模型，目的在于确定岩性和构造的关键地质信息。

2. 目标。考虑成本、完成地球物理勘查工作的时间。在日程安排及地球物理勘查模型的组织范围内，制定出最佳的地球物理和地质工作程序。

3. 工作程序。可能不止一个单位参加项目工作，为了使他们能建立起一个试验性程序以便发挥其作用，必须让他们了解工作区原有地球物理的控制程度以及现在的目的，并尽可能详细地阐明下列条件：① 工作区的范围；② 所要求地球物理工作的详细程度；③ 测线的方位以及测站的间距；④ 所要求地球物理工作覆盖的程度（完全覆盖或部分覆盖）；⑤ 各拟用地球物理技术所要求的精度；⑥ 测线控制要求的精度；⑦ 提交成果的范围和方式（原始资料、等值线图、解释资料等），若需要解释资料，则说明解释程度等；⑧ 地球物理工作的日程安排；⑨ 工作区的地形、气候、地质特征以及野外基地设施等。

(二) 地球物理工作开展前的准备

开展工作之前，勘查地质人员要与地球物理人员共同设计一个特殊工作项目，内容包括以下几个方面。

1. 由勘查地质工作者简要介绍：① 工作区的地质条件。利用现有地质图，若可能的话，还可利用能指示不连续性和岩性对比的原有地球物理测量资料，详尽地把地质模型与物性（如密度、电导率、磁化率等）联系起来；② 噪声来源。根据现有信息可以预测某些噪声来源，如具导电性的覆盖层，矿山、管道产生的人工噪声等。

2. 共同编制工作进度表：由于季节、气候、设备故障等因素影响，不可避免地会造成地球物理工作的某些延误，所以工作进度安排具有应变性。此外，由于地球物理工作是用于建立工作区的地质图像，工作进展过程中可能会出现新的情况，因此需要补充一些测线，有时测线需要延拓至邻区，有时需要补充使用其他地球物理方法；地质填图范围可能需要扩大，以便与新的地球物理资料吻合。诸如此类，虽然不可能编入工作进度表中，但在考虑工作安排时必须预计这些可能发生的事件。

3. 取样和试验：实验室确定地球物理参数的样品以及地球物理响应的模拟可以由地质人员来完成。此外，勘查地质人员和地球物理人员可以选择露头发育良好的部位进行踏勘；若要穿过已知矿体进行试点测量，勘查地质人员的任务是要识别工作区或类比区内具代表性的矿体。

4. 地下信息：根据地层层序、深部取样以及已有剖面图上的重要信息，对地球物理工作以及在最关键部位设计钻孔，从而获得最重要资料的地质工作是重要的。某些情况下，只要把钻孔再延伸几米就可穿透一个有意义、具物理特征的边界，或者施工一个成本较低的无岩心钻孔穿过覆盖层，即使它们与直接地质目的没有什么关系，但在地球物理方面却具有意义，这也是值得的。

（三）地球物理测量期间的协调工作

第一，把明显的异常进行分类。必要时进行一些特殊的地质工作来增强或证实初步的解释。

第二，提供辅助的地球物理方法。在异常可由其他地球物理方法证实时，此项工作仍由现场的物探组完成。

第三，延拓工作。有关勘查靶区范围的早期概念可能由于地球物理资料的充实而发生变化，从而需要调整勘查范围。

（四）后续工作

野外工作完成后，地球物理工作者要对资料进行处理和解释，勘查地质工作者可能要求增强一些明显的信号以阐明某些特殊地区的可疑信息，还可能需要进行附加的地质填图来证实地球物理解释。最后，可能选择合适的目标进行钻探。

地球物理测量是矿产勘查中了解深部地质情况的重要手段，地球物理测量和资料解释工作是一项复杂的任务，如果没有地质指南，这项工作的价值将是有限的。勘查地质工作者也应该明白，如果没有地球物理方面的资料，其工作也会受到明显的限制。

第二节　地球化学勘查技术

一、地球化学勘查的基本原理和概念

矿床代表地壳某个相对有限的体积范围内某一特殊元素或元素组合的异常富集。大多数矿床都存在一个中心富集区，在中心富集区内有用元素常常以质量百分数（贵金属以 ppm）的数量级富集达到足以能够经济开采的程度；远离中心区有用元素含量一般呈现降低趋势，达到以 ppm（贵金属以 ppb）级度量的程度（但其含量明显高于围岩的正常背景水平）。有用元素的这种分布规律为探测和追踪矿床提供了地球化学勘查的途径。

地球化学勘查的基本原理是矿化带内与成矿有关的微量元素由于热液、风化剥蚀、地下水渗滤等作用而扩散到周围地区。在水系沉积物地球化学勘查中，这一原理意味着地球化学异常的源区可能位于汇水盆地内的任何部位；在土壤地球化学取样和岩石地球化学取样中，采样网格定义潜在的异常源区，网度的设计意味着源区的地球化学晕至少大于采样间距的假定，因此，要求深入了解不同元素的搬运机理才能够比较准确地估计地球化学晕的分布范围。

利用矿床附近天然环境中一定元素或化合物化学特征一般不同于非矿化区相似元素或化合物化学特征的原理，地球化学勘查技术可以通过系统测量天然物质（岩石、土壤、河流和湖泊沉积物、冰川沉积物、天然水、植被以及地气等）中的一种或多种元素或化合物的地球化学性质（主要是元素或化合物的含量）发现矿化或与矿化有关的地球化学异常。

地球化学勘查建立在一些重要的基本概念之上，主要包括以下几个方面。

（一）地球化学景观

气候、地形、岩石、土壤、水和植被等自然要素的综合体称为自然地理景观，自然地理景观与化学元素迁移规律相联系即构成地球化学景观（geochemical landscape）。一般来说，同一地球化学景观带内，化学元素迁移条件和迁移规律具有相同或相似的特点。

（二）地球化学背景和异常

在地球化学勘查中将无矿地区或未受矿化影响的地区叫作背景区或正常区，背景区内天然物质中元素的正常含量叫作地球化学背景含量或地球化学背景（geochemical background），以下简称背景。背景不是一个确定的含量值而是一个总体，该总体的平均值称为背景值；一个地区的地球化学背景可用背景值和标准差两个数值来描述；偏离某个区域（或某个地球化学景观区）地球化学背景的值称为异常值（outlier），异常值分布的区域称为异常区。地球化学异常区按规模分为下列 3 种。

① 地球化学省：是规模最大、含量水平最低的异常区，其范围可达数万平方千米或更大。如非洲的赞比亚，根据水系沉积物 Cu 含量大于 20ppm 圈出的铜地球化学省面积为 8000 多平方千米，该国重要铜矿床几乎都赋存在该铜省内。地球化学省与成矿省紧密相关。

② 区域性异常区：由矿田或大型矿床周围广大范围内的矿化引起的异常区、面积达数十至数百平方千米。

③局部异常区：分布范围较小的异常区，其异常元素含量水平最高。许多局部异常在空间和成因上与矿床密切相关，是地球化学勘查中研究和应用最多的一类异常。

（三）临界值和异常下限

矿产资源勘查通过采用设定临界值（critical value）的方式来确定地球化学异常，临界值标志着某个元素总体的上限和下限，换句话说，临界值所界定的区间内为背景，区间外为异常。矿产资源勘查过程中主要关注的是正异常，因而把背景的上临界值称为异常下限。不过，对于出现的负异常也应该引起我们的重视，如成矿过程中由于围岩蚀变发生元素亏损而产生的负异常。

地球化学异常和背景一般都是根据经验进行划分的，以下是几种选择临界值的方法。

① 采用试点测量确定局部临界值。即在已知矿化区和远离矿化区分别采集一定数量的样品，所获得的数据绘制成诸如直方图或累计频率图之类的统计图件，确定区分矿化区和非矿化区数据的最佳值作为临界值。

② 将数据集（data set）按从小到大的顺序排列，选择靠前的占总数据个数 2.5% 的数据作为异常值。

③ 采用数据集的“平均值 2 倍标准差”作为临界值。

④ 采用中位数 ±2 倍中位数绝对偏差。具体做法是将数据集按从小到大的顺序排列，先找出数据集的中位数，然后求出各数据与中位数之差并取绝对值，称为绝对偏差（absolute deviation），再将求出的绝对偏差排序，找出中位数，称为中位数绝对偏差（median absolute deviation，MAD）。

⑤ 盒须图方法。

（四）原生晕和次生晕

矿床形成过程中成矿元素在矿体周围岩石中迁移扩散形成的元素相对富集区域（异常区）称为原生晕（primary halo），其富集过程称为原生扩散（primary dispersion）。由于影响岩石中流体运移的物理和化学变量很多，导致原生晕分布的规模和形状变化相当大；一些原生晕在距离其相应矿体数百米的范围内即可能被检测出来，而有的原生晕只有几厘米的分布宽度。

矿床形成后由于风化剥蚀作用导致在风化岩石、土壤、植被以及水系等次生环境中迁移扩散形成元素的相对富集区（异常区）称为次生晕（secondary halo），其富集过程称为次生扩散。次生晕的形状和大小受许多因素的约束，其中最重要的也许是地形和地下水运动因素。

识别测区内元素扩散的主要机理有助于合理设计地球化学测量项目实施方案，导致元素迁移富集的过程主要是物理过程和化学过程。

（五）靶元素和探途元素

地球化学勘查被认为是利用现代分析技术延伸了人们查明矿床存在能力的一种方法。矿床地球化学勘查是对天然物质进行系统采样和分析以确定派生于矿床的化学元素异常富集区。采样介质通常是岩石、土壤、河流沉积物、植被以及水等。所分析的化学元素可能是成矿的金属元素，称为靶元素（targete lement），或其他与矿床有关且容易探测的元素，称为探途元素（pathfinder element）。靶元素和探途元素合称为指示元素（indicator element）。靶元素或探途元素的原生晕是在成矿过程中发育在主岩内的，原生晕的成分和分布与矿床类型有关。例如，斑岩铜矿可能具有平面上和垂向延伸（深）达数百米的原生晕；赋存有沉积型硫化物矿床的地层沿着层位方向可能具有大范围的金属异常富集带，但沿垂向上则迅速消失。发育在次生环境中的靶元素或探途元素扩散晕的分布范围通常都要比相应的原生晕大得多，因此河流沉积物地球化学、土壤地球化学、地下水地球化学以及生物地球化学等手段能够探测到赋存在更远距离的矿床，地球化学异常显著扩展了矿床目标的探测范围。随着迅速、灵敏、精确的分析方法迅速发展，矿产勘查正日益广泛地应用地球化学勘查技术。

（六）异常强度和异常衬度

异常强度（anomaly intensity）是指异常含量的高低或异常含量超过背景值的程度。异常区内某元素的平均值称为该元素的异常平均强度。

异常衬度（anomaly contrast）又称异常衬值，是指异常和背景之间的相对差异，能反映异常的强度，通常有四种表现形式。

① 某个元素含量值与其异常下限之比，这种方式求出的衬值即为异常值，可用于对比同一地区不同元素之间的异常强度。

② 元素的峰值与其异常下限之比。异常值中常常有多个峰值，如果这种形式的衬值持续存在，异常区就很容易圈定。

③ 元素的异常值与其背景值之比，所得出的衬值为背景值的倍数。

④ 异常平均强度与相应的背景值之比，可用于对比不同区域同一元素的异常强度。

有时候还可以利用原始衬度来反映勘查区的异常强度，所谓原始衬度是指矿体中成矿元素的平均值与围岩中该元素的背景值或异常下限值之比。

不同粒级的样品之间、上层土壤和下层土壤之间、河水与河流沉积物之间以及不同的化学分析方法之间所获得的元素含量，其异常衬值不同。异常衬值越高，说明所采用的技术方案的效果越好，利用试点测量可以确定具有最高异常衬值的技术方案。

（七）试点测量

地球化学勘查项目基础是系统的地球化学取样，从而必须从成本—效果的角度对采样介质、采样间距，以及分析方法等进行设计。地球化学勘查项目设计中一个重要的方面是评价在勘查区域内采用哪一种技术方案对于所寻找的目标矿种最有效，这一过程称为试点测量（orientation survey），又称为技术试验或地球化学测量方法有效性试验。在试点测量阶段中，需要尽可能收集和研究勘查区内现有资料，对不同取样介质（岩石、河流沉积物、河水、土壤等）的取样方法进行试验，从所有的介质中采集代表性样品在实验室采用不同分析方法进行化学分析。包括在实验室采用多种分析方法对不同粒级的土壤或河流沉积物进行化学分析，旨在确定如何制备用于化学分析的样品以及采用哪一种化学分析方法。试点测量的目的之一是建立勘查区内不同部位可能存在的化学元素含量值域，并了解某种地球化学勘查方法在某个化学元素的异常值和背景值之间是否具有显著的衬值。不同部位采集的样品其衬值也不同，如上层土壤和下层土壤之间、河流水样和河流沉积物之间的衬值是不同的。方法性试验是寻求为获得最大可能衬值的最佳取样方法和化学分析方法。

试点测量的另一个重要目的是利用精心设计好的取样方案确定最佳的技术参数（包括采样密度、采样物质的粒度、靶元素和探途元素等）、排除可能存在的隐患、为后续地球化学测量制定最佳的取样战略以及建立标准的操作程序，确保项目顺利开展。最好的试点测量是选择与目标矿床成矿地质条件类似而且地形条件与工作区也类似的远景区或矿区内对采用各种不同的采样方法进行试验，从中选择效果最佳的方法作为工作方法。

如果前人已在测区内或邻区开展过地球化学勘查工作，设计时其主要技术指标和方案可参照前人的工作成果。如果认为资料不足，可补做部分试点测量。前人未工作过的地区、特殊地球化学景观地区以及为寻找特殊矿种、特殊矿产类型为目的的地区，必须开展试点测量。试验内容包括：采样层位（深度）、采样介质、样品加工方案、靶元素和探途元素的确定、采样布局、采样网度和方法等。地球化学背景和异常一般都是采用经验方式确定，而在试点测量中可以利用典型背景区和已知矿化区采集的样品确定异常下限。

二、地球化学勘查的主要方法及其应用

（一）河流沉积物取样法

以水系沉积物为采样对象所进行的地球化学勘查工作称为河流沉积物取样法（river sediment samplingmethod），其特点是可以根据少数采样点上的资料，了解广大汇水盆地面积的矿化情况。矿化及其原生晕经风化形成土壤，再进一步分散流入沟系，经历了两次分散不仅异常面积大，而且介质中元素分布更加均匀，样品代表性强，因此可以用较少的样品控制较大的范围，不易遗漏异常。对于所发现的异常，具有明确的方向性和地形标志，易于追索和进一步检查。

河流沉积物是取样点上游全部物质的自然组成物，它们通过土壤或岩石的剥蚀以及地下水的注入而获得金属，这些金属可能赋存在矿物颗粒中，但更多的是存在于土粒中或岩石和矿物碎屑表面的沉淀膜上。表现地球化学异常的河道向下游都可能迅速衰减。因为许多河道都是稳定的，所以从河流沉积物中取样是有效的，其单个样品点可以代表很大的汇水区域。故在某些地球化学省，每100km只采取一个河流沉积物样品。通常一个样品只代表几平方千米的地区，因此沿主要河流每1km要取2～3个样品，而且取样点都布置在支流与主流汇合处的支流上。在详细测量河流沉积物时，沿河流每隔50～100m进行采样。一般情况下，向着上游源区方向金属或重砂矿物含量增高，然后会突然降低，在河床狭长地带内形成水系沉积物异常，习惯上称为分散流（dispersion train）。发现矿化的分散流后，其所在的流域盆地，尤其是分散流头部所在的流域盆地便是与该分散流有成因联系的成矿远景区。

一般情况下，指示元素在分散流中的含量比在原生晕或土壤次生晕中的含量低1～2个数量级，因此同一指示元素在分散流中的异常下限往往低于在土壤次生晕中

的异常下限。细粒沉积物（< 1.0mm）的分散流长度一般在 0.3 ~ 0.6km（小型矿床）和 6 ~ 8km（大型矿床）之间，最大长度可达 12km 以上。

河流沉积物样品一般比土壤样品容易收集而且容易加工，然而，如果人们将各种废料都倾注于河流中，就会使沉积物混入杂物影响取样效果，严重的甚至可使取样失败。

为了发挥河流沉积物取样的最大效益，取样应尽可能满足下列条件。

① 工作区应当是现代剥蚀区，发育深切的河流系统。

② 理想的取样点应布置在面积相对较小的上游汇水盆地中的一级河流上，在二级或三级河流中，即使存在很大的异常区也会迅速稀释。

③ 在河流沉积物取样中，可以采集全部河流沉积物，或者某个粒级的沉积物，或者重砂矿物。在温带地区，细粒级河流沉积物中可以获得微量金属元素的最佳异常值 / 背景值衬度，这是因为细粒级沉积物含有大多数有机质、黏土，以及铁锰氧化物。含有卵石的粗粒级沉积物来源一般更为局限而且亏损的微量元素。通常采集粉砂级河流沉积物（一般规定为 80 网目以下的样品），通过试点测量来确定能给出最佳衬度的沉积物粒级。对于基本金属分析和地球化学填图来说，0.5kg 重量的样品就足够了；但如果是分析 Au，由于金粒的分布极不稳定，因而要求采集的样品重量要大得多。

最常用的采样方法是在选定的位置上采集活性水系沉积物样品，最好是沿河流 20 ~ 30m 范围内采集多个小样品组合成一个样品，并且在 10 ~ 15cm 深度采样，目的是避免样品中含过多的铁锰氧化物。在快速流动的河流中，为了采集到适合化学分析的足够重量的样品（至少需要 50g，最好是 100g），必须采集较大体积的沉积物进行现场筛分。

④ 详细记录采样位置的有关信息，包括河流宽度和流量、粗转石的性质以及附近存在的岩石露头情况。这些信息在以后对化学分析结果进行研究以及选择潜在的异常值进行追踪调查时是很重要的。

⑤ 异常值的追踪测量一般是采取对上游河流沉积物取样的方式，即沿着异常的河流确定异常金属进入河流沉积物中的入口点，随后采用土壤取样方法进一步圈定来源区。

若河流沉积物中发现较多的重砂矿物存在，应对河流沉积物进行淘洗或加工。对所获重砂除进行矿物学研究外还可进行化学分析，以查明重矿物中选择性增强的一定靶元素和探途元素的异常含量。重砂方法基本上是淘金方法的量化，水中淘洗常常需要把密度大于 3g/cm^3 的离散矿物分离出来。除了贵金属外，淘洗还要检测富集金属的铁帽碎屑，如铅矾之类的次生矿物，锡石、锆石、辰砂以及重晶石之类的难溶（稳定）矿物，以及多数宝石类矿物，包括金刚石。每一种重矿物的活动性都与其在水中的稳定性有关。例如，在温带地区，硫化物只能够在其来源地附近的河流中淘洗到，而金刚石即使在河流中搬运数千千米也能够很好地保存下来。采集的样品通常要进行分析，即要对样品中重矿物颗粒进行计数。在远离实验室的遥远地区查明重砂矿物的含量是非常有用的，根据重砂异常有可能直接确定下一步工作的靶区。重砂取样的主要问题是淘洗，要达到技术熟练，需要花几天时间实践训练。

河流沉积物测量一般可采用地形图定点。先在 1∶25000 或 1∶5000 地形图上框出计划要进行工作的范围，在此范围内画出长宽各为 0.5km 的方格网。以四个方格作为采样大格，大格的编号顺序自左而右，然后自上而下。每个大格中有四个面积为 0.25km² 的小格，编号顺序自左而右与自上而下标号 a、b、c、d。在每一小格中采集的第一号样品标号为 1，第二号样品标号为 2。每个采样点根据所处的位置按上述顺序进行编号。

（二）土壤地球化学取样法

土壤地球化学取样技术基本原理是：派生于隐伏矿体风化作用产生的金属元素常常形成围绕矿床（体）或接近矿床（体）分布的近地表宽阔次生扩散晕，由于其具有测定非常低的元素丰度化学分析能力，因此按一定取样网度开展土壤地球化学分析便能够圈定矿化的地表踪迹。

在露头发育不良的地区，土壤取样具有一定的优越性，靶元素有机会从下伏基岩的小范围带内呈扇形扩散在土壤中。这里要强调一点的是，土壤异常已经由于蠕动造成与其母源基岩的矿化发生位移。实际上，直接分布在矿体之上的土壤异常只存在于残积土中，因此与岩石取样比较，土壤取样的主要缺点是具有较高的地球化学“噪声”（指混入了杂物或污染）以及必须考虑形成土壤复杂历史过程的影响。

土壤取样要求按一定的取样间距（网度）挖坑并从同一土层中采集样品。测线方向应尽量接近残积土壤风化界面基岩量垂直被探查地质体的走向，并尽可能与已知地质剖面或地球物理勘查测线一致。对于规模较小的目标矿体，如赋存在剪切带内的金矿体以及火山成因块状硫化物矿体，取样网度有必要加密至 10m × 25m；对于斑岩铜矿体，取样网度可以采用 200m × 200m。

利用土壤地球化学追踪地球物理异常时，至少应有两条控制线横截勘查目标，而且控制线上至少应有两个样品位于目标带内，目标带两侧控制宽度应为目标带本身宽度的 10 倍。

土壤取样的工具是鹤嘴锄或土钻等，采集的土壤样品装在牛皮纸样袋中，样品干燥后筛分至 80 网目（0.2mm），并收集 20 ~ 50g 样品进行分析。

取样土壤的主要类型包括：① 残积的和经过搬运的土壤；② 成熟的和尚在发育的土壤；③ 分带性和非分带性的土壤；④ 上述过渡类型的土壤。

在潮湿炎热的热带地区，原地风化作用可能导致与上述特征不同的红土层，只要认识到当地土层的特征，土壤取样效果仍然会较好。然而，在干旱地区由于没有足够的地下水渗滤，难以把金属离子迁移到地表，因此一般的土壤取样方法可能失效。

不是所有的土壤都是简单的基岩风化的残积物。例如，它们还可能是通过重力作用、风力作用或雨水营力从来源区横向搬运了一定的距离。这些土壤可能是具有长期演化历史地貌的一部分，其演化历史可能包括了潜水面的变化以及元素富集和亏损的地球化学循环。为了能够充分解释土壤地球化学测量的结果，需要对其所在的风化壳有所认识。对于复杂的风化壳，人们有必要在设计土壤地球化学测量之前进行地质填图和解释，以便确定适合于土壤地球化学取样的区域。

由于费用相对较高，土壤地球化学取样一般在已确定的远景区内进行比较详细的勘查时使用，主要用于圈定钻探靶区。

（三）岩石地球化学取样法

岩石取样法广泛应用于基岩出露的地区。就取样位置选择而言，岩石采样是最灵活的方法，可以在露头上、坑道内、岩心中采集。在细粒岩石中，一个样品一般采集 500g；在极粗粒岩石中，样品重量可达 2kg。

样品可以分别是新鲜岩石或风化岩石，由于风化岩石和新鲜岩石的化学成分有所不同，因而不能将这两类样品混合，否则将会难以对观测结果进行合理解释或得出错误结论。

与其他地球化学方法比较，岩石地球化学勘查具有几个优点：① 局部取样，所获信息直接与原生晕有关，还可以利用岩石地球化学取样建立矿床的元素分带模型；大范围取样所获信息可直接与成矿省或矿田联系起来；② 岩石取样的地质意义是直接的，采样时要注意构造、岩石类型、矿化和围岩蚀变等现象；③ 岩石样品不像土壤和水系沉积物样品那样容易被外来物质污染，而且岩石样品可以较长期保存用来以后检验。当然，污染是相对的而不是绝对的，即使是最干净的露头在某种程度上也已经发生了淋滤和重组合现象。

岩石取样法也有一些明显的限制。例如，① 采样位置受露头发育程度的制约；② 岩石样品仅代表采样位置的条件，相比较而言，河流沉积物样品代表整个汇水区内的条件；③ 在有明显矿化出露的部位所采样品显然不能代表围岩晕，一般的解决办法是取两个样品，一个取自矿化带内，另一个取自附近未矿化的岩石中，用以获得金属比值的信息；④ 岩石样品只能在实验室内分析，而土壤、水系沉积物和水化学样品不需磨碎，并可直接在野外用比色法分析，便于立即追踪更明显的异常。

由于岩石测量的采样工作和样品加工等方面的工作效率较低，成本较高，因而很少在大范围内开展面积性岩石测量，一般应根据工作目的有针对性地布置采样工作。具体工作如下。

① 为了查明水系或土壤异常浓集中心的确切位置，可在略大于异常的范围内布置几条剖面线进行岩石采样。

② 为了查明构造带的含矿性，可布置若干条垂直于构造带的短测线采集岩石样品。

③ 为了查明是否存在新的含矿层位，可布置几条垂直于地层走向的长测线进行岩石采样。

④ 为了评价岩体的含矿性，可在测区内的几种典型岩体中各采集数十个岩石样品等。

三、矿产地球化学勘查的工作程序和要求

(一) 矿产地球化学勘查区的选择

矿产地球化学勘查以发现和圈定具有一定规模的成矿远景区和中大型规模以上矿床为目的，因而正确选准靶区是矿产地球化学勘查的关键。矿产地球化学勘查选区一般是根据区域地球化学勘查圈定的区域性或局部性地球化学异常，或者是配合地质、地球物理方法综合圈定钻探靶区。

地球化学普查区工作面积一般为数十至上百平方千米，主要采取逐步缩小靶区的方式以现场测试手段为指导，对新发现或新分解的异常源区进行追踪查证。地球化学详查区主要布置在局部异常区或成矿有利地段，工作面积一般为 1 平方千米至数十平方千米，主要采用现场测试手段查明矿床赋存位置及远景规模。

(二) 测区资料收集

全面收集测区有关地质、遥感、地球物理、地球化学等方面的资料，详细了解以往地质工作程度，并对资料进行综合分析整理，对勘查靶区进行充分论证，利用试点测量选择最适合测区的地球化学勘查方法或方法组合。

在水系或残坡积土壤发育的地区，地球化学普查一般是在区域地球化学圈定的异常范围内采用相同方法进行加密测量；地球化学详查则是在地球化学普查圈定的异常区内沿用大致相同的技术方法加密勘查；在我国西部干旱荒漠地区或寒冷冰川

地区以及东部运积物覆盖区，则需要进行技术方法的有效性试验。

确定所要分析研究的元素（靶元素、探途元素）、测试要求的灵敏度和精度等，这些选择是根据成本、已知的或推测的地质条件、实验室设备等因素，此外，最重要的是考虑方法试验或者类似地区的经验。一般来说，地球化学普查的分析指标为几种至十几种，详查范围更接近目标，分析指标以几种为宜。

（三）矿产地球化学勘查中常用的测试技术

野外现场测试技术主要使用比色法。这种方法最一般的是用二硫腙（一种能与各种金属形成有色化合物的试剂），通过改变 pH 或加入络合剂，可以分别检测出样品中所含的金属，主要是铜、铅、锌等。具体操作是把试管中的颜色与一种标准色进行对比，并以 ppm 为单位换算出近似值。由于只有在土壤或河流沉积物样品中呈吸附状态的金属或冷提取金属才能被释放到试液中，所以比色法实际上只能测出样品中全部金属含量的一小部分（5%～20%）。因此，这种测试方法灵敏度和精度都很低，而且所能测试的元素有限，但是利用它能初步筛选出具有潜在意义的地区。

实验室内分析测试技术种类很多，为了选择合适的分析测试手段，化验人员与地质人员应充分协商；选用分析测试手段需要考虑的因素是成本、定量或半定量、所需测定的元素数目以及它们表现的富集水平和要求的灵敏度等。在地球化学样品中，如含有多种具潜在意义的组分时，可能需要考虑采用几种方法测定。

低成本的基本金属地球化学分析方法通常是将重量约 1g 的样品利用强酸溶解，这种酸性溶液中含有样品中的大部分基本金属，然后采用原子吸收光谱（又称为原子吸收分光光度计，以下简称 AAS），虽然它一次只限定测试一种元素，但能测定大约 40 种元素，而且灵敏度和精度都很高；它还具有成本较低、速度快、操作相对简单等优点。石墨炉原子吸收分光光度计（GFAAS）可用于分析诸如 Au、Pt 元素以及 Ti 之类的低丰度值元素。

发射光谱分析适用于同时对大量元素（这些元素的富集水平变化很大，而且是不同的化学组合）作半定量分析。一种较昂贵的新型仪器——电感耦合等离子光谱（ICP–MS），具有发射光谱系统的多元素测定能力，灵敏度相当高，而且经济。

岩石和土壤中的贵金属可采用火法试金分析，其优点是可以利用重量相对较大的分析样品（大约为 30g），重量较大的测试样品有助于降低“块金效应”，从而能够获得更好的分析精度。

中子活化分析是一种灵敏度高、能准确测试地球化学样品的方法，尤其是测定金的灵敏度很高，广泛用于测定生物地球化学样品和森林腐殖土样品中所含金以及常见的探途元素。作为一种非破坏性方法，它能提供同时或重复测试各种元素的手段。

实验室比色法类似于野外比色法，但它能得益于进一步的样品制备和更周密的控制条件，虽然较其他测试方法精度低，但成本也低，因此仍被广泛用于测定钨、钼、钛、磷等元素。

地球化学样品分析不必刻意追求测试结果的准确性，因为人们利用地球化学勘查的主要目的是了解靶区内相关元素的分布形式而不是这些元素的绝对含量，何况重量仅为1g的分析样品也难以完全代表原始样品。正因如此，地球化学分析结果只作为矿化显示而不宜看作为矿化的绝对度量。

（四）地球化学勘查的野外记录

地球化学技术在矿产勘查中之所以重要，是因为化探样品的收集很迅速，其大量的数据可用于研究元素分布模型和趋势变化。但是，如果只采样而无记录，其后果可能像采样不当或样品分析测试不正确那样容易出现错误。野外记录是取样过程的一个重要组成部分，要经常培训取样人员，提高取样人员的素质，以使取样保质、保量。

野外工作中对每一个采样点进行详细地质观察和描述非常重要，因为这些信息在数据解释阶段是十分有用的。在土壤测量中，应当记录下采样层位、厚度、颜色、土壤结构等，若有塌陷、有机质存在、土壤已经搬运以及含岩石碎屑或有可能已被污染等迹象也应当记录下来。采样位置除必须准确地在图上标定出来外，最好能在现场上做标记，便于以后复查。

对河流沉积物的采样，要记录采样点与活动性河床的相对位置、河流规模和流量、河道纵剖面（陡或缓）、附近露头的性质、有机质含量、可能的污染来源等。

岩石样品有特殊的地质含义，记录中应包括尽可能多的岩石类型、围岩蚀变、矿化以及裂隙发育程度等方面信息。为了加快记录速度，可设计一种便于计算机处理的野外记录卡片。

所采集的样品应仔细包装编号并及时送实验室进行制备和化学分析。地球化学人员应该意识到分析过程中可能出现的问题，从而设计一个用于检验分析数据质量的方案。需要记住一点的是，即使是最好的实验室也可能出错。

（五）地球化学勘查数据的处理

地球化学勘查数据的处理是地球化学勘查的一个重要组成部分。地球化学原理告诉我们，不同的取样介质、不同的采样方案、以及不同的化学分析手段都有可能产生不同的背景水平和异常含量。因此，利用不同取样介质或相同取样介质、不同取样方案获得的数据混合处理后所圈定的异常区是不可靠的，实际工作中应该分别进行处理。

地球化学勘查的主要目的是圈定进一步工作的靶区，因而通常是利用图形的方式表达地球化学勘查结果，凸显地球化学异常区。最常用的地球化学图件是投点图，即把单个元素或一组紧密相关元素的测试结果投在地质图或地形图上。在一些地球化学图（尤其是河流沉积物取样分布图）上是用圆圈的大小或其他符号表示样品点上元素分析值所在的区间，然后圈定异常区。如果数据点比较均匀，可以作等值线图来表示重要元素之间的比值，如铜 / 钼、银 / 锌等值，也可投在图上并绘制等值线图。等值线图的缺点在于有时候图上呈现出仅根据一两个样品而圈出的多个封闭等值线区域，尤其是在区域地球化学勘查中样品分布很不规则的情况下，这种现象更为常见。多变量数据常常需要研究变量之间的相关性，两个变量常常采用散点图的图形方法研究其相关性，由于微量元素的含量一般呈正偏斜分布，作图之前最好先对数据进行对数转换。其他用几何表示方式的还有曲线图、直方图等。

地球化学数据处理的数学方式主要是应用统计学方法解释地球化学数据集以及定义地球化学异常，但在实际应用过程中应谨慎，因为地球化学数据集具有自身的特征。例如，地球化学数据集往往是多元数据集，相邻样品之间存在空间相关性，以及由于取样和分析过程的误差致使数据精度不高等。

一元统计方法可用于组织和提取一个元素数据集中的信息，通常是利用频率直方图、累积频率图，以及盒须图等方式了解数据集的分布形状（对称分布还是偏斜分布、单峰还是多峰等）、中心位置、离散程度，以及异常值（outliers）等特征。

一个地球化学数据集常常可能来自多个总体。例如，从不同介质或者是派生于不同主岩的相同介质中采集的样本都会含有多个总体，每个总体都有各自的异常下限。进一步来讲，由异常值构成的异常与背景也是分属于不同的总体。

地球化学异常一般采用多元素的异常形式来表达，这是因为不同的矿床类型通常都有特殊的靶元素和探途元素组合。多元统计方法主要用于评价多元数据集中变量之间的关系，如相关分析、聚类分析、判别分析以及因子分析等。

由于气候条件、地质条件，以及地形条件的变化，对地球化学数据的解释既要求良好的数据质量，还要求地质人员或地球化学人员具备一定的数据处理技巧和经验。数据的统计处理和地质评价应注意充分挖掘和利用所获得的数据，采用多种方法进行处理，结合地质和地球物理资料对地球化学异常进行评价。

（六）地球化学异常的证实

寻求所研究元素的异常值是地球化学勘查的主要目的，最好是能够利用试点测量确定异常下限。需要强调的是，异常下限设定应有一定的灵活性。

地球化学人员研究化学元素的异常值时需要注意排除来源于地表如古冶炼遗址或人工废物之类污染源的可能性，同时还需要查证所研究的化学元素异常是否由岩石中元素的非经济含量或是由其他因素引起的。换言之，地球化学人员应当寻求对所研究化学元素的所有地球化学异常值进行合理解释，如果根据野外观察不能确认现有的解释，那么就有必要再去实地对不能解释的地球化学异常值进行查证。

为证实显著的地球化学异常，要在地球化学异常区内采用较密的间距和增加地球化学手段进行取样分析。

多次取样和补充分析是很重要的，像地球物理勘查一样，地球化学勘查是把异常与矿体的概念模型联系起来，而且初步钻探验证可能改变整个模型。

第三节　探矿工程勘查技术

一、坑探工程

（一）地表坑探工程

1. 探槽

探槽（testtrench）是指勘查工作中为揭露基岩或矿化体，在地表挖掘的一种深度不超过 3m 的沟槽。一般要求探槽槽底深入基岩 0.3m、底宽 0.6m 左右，其长度及方向则取决于地质要求，通常是按一定的间距垂直所要探明的地质体或矿化体布置。按其作用的不同分为主干探槽和辅助探槽。

主干探槽布置在勘查区的主要地质剖面上，要求尽量垂直于矿化带或构造带以及围岩的走向，目的是研究地层剖面和构造规律以及控制矿化体的分布等。辅助探槽是加密于主干探槽之间的短槽，用于揭露矿体或其他地质体界线。

探槽主要适用于揭露、追索和圈定近地表的矿化体或其他地质界线，一般要求覆盖层的厚度不超过 3m。由于探槽施工简便、成本较低，因而在矿产勘查中广泛应用。

2. 浅井

浅井（shallow well）是从地面垂直向下掘进的一种深度和断面都较小的勘查竖井，断面形状一般为正方形或矩形。断面形状为圆形的浅井又称为小圆井，断面面积为 1.2 ~ 2.2m²，深度不超过 20m，一般为 5 ~ 10m。

浅井可用于砂矿床与风化壳型矿床的勘查或用于揭露松散层掩盖下的近地表的矿化体。浅井施工的难度和成本比探槽要高，如果不采集大样的话可用轻便取样钻机代替部分浅井。

(二) 地下坑探工程

1. 平硐

平硐（adit）又称平窿，是按一定规格从地表向山体内部掘进的、一端直通地表的水平坑道。两端都直接通达地表的水平巷道称为隧洞或隧道。平硐的形状一般为梯形或拱形，是人员进出、运输、通风及排水的通道。在勘查中常用于揭露、追索和研究矿体。与竖井和斜井比较，平硐的优点是施工简便、运输及排水容易、掘进速度快、成本较低等，因此在地形有利的情况下应优先采用平硐勘查。

2. 石门

石门（crossdrift）是指从竖井（或盲竖井）或斜井（或盲斜井）下部掘进的地表无直接出口且与矿体走向垂直的地下水平巷道，由于它是穿过围岩的巷道，故称为石门，一般用作连接竖井或斜井与主要运输巷道（沿脉）的主要通道、揭露含矿岩系的地质剖面，以及追索被断层错失的矿体等。

3. 沿脉

沿脉（following-veindrift）是指在矿体中或在其下盘围岩中沿矿体走向掘进的地下水平巷道。沿脉无地表直接出口，一般通过石门与竖井或斜井井筒连接。布置在矿体内的沿脉称脉内沿脉，布置在围岩中的沿脉称脉外沿脉或石巷，采用哪一种沿脉应根据矿体地质特征和生产要求而定。

在勘查项目中，主要利用沿脉来了解矿体沿走向的变化情况。沿脉还有供行人、运输、排水和通风之用。

4. 穿脉

穿脉（Puncture Pulse）是指垂直矿体走向掘进并穿过矿体的地下水平巷道。在勘查中穿脉主要用于揭露矿体厚度、了解矿石组分和品位的变化，以及查明矿体与围岩的接触关系等，其长度取决于矿体厚度以及平行分布的矿体数。

由沿脉、穿脉、石门等地下平巷配合，构成了控制矿体分布的水平断面，这种水平断面称为水平（level），通常以所在标高来编号，如 0m 水平、−50m 水平等，有时也以从上往下按顺序编号，如第一水平、第二水平等。相邻水平之间的阶段称为中段，某一水平标高以上的那个中段称为某标高中段，中段上下相邻水平坑道底板之间的垂直距离（或高差）称为中段高度。

5. 竖井

竖井（shaft）是指直通地表且深度和断面较大的垂直坑探工程。竖井是进入地下的一种主要通道，按用途可分为勘探竖井和采矿竖井，后者又分为主井、副井、通风井等。竖井一般在地形比较平坦的地区采用。勘探竖井断面常为矩形，深度一般在 20m 以上。由于开掘竖井技术复杂、成本高，一般不得随意施工。竖井设计需与矿山设计部门共同商定，以便开采时利用。

6. 斜井

斜井（inclined shaft）是以一定角度（一般不超过 35° ）和方向，从地表向地下掘进的倾斜坑道，也是进入地下的一种主要通道。地表没有直接出口的斜井称为盲斜井或暗斜井。斜井的设计与施工也需与矿山设计部门共同商定。

（三）地下坑探工程的地质设计

1. 坑道勘查系统的选择

坑道勘查系统可分为平硐系统、斜井系统以及竖井系统，分别适用于不同的条件，因此应用时需根据矿床所在的地形地质条件，如地形、矿体产状、围岩性质等进行合理选择。原则上要求所选坑道勘查系统既能达到最佳勘查效果，又能实现经济、安全、施工方便，并且所设计的坑道能够为今后矿山开发所利用。

2. 勘探中段的划分

一般是以主矿体地表露头的最高标高为起点，根据所确定勘查类型或采用其他方法确定的中段高度或其整数倍。一般厚大矿体急倾斜时，中段高为 50 ~ 60m ；厚度不大的急倾斜矿体，中段高为 30 ~ 40m ；缓倾斜矿体中段高为 25 ~ 30m。向下依次确定各勘探中段的标高（为布置水平巷道腰线的标高），并在设计剖面图或矿体垂直纵投影图上标绘出各水平的标高线以便布置坑探工程。同一矿区不同地段的水平标高应当一致，同一水平上各水平巷道的腰线标高误差不得超过 3% ~ 5%。

3. 坑口位置的选择

平硐和斜井坑口应有比较开阔的场地，以便建筑附属厂房及堆放废石，并且要求岩层比较稳固、坑口标高必须高于历年最大洪水水位。坑口最好能位于坑探系统的中部，使主巷两翼的运输和通风距离大致相等。

布置竖井时要注意以下几个方面。

① 井筒应布置在矿体下盘，而且必须位于开采后形成的地表移动带范围之外，以确保井筒的安全以及避免因维护井筒而保留大量的矿柱。

② 井筒应避开构造破碎带和厚度大而又非常坚硬的岩层（如花岗岩、石英岩等）。

③ 井口标高必须高出历年洪水水位，井口附近地形条件良好，便于建筑、排水，以及堆放废石等。

④ 尽可能使石门长度达到最短。

4. 探矿坑道的布置

探矿坑道主要指沿脉坑道和穿脉坑道。沿脉坑道一般布置在主矿体内或其下盘，其设计长度大致与矿体一致或视需要而定。穿脉坑道应布置在相应的勘查线上，用于揭露矿体沿厚度方向的变化以及圈定次要矿体。

探矿坑道的布置是在相应水平的平面图上进行。如果深部有钻孔资料，可以根据设计地段的勘查线地质剖面编制水平地质平面图。当深部无钻孔资料时，则可根据勘查区大比例尺地质图，在设计地段按一定间距切制若干条地质剖面，剖面上地质界线及其产状按地表产状向下延伸到设计水平，然后编制水平地质预测平面图。

水平地质平面图上坑道的布置可分为脉内沿脉系统和脉外沿脉系统。如果矿体厚度小于沿脉坑道的宽度，可以考虑采用脉内沿脉系统；如果矿体厚度大于沿脉坑道宽度，而且下盘围岩稳定，则可采用脉外沿脉系统，在沿脉中按一定间距布置穿脉。无论是脉内沿脉系统还是脉外沿脉系统，穿脉坑道的布置都必须与整个勘查系统相适应，便于资料的综合整理。探矿坑道设计好后，应在水平地质设计平面图以及勘查线设计剖面图上标出坑道的方位和设计长度、断面规格，以及坡度等。

5. 坑探工程设计书的编写

凡地下坑探工程都应编写专门的设计书，对应用坑探工程的地质依据和必要性进行论证，对勘探系统的选择、水平标高及坑口位置的确定等进行评述，最后列表统计坑探工作量。设计书应附勘查区地形地质图、各中段地质（预测）平面图、有关设计剖面等图件，具体要求参见有关规范。坑道设计被批准后还应将坑道预计地质情况和水文地质情况等方面的资料送交施工部门，以保证施工安全。

6. 坑探的施工管理和编录要求

根据批准的坑探工程施工设计图，由地质人员与测绘人员共同到现场对工程进行实测定位。施工期间应定期对工程质量与工程量进行阶段验收，在预计有突水和涌水地段施工时应制定探水防水措施和预警方案，工程全部完工后应进行竣工验收。

二、钻探方法

（一）主要的钻探方法

1. 冲击钻进

这种钻进设备基本上是采用压缩空气驱动的锤击系统，重锤把一系列短促冲击迅速传递至钻杆或钻头，与此同时传递一次回转运动，达到全面破碎钻孔孔底岩石的目的，这种钻进方法称为冲击钻进。钻进设备大小不一，小者如用于坑道掘进的风钻，大者可以安装在卡车上，能够以较大孔径钻进数百米的深度。

冲击钻进方法是一种快速而成本较低的方法，最大缺点是不能提供取样的精确位置，然而钻探费用只有金刚石钻探的1/2~1/3。这种技术主要在勘探阶段用于加密钻探，获取化学分析样品以及确定矿化的连续性，尤其适合于斑岩铜矿的勘查，其钻进速度可达1m/min，而且在一个8h的工作班内钻探进度有可能达到150~200m。如果以这样的进度并配置多台钻机，每天可获得数百个样品；以10cm的孔径计算，每钻进1.5m的孔深可以产生大约30kg的岩屑和岩粉，所以要求采样和样品的化学分析密切配合。这类钻机操作时噪声较大。

2. 回转钻进

利用硬度高、强度大的研磨材料和切削工具，在一定压力下以回转的形式来破碎岩石的钻进方法。按照钻进形式回转钻进又可分为两类。

(1) 孔底全面钻进

即在钻进过程中将孔底岩石全部破碎，钻下的岩屑通过冲洗液带至地表用作样品，但不能取岩心。典型的回转钻头是三牙轮钻头，每小时以高达100m的速度钻进是可能的。这种类型的钻进方法一般用于石油勘查和开采，其钻孔孔径较大（大于20cm）、钻孔深度可达数千米，需要使用昂贵的钻头钻进泥浆，钻探设备比较笨重。

(2) 孔底环状钻进

即以环状钻进工具破碎岩石，在钻孔中心部分留下一根柱状岩石（岩心），这种钻进方法称为岩心钻探。按照不同的方法，岩心钻探又进一步分为不同的钻进形式。

3. 冲击回转钻进

冲击回转钻进是冲击钻进和回转钻进相结合的一种方法，即在钻头回转破碎岩石时，连续不断地施加一定频率的冲击动载荷，加上轴向静压力和回转力，使钻头回转切削岩石的同时，还不断地承受冲击动载荷剪崩岩石，形成高效的复合破碎岩石的方法。根据冲击和回转的重要性大小，这种方法还可进一步分为冲击–回转钻进（冲击频率较低、冲击功较大、转速较低）和回转–冲击钻进。

4. 反循环钻进

反循环钻进是指钻井液介质从钻杆与孔壁之间或从双壁钻杆间隙进入孔底，将岩屑或岩心经钻杆柱内携带至地面。钻进液介质可以是清水、泥浆、空气或气液混合。

反循环钻进方法既可用于钻进未固结的沉积物（如砂矿床钻探），也可用于钻进岩石；采取的样品既可是岩屑，也可为岩心。尤其适合于斑岩型铜矿和以沉积岩为主岩的金矿床（卡林型金矿床）。

这种钻进方法的优点是钻进速度快（每小时钻进深度可达 40m）、样品采取率高（可达 100%）而且样品几乎不受到污染。由于采用了专用钻杆、需要空气压缩机和其他附加设备等钻探成本较高，但采样质量也较高。一些反循环钻进具有取岩屑和岩心双重功能，因此钻进过程中可以考虑在重要部位采用高质量的岩心钻进，而在不重要的部位采取岩屑钻进方式，这样可以降低钻探实际总成本。

5. 不取岩心钻进

一般在勘探后期，对矿床地质情况已有相当了解，且地质情况简单，或为了查明远离矿体的围岩时采用。在钻进方式上的不同之处在于，它是从钻孔中取出岩屑、岩粉，再配合电测井以确定钻孔中各岩性的位置和厚度，但在见矿部位一般仍要取岩心。在勘探石油、天然气时，较多采用地球物理测井技术，目前在勘探固体矿床中也日趋广泛采用。测井方法主要有以下几种。

① 磁测井：主要用于协助查明钻孔附近由于矿体引起的磁性干扰。

② 电磁测井：电磁性、电阻性和激发极化法能有效查明金属矿体，特别是能指示块状或浸染状硫化物矿床的存在。

③ γ - 射线能谱测量用于放射性矿床勘查。

④ 中子活化法用于测量孔壁中钼、铅、锌、金和银的含量。

此外，地球物理测井技术不仅能应用于单孔，还可在钻孔之间以及钻孔和地面之间进行测量，从而对勘查目标进行三维解释。

进行钻探工作，需要以下几个方面。

① 一套复杂的机械设备，如不同型号的钻机（带动力机）、水泵（带动力机）、钻塔、拧管机和照明发电机等，需要配钻杆、取心管以及各种其他工具等，特别是石油钻探更是庞杂。

② 完整的施工规程。

③ 一支训练有素的工人队伍和具有组织指挥才能，兼有丰富的理论知识和技术才能及实践经验的高级工程师、工程师等人员组成。

（二）钻探方法的选择

选择合适的钻探技术或多种技术的结合需要考虑钻进速度、成本、所要求样品的质量、样品的体积以及环境因素等方面进行综合权衡。虽然冲击钻进方法只能提供相对较低水平的地质信息，但具有速度快、成本低的优点。金刚石钻进能为地质研究和地球化学分析提供最重要的样品，并且在任何开采深度范围内都可以利用这种技术获得样品，所获得的岩心能够进行精确的地质和构造观测，还可以提供无污染的化学分析样品，但是金刚石钻进成本最高。矿产勘查中金刚石钻探方法应用最为广泛。

勘查项目的技术要求在选择钻探技术时起着重要作用。例如，如果勘查区地质复杂或者露头发育不良，而且没有明确圈定的目标（或者也许需要验证的目标太多），就不可避免地需要采用金刚石钻进来提高对该地区地质认识的水平；在这种情况下，从金刚石钻进所获取的岩心中得到的地质信息有助于建立勘查目标概念或者是对地球物理 / 地球化学异常进行排序。同时，如果需要验证个别的、明确圈定的地表地球化学异常，其目的是要验证是否为浅部埋藏矿体的显示，那么可以选用冲击钻或其他成本较低的钻进方法。

（三）钻孔种类

根据矿产勘查的目的，勘查钻孔可分为以下几类。

① 普查钻孔。在区域勘查阶段，主要用于了解深部地层、岩性等的变化，尤其是在寻找层控矿床的地区。

② 构造钻孔。主要用于区域勘查阶段，查明与矿床有关的地质构造。

③ 普通钻孔。在详查尤其是在勘探阶段中，用于查明矿化的连续性，即探明深部矿体的赋存状态、质量和数量等。普通钻孔都属于加密取样钻孔，一般不要求通过这类钻孔来了解更多的矿床地质特征的信息，故可采用成本较低的钻进方法。

④ 控制钻孔。用于圈定矿体边界和矿床的分布范围。在重新钻探前，要注意充分利用已有的钻孔资料，因为许多成功的勘查项目往往始于对过去的钻井资料和岩心所作检查。美国亚利桑那州克拉马祖铜矿的发现就是一个极好的实例。

三、金刚石岩心钻探方法

金刚石岩心钻探是采用由镶嵌有细粒金刚石的钻头破碎岩石的一种钻探方法。金刚石具有极高的硬度和良好的强度，是迄今最有效的碎岩材料。由于人造金刚石及配套技术的发展，金刚石岩心钻探应用范围大为扩展，不仅能应用于坚硬地层，而且能应用于硬、中硬及软地层。金刚石岩心钻探的发展推动了整个岩心钻探技术的发展，金刚石岩心钻探已成为矿产勘查最重要的钻探方法。

金刚石岩心钻探在发展中为适应不同岩层及不同地质勘查要求，发展了以金刚石及绳索取心钻进为主体的多工艺钻进，包括冲击回转钻进、受控定向钻进、反循环中心取样钻进、无岩心钻进等。

金刚石岩心钻探配套技术和设置包括：钻头、管材及工具、设备（钻机、泵、仪表等）、钻井液、钻进工艺、规程，以及标准等。

(一) 金刚石钻头

金刚石钻头按包镶形式分为表镶、孕镶、镶嵌体三类，分别适用于各类不同的地层。表镶金刚石钻头是在钻头胎体表面镶嵌天然单层金刚石（按每克拉金刚石的粒数进行分类）；孕镶金刚石钻头是将细粒金刚石均匀分布在胎体工作层中，在钻进过程中金刚石与钻头胎体一起磨损，新的金刚石不断露出于唇面来切削破碎岩石；镶嵌体钻头是用复合片或聚晶体镶嵌在钻头胎体上。一般来说，镶有颗粒相对较大的表镶和孕镶型金刚石钻头适合于钻进较软的岩石（如灰岩），而镶嵌型钻头适合于坚硬的致密块状岩石（如燧石岩层）钻进。我国现在不仅能制造不同岩层和不同用途的金刚石钻头，还能制造特殊钻头，如冲击回转钻头、打滑钻头、不提钻换钻头等，在金刚石钻头设计、制造和性能检查技术方面已跻身国际先进行列。

随着技术的发展，金刚石钻头将可以钻进任何岩石。但是金刚石钻进成本较高，为了使岩心钻进长度和岩心采取率达到最大而钻头磨损达到最小，选择钻头要求具有相当丰富的经验和判断能力。此外，用过的表镶金刚石钻头还具有金刚石回收利用的价值。

(二) 岩心管

钻头的旋转运动钻取岩心，并且通过钻杆的推进迫使岩心向上进入岩心管。岩心管根据所能容纳岩心的长度进行分类，岩心管一般长 1.5 ~ 3m，最长可达 6m。岩心管通常都是双管，其中的内岩心管既不随钻杆运动也不旋转，这样能够提高岩心采取率。在岩石较易破碎的情况下，还可以采用三管的岩心管。

过去，为了采取岩心必须把钻孔内所有钻杆全部从孔中一根一根地提出地面，取完岩心后还需一根一根地放入孔内再继续钻进，这是一个很费时间的过程。现在采用绳索取心的方法无须升降和拧卸钻杆，从而大大节省了时间和减轻了钻工的劳动强度。

所谓绳索取心钻进是指在钻探施工过程中提升岩心时不提升孔内钻杆柱，而是通过绞车和钢丝绳将打捞器放到孔底，将容纳岩心的内管连同岩心一起提至地面，取出岩心后再将空的内管投放孔内继续钻进。新近发展起来的技术甚至能够通过钻杆柱的伸缩更换钻头或检查钻头的磨损情况而无须提升全部钻杆柱。

(三) 循环介质

在钻进过程中，利用水在钻杆内部向下流动冲洗钻头的切割面，然后通过钻杆与孔壁间狭窄空间返回地面，这种钻进方式称为正循环钻进。该道工艺的目的是润滑和冷却钻头并把破碎和研磨的岩屑从孔底带到地表。水可以与各种黏土或其他掺合剂结合使用，以达到降低样品损失和保护钻孔壁的目的。有关循环介质的研究在石油钻井中取得显著的进展。

（四）套管

套管是一种柱状空心钢管，钻具可以在套管中安全运行。钻进过程中经常遇到破碎带或漏水层，必须采用套管封闭孔壁，防止孔壁岩石坍塌、循环介质流失或地下水灌入等突发事件的发生。在设计钻孔时必须考虑套管和钻头按尺寸配套，保证下一级较小直径的套管和钻头能够通过已经钻进的较大直径的孔径。

（五）钻进速度

在固体矿产勘查中大多数钻孔深度都小于400m，但所使用的钻机一般都具有最高钻进深度达2000m的能力，而且可以打水平钻孔、垂直钻孔，以及从水平到垂直角度之间的各种倾斜钻孔。钻进速度与钻机类型、钻头以及钻孔孔径等因素有关。一般来说，孔径越大，钻进速度越慢；孔深越大，钻进速度越慢。此外，钻进速度还与钻孔穿过的岩石类型有关，在软岩层、易碎或节理发育的岩层中钻进速度较慢。

四、钻孔的设计

（一）钻孔布置及施工顺序的考虑

① 根据不同要求，按一定间距系统而有规律地布置，以便工程间相互联系并对比，利于编制一系列剖面和获得矿体的各种参数。

② 尽量垂直矿体走向或主要构造线方向布置，以保证工程沿矿体厚度方向穿过整个矿体或含矿构造带。

③ 从把握性大的地方向外推移，即由已知到未知、由地表到地下、由稀到密地布置。

④ 充分利用原有槽探、钻探和坑探的成果。

无论是零散的或成勘查线排列的钻孔，均应尽可能地与已有的勘查工程配套，相互联系构成系统，以便获得完整的地质剖面。布置的形式可以是勘查线，也可以是勘查网（如正方形的、矩形的或菱形的），视地质和矿床的具体情况而定。

在施工步骤上，为了某些特殊需要也可先布置单孔。如为查明某些重要地层层序，获得有关岩石类型方面的信息，探测不整合面下部或冲断层下盘的地质情况，以判断有利成矿部位；或在勘查靶区为了验证显著的地球物理异常或地球化学异常以及重要的地质情况。但单孔布置应符合总体方案要求，使其成为总体方案的一个点或基础，然后再按更系统的勘查间距施工。

为了获得适合于确定矿石品位的最精确的取样，钻孔一般都要以高角度与潜在矿体相交。如果目标是原生矿化，钻孔要布置在预测的氧化带水平以下穿过矿体。如果矿化体是陡倾斜的板状，钻孔则应以一定角度在矿化体倾向相反的方向揭露矿体。如果矿化体的倾向还不清楚（当验证地球物理或地球化学异常时常常会出现这种情况），为了保证能与目标相截，将需要设计至少两个相反倾向的钻孔，若第一个钻孔揭露到了目标矿化体，则不施工反向钻孔；若第一个钻孔落空了，有可能矿化体是向反方向倾斜，有必要施工反向钻孔进行证实。如果矿化体是缓倾角的层状或透镜体，则采用垂直钻孔进行验证。

一旦揭露到目标矿化体，就要根据勘察设计的要求，以第一个见矿钻孔位置为起点实施扩展钻探，目的是确定矿化范围。由于矿化体的潜在水平范围通常比其潜在深度范围了解更多一些，所以多数情况下第一批施工的扩展钻孔都是从第一个发现孔沿走向布置（以 40m 或 50m 为倍数的规则网度布置），目标是在与第一个发现孔近似的深度与矿化体相截。一旦在一定长度的走向范围内证实了有经济意义矿化的存在，就可以按设计实施勘查线剖面上较深的钻孔。

（二）单孔设计

钻孔结构又称孔身结构，是指钻孔由开孔（开钻）至终孔（完钻）的孔径变化，包括孔深、开孔和终孔直径、孔径更换次数及其所在深度、下入套管的层数和位置以及套管的固定方法。单孔设计时在满足地质要求的前提下，应尽可能简化钻孔结构，即力求孔径小、少换径、少下或不下套管，从而提高钻进效率、降低钻探成本。

钻孔设计一般包括以下内容。

(1) 编制设计理想剖面图

这种剖面图是根据地表地质情况的观测研究、地球物理和地球化学异常的分析等获得的有关矿体和围岩产状、构造特点等资料，结合控矿条件分析，推测矿体在地下可能的延伸和赋存状态而编制。

(2) 钻孔预定截穿矿体（或其他地质体）位置的确定

根据设计钻孔的目的要求，在理想剖面图上从矿体在地表的出露点开始，向下沿推测矿体或矿带厚度中心平分线（矿体较薄时则沿底板线）截取选定的钻孔孔距，此间距的下端点即为钻孔预定截穿矿体的位置。

(3) 预计终孔深度

预计终孔深度是指定钻孔在穿过了目的层后再钻进一段进尺（如 5m）后不再继

续下钻的深度。当对地下地质情况掌握不太确切，尤其是在验证地球物理或地球化学异常时，终孔深度应设计得比较灵活些。

(4) 钻孔类型的确定

指岩心钻探的钻孔采取什么角度进行钻进。根据地质上对穿过矿体时的要求以及矿体和围岩的产状、物理机械性质和技术可能，可考虑直孔、斜孔或定向孔。具体选择时应注意以下要求：① 保证钻孔沿矿体厚度方向穿过，至少钻孔与矿体表面的夹角不得小于25° ，以免钻孔沿矿体表面滑过；② 尽量节约工程进尺，使孔深较浅就能达到预计的终孔位置；③ 尽可能选择直孔，因为斜孔和定向孔技术上比较复杂，施工比较困难，设计用的资料也要求更高。一般在矿体倾角大于45° 时才考虑采用斜孔。

(5) 地表孔位的选择

单个工程布置应符合总体方案要求，因此钻孔地表孔位的选择应在满足地质要求前提下，注意照顾现场实际情况。例如，便于场地平整、避开容易坍塌的危险地点，不损坏建筑物和交通要道，尽量少占农田以及便于器材运输和供水等因素。当设计孔位与上述要求相矛盾时，可根据具体地质条件，在勘查线上或两侧做适当移动，但不得超过2m。

(6) 编制钻孔理想柱状图

根据实测地质剖面和孔位周围的地质、地球物理、地球化学及其他探矿工程资料编制出钻孔理想柱状图，提供钻进时要戳穿的岩(矿)层厚度、换层深度、岩性特点、岩石硬度、裂隙发育情况、涌水、漏水等资料，以备钻探人员施工时能针对具体情况采取必要的技术措施。同时，要提出对钻探的质量要求(如岩心和矿心的采取率等)。合理的开孔、终孔直径、钻孔方位、开孔倾角、允许弯曲度、测深以及测斜等要求。

第一个钻孔施工后获得的新资料，应作为修改邻近新钻孔设计的依据，指导新钻孔的正确施工，如此渐进以使每一个钻孔的设计尽可能符合实际，获得最大效果。

五、钻探合同

钻探任务可由地质队或勘查公司自己所属的钻探部门完成，也可与专门的钻探公司签约承包。如果是签约承包，则需要在承包合同中详细规定钻进条件、所要求的工作量以及费用等。钻探的目的是以较低的成本获得勘查目标的代表性样本，因此钻探设备的选择是很关键的。如果不了解钻进条件，那么在任何大规模钻探工作开始之前，都应尽可能地事先进行试验性钻探，目的是对不同钻探方法进行比较，从而确定最适宜的钻探技术。

在签订钻探合同时涉及的主要费用如下。

① 从钻探公司至钻探工作区钻井设备的搬迁，其费用随搬迁方式（人工搬迁、汽车搬迁等）不同而有所不同。

② 机台的建立以及各孔位之间的钻井设备的搬迁，其费用随孔位之间的搬迁距离以及工作地区的不同而不同。

③ 每米进尺的基本钻探费用。

④ 个别项目的费用，如封孔、下套管、钻孔测井等。

⑤ 拆迁费用。

在钻探合同中，所有费用都应当一项一项地详细列出。

对于客户（勘查部门）制定的技术要求，如岩心采取率大于90%、垂直钻孔的偏斜小于5°等，钻探公司需要仔细考虑能否接受这些要求。如果接受这些要求但实际工作中未能满足时，钻探公司必须对此承担责任。

工程进行时，钻工们每个班在交班时都要填写工作报表（日志），报表中要详细描述本班所完成的进尺以及存在的问题，由地质人员检验后在报表上签名。最后付款时就是根据这些报表核实合同的完成情况。在钻工和勘查部门派往钻井现场的代表（负责钻孔质量监督和编录的地质人员）之间关注点有所不同，钻工们可能只强调每个班的钻探进尺，而地质人员更关心的是岩心采取率和该钻孔所要揭露的预测目标，因此负责钻探编录的地质人员应该全面熟悉合同条款以及钻进过程中可能出现的问题。

钻探工程的成果体现在最终报告中，这类报告可由以下几部分组成：① 钻探过程中的技术记录、岩心采取率以及技术问题；② 附有地质平面图和勘查线剖面图的钻孔柱状图；③ 岩石和矿石分析的地质记录；④ 地球物理测井。成功的探矿工程可以提供勘查区地质、矿床、矿石品位以及吨位的三维图像。

第二章　矿产勘查取样

第一节　取样理论基础

一、取样理论的基本概念

（一）总体

总体（population）是根据研究目的确定所要研究同类事物的全体。如果我们研究的对象是某个矿体，那么该矿体就是总体；如果研究的是某个花岗岩体，那么该岩体就是总体。实际工作中，我们关注的是表征总体属性特征的分布，如矿体的品位、厚度，花岗岩的岩石化学成分等。统计学中，总体是指研究对象的某项数量指标值的全体（某个变量的全体数值）。只有一个变量的总体称为一元总体，具有多个变量的总体称为多元总体。总体中每一个可能的观测值称为个体，该个体是某一随机变量的值，对总体的描述实际上就是对随机变量的描述。

总体是矿产勘查中最重要的研究对象，而且矿产勘查所研究的总体（如矿体品位、厚度、体重等）都具有无限性。

（二）样品

样品（sample）是总体的一个明确部分，是观测的对象。在大多数总体中，样品常常是一个单项（一个单体或一件物品）、一个基本单位（不能划分成更小的单位）或者是选作样本的最小单位。在矿产勘查中，取样单位是由地质人员规定的，而且为了获得有用的数据，这种规定必须包括取样单位的大小（体积或重量）和物理形状（如刻槽尺寸、钻孔岩心的大小、把岩心劈开还是取整个岩心，以及取样间距等）。

（三）样本

样本（sample）是由一组代表性样品组成，其中样品的个数（n）称为样本的大小或样本容量。在统计学参数估计中，$n \geqslant 30$ 称为大样本，大样本的取样分布近似于服从正态分布；$n < 30$ 为小样本，小样本的取样分布采用 t 分布进行研究。研究样

本的目的在于对总体进行描述或从中得出关于总体的结论。

总体在某一研究目的和时空范围内是确定的并且是唯一的；而作为实际观测研究对象的样本则不同，因为从一个总体中可以抽取很多个样本（理论上来说，地学中大多数总体中可以抽取无限个样本），每次可能抽到哪一个样本是不确定的，也不是唯一的而是随机的。理解这一点对于掌握取样推断原理非常重要。

（四）参数

总体的数字描述性度量（数字特征）称为参数（parameter）。在一元总体内，参数是一个常数，但这个常数值通常是未知的，从而必须进行估计；参数用于代表某个一元总体的特征，经典统计学中最重要的参数是总体的平均值、方差和标准差。平均值描述观测值的分布中心，方差或标准差描述观测值围绕分布中心的行为。

每个数字特征描述频率分布的一定方面，虽然它们不能描述频率分布的确切形状，但能说明总体的形状概念。例如，“某个金矿体的矿石量为1000万t，金的平均品位为5g/t”，这两个数字特征虽然没有详细地描述出该矿体的细节，但给出了规模和质量的概念。

（五）统计量

样本的数字描述性度量称为统计量（statistics），即根据样本数据计算出的量，如样本平均值、方差和标准差等。利用统计量可以对描述总体的相应参数进行合理的估计。

（六）平均值

平均值（mean）是一个最常用、最重要的总体数字特征，矿产勘查中常用的平均品位、平均厚度等都是一种平均值，而且用得最多的是算术平均值和加权平均值。

（1）算术平均值

算术平均值（$\overline{x}$）是指几个数据 x_1，x_2，x_3，……，x_n 之和被 n 除所得之商。

$$\overline{x}=\frac{x_1+x_2+x_3+\cdots+x_n}{n}$$

算术平均值的计算是假定样本中所有观测值都是来自相同大小的样品或取样单位，如样品的体积相同或质量相等。

（2）加权平均值

加权平均值是权衡了参加平均的各个数据对结果产生影响轻重后所算出的平均值。设参加平均的各数值为 x_1，x_2，x_3，……，x_n 其权数分别为 p_1，p_2，p_3，……，

p_n（p_i 值的大小反映了 x_i 在参与平均时重要性的大小，或应起作用的大小），则诸 x_i 的加权平均值（$\overline{x}$）为

$$\overline{x}=\frac{x_1p_1+x_2p_2+x_3p_3+\cdots\cdots+x_np_n}{p_1+p_2+p_3+\cdots\cdots p_n}$$

显然，当各权数相等时，加权平均值等于算术平均值，因此算术平均值也可看作等权的加权平均值。由于权数（p_i）的大小反映了它在参与平均时的重要性大小，其加权平均的结果更加合理。在矿产勘查中常用加权平均法来求得某一变量的平均值。例如，样品取样长度不等，在资源量/储量估算时以取样长度为权计算样本的平均品位和平均厚度。

(3) 几何平均值

如样本的观测值为 x_1，x_2，x_3，……，x_n，则 n 个观测值乘积的 n 次方根即为样本观测变量的几何平均值。

$$G_m=\sqrt[n]{x_1\times x_2\times\cdots\cdots\times x_n}=\sqrt[n]{\prod_{i=1}^{n}n_i}$$

通过对上式取对数可求得几何平均值的对数，对之取反对数就可获得几何平均值。

$$\log G_m=\frac{1}{n}\left(\log x_i+\log x_2+\cdots\cdots+\log x_n\right)=\frac{\sum_{i=1}^{n}\log x_i}{n}$$

几何平均值与算术平均值的不同表现在变量的取值不能为零或负值。相同数据的几何平均值总是小于或等于该组数据的算术平均值；数据越分散，几何平均值较算术平均值就越小。

地学上，尤其是在地球化学工作中整理那些服从对数正态分布的变量数据（或某些数据变化范围很大以及呈正偏斜分布的数据）时，常采用几何平均值计算样本的平均值。

（七）方差和标准差

方差（variance）是度量一组数据对平均值离散程度大小的一个特征数。总体方差一般用 σ^2 表示，样本方差常用 s^2 表示。设有 n 个观测值 x_1，x_2，x_3，……，x_n 其平均值为 $\overline{x}$，则其方差 s^2 为

$$s^2=\frac{\sum_{i=1}^{n}\left(x_i-\overline{x}\right)^2}{n-1}\quad i=1,2,3,\cdots\cdots,n$$

样本方差（s^2）的平方根（s）称为标准差（standard deviation），式中除以（$n-1$）

而不是 n 的原因，是为了保证样本方差 s^2 是总体方差 σ^2 的无偏估计。方差和标准差是最重要的统计量，不仅用于度量数据的变化性，而且在统计推理方法中起着重要的作用。

(八) 变化系数

假设两组数据具有相同的标准差但它们的平均值不等，能认为这两组数据的变化程度相同吗？答案显然是否定的。为了比较不同样本之间数据集的变化程度，人们引入了变化系数（coefficient of variation）的概念，其数学表达式为

$$CV = \frac{S}{\bar{x}} \times 100\%$$

式中，CV 为一组数据 x_1，x_2，x_3，……，x_n 的变化系数；S 为该组数据的标准差；$\bar{x}$ 为该组数据的平均值。显然，变化系数的值越大，说明数据的变化性越大。如果认为标准差反映了数据的绝对离散程度，变化系数则反映了数据的相对离散程度。注意当 $\bar{x}$ 接近于 0 时，变化系数就会失去意义。

在矿产勘查中，利用变化系数能够更好地反映地质变量的变化程度。例如，不同矿床或同一矿床不同矿体的平均品位差别，利用标准差不能有效地对比矿床之间有用组分分布的均匀程度，而利用变化系数进行对比则比较方便。

(九) 变量的分布

变量的变异型式称为分布（distribution），分布记录了该变量的数值以及每个值出现的次数。为了了解变量的分布，将样本数据按照一定的方法分成若干组，每组内含有数据的个数称为频数，某个组的频数与数据集总数据个数的比值叫作这个组的频率。

正态分布（normal distribution）是一种对称的连续型概率分布函数。正态分布变量极其有用的特点是可以利用两个描述性统计量（平均值和标准差）对这种分布进行描述，根据这两个统计量我们可以预测小于或大于某个特殊值的数据比例，可见利用正态分布的性质进行参数检验很直接、有效而且易于应用。

在正态分布中，分布曲线总是对称并呈铃形。根据定义，正态分布的平均值是其中点值，平均值两侧曲线之下的面积是相等的。正态分布的一个重要性质是在任何指定的范围内，其曲线下的面积可以精确地计算出来。例如，全部观测值的 68% 位于算术平均值两侧一个标准差的范围内，95% 的观测值落在平均值两侧 2 个（实际上是 1.96 个）标准差范围内。

地学中的数据很多都具有非对称性而不是正态分布，通常这类非对称分布是向

右偏斜的。直方图或频率分布曲线呈长尾状向右侧延伸，又称为正偏斜，这意味着具有这种分布的数据中低值数据占优势；反之，则称为左偏斜或负偏斜。在非正态分布中，标准差或方差与其分布曲线之下的面积不存在可比关系，所以需要采用数学转换将偏的数据转化为正态数据，最常用的方法是对数正态转换。

利用成矿元素分析值绘制的频率分布图可以指示矿化作用。统计学经验表明，呈双峰式分布的频率分布图或累积频率分布图可能派生于两个总体，如地球化学背景和异常，或者是二次成矿作用的产物；呈正偏斜分布的微量元素数据集如果不服从对数正态分布或者其对数标准差大于1，则可能表明不止一个地质过程，或许隐含矿化过程。成对元素的散点图也可能证实多个总体（子体）的存在，其中一个子体可能代表矿化；成对变量的相关性可能是两个或多个总体混合的结果。

变化系数为品位总体的性质提供了一个好的度量：变化系数小于50%，一般指示品位总体呈简单的对称分布（近似正态分布），对于具有这种分布特征的矿化资源储量估计相对比较容易；变化系数为50%～120%的总体具有正偏斜分布特征（可转化为对数正态分布）估值难度为中等；变化系数大于120%的总体分布将是高度偏斜的，品位分布范围很大，局部资源储量的估计将面临一定的难度；如果变化系数超过200%（这种情况常见于具有高块金效应的金矿脉中），总体分布将会呈现出极度偏斜和不稳定状态，可以肯定存在多个总体，这种情况下局部品位估值是非常困难甚至是不可能的，只能借助于经典统计方法估计整体的品位值。

二、取样目的

取样的目的是为了获取参加某项研究的个体（样品）获得有关总体的精确信息，多数情况下是为了估计总体的平均值。主观上来讲，我们希望所获样本能够尽可能精确地提供有关总体的信息，但每增加一个数据（样品）都是有代价的，因此我们的问题是如何才能够以最少的经费、时间和人力通过取样获得有关总体的精确信息。由于信息和成本之间存在约束，在给定成本的条件下可以通过合理的取样设计使获取的有关总体的信息量达到最大。

矿产勘查早期阶段取样的目的可能是为了了解某个矿化带的范围以及质和量的粗略估计，容量很小的样本不应看作取样区域代表，因而不能得出经济矿床存在或缺失的结论。随着勘查工作的深入进行，需要研究确定矿石的质和量以及开采条件和加工技术性能，通过精心设计和控制的方式进行系统采样，样本容量将会迅速扩大，而早期的小样本已经构成了后期大样本的一部分。因此，实际工作中所有的取样设计都应考虑到最终目的是要精确地估计矿床的品位和吨位，并且应当为实现这一目的而进行详细规划。每个取样阶段所获得估值的可靠性都可以用统计分析来表示。

三、取样理论

取样理论主要研究样本和总体之间的关系，我们采集所有与样本相关的信息，目的在于推断总体的特征。其中，首要的问题是选择能够代表总体的样本。

取样理论是围绕这样一个概念建立起来的，如果无偏地从总体中选择足够多的代表性样品组成样本，那么该样本的平均值就近似地等于该总体的平均值。现代取样理论试图回答在给定的范围和约束条件下需要采集的样品个数，并且寻求如何以最低成本提供目前所待解决问题的足够精确估值的取样方法和估值方法。为了实现这些目的，需要借助于统计学理论。

矿床或块段的平均品位是基于对矿床或块段取样分析结果估计的，矿产取样（包括采样、样品加工、分析等步骤）常常是评价矿产资源储量过程中最关键的步骤。

（一）取样分布

对于每个随机样本，我们都可以计算出如平均值、方差、标准差之类的统计量，这些数字特征与样本有关，并且随样本的变化而变化，于是可以得出统计量的概率分布或概率密度函数，这类分布称为取样分布。假设我们度量每个样本的平均值，那么所获得的分布就是平均值的取样分布。同理，还可以得出方差、标准差等统计量的分布。就取样分布而言，如果全部样本某个统计量的平均值等于相应的总体参数，那么该统计量就称为其参数的无偏估计量（如样本平均值是总体平均值的无偏估计量），否则就是有偏估计量（如样本标准差是总体标准差的有偏估计量）。

根据中心极限定理，如果总体是正态分布，那么无论样本的大小（n）如何，其平均值的取样分布都服从正态分布；如果总体是非正态分布，那么只是对于较大的 n 值来说（$n \geqslant 30$），平均值的取样分布才近似于正态分布。

（二）点估计

大多数情况下，矿体的参数真值或其概率分布是不可能知道的，即使在其被开采完毕后，由于开采过程中的贫化、损失等原因，仍然不可能获得参数的真值。我们实际所获得的数据是样本的观测值。显然，我们所面临的问题是应当利用样本的观测值来估计所研究的矿体重要未知参数——平均品位、平均体重、平均厚度及其方差（标准差）等。由于不可能知道其真值，就必须借助于样本的观测值来对这些参数进行估计。换言之，以样本统计量作为参数的估值，如把根据样本求出的平均品位作为矿床（矿体、矿段或矿块）平均品位的估值。

利用单值（或单点）估计总体未知参数的统计推断方法称为参数的点估计。在矿产勘查中，点估计的应用极为广泛，如根据不同勘查阶段获得的矿体平均品位、平均厚度、平均体重等（样本平均值）估计矿体相应的参数，以及根据从某个地质体中获得的某种元素样本平均值估计该元素在地质体中的背景值等。虽然平均值的点估计是我们利用任何已知样本作出的优良估值（满足无偏性、相对有效性以及一致性的要求），但是由于一个样本的 $\bar{x}$ 值不会是恰好就等于 μ 值，因此点估计几乎会出错，而且不能给出任何可信度的概念。值得指出的是，许多地质人员在实际工作中往往忽视了样本平均值与总体平均值的差异，以至于把样本的平均品位（估值）与矿床平均品位（真值）混为一谈，将根据样本数据获得的矿石吨位（估值）与矿床规模（真值）混为一谈，有可能导致勘查工作或投资决策失误。

（三）区间估计

如果样本频率分布趋近于正态分布，那么样本数据的平均值、方差、标准差等统计量能够提供样本所代表的矿床（体）相应参数的合理估计。

如果样本分布服从对数正态分布，那么应当计算样本的几何平均值和标准差。许多矿床类型，尤其是浅成热液金矿床以及热液锡矿床等，几何平均值能够更合理地提供矿床（体）平均品位的估值。

利用样本标准差可建立平均值的标准误差。

$$\sigma\bar{x} = \frac{\sigma}{\sqrt{n}}$$

式中，$\sigma\bar{x}$ 为取样分布的标准差；σ 为总体的标准差；n 为样本的个数。样本容量（n）在 30 及以上即为大样本，式中总体标准差（σ）可利用样本标准差（s）代替。从而，利用正态分布可建立平均值的置信区间（CI）。

$$CI = \bar{x} \pm z_{\frac{n}{2}} \frac{s}{\sqrt{n}}$$

式中，$\bar{x}$ 为样本平均值；z 为 z 分数（$z$score），只要给定了置信水平，就可以在标准正态分布表中查出 z 值。例如，某铅锌矿床 60 个 Pb 品位的数据集平均值为 8.5%Pb，标准差为 1.2%Pb，以 95% 的置信水平查得 z 值为 1.96。根据上式可得，该平均的置信区间（CI）为

$$CI = 8.5 \pm 1.96 \times \frac{1.2}{\sqrt{60}} = 8.5 \pm 0.3$$

即有 95% 的置信水平将该矿床 Pb 平均品位的真值定位在 8.8% ~ 8.2%Pb 的区间内。需要强调的是，置信水平 95% 仅用于描述构造置信区间上、下界统计量（因为区间上、下界是随机的）覆盖该矿床 Pb 平均品位真值（总体平均值）的概率。

(四) 估值精度和准度

精度又称精确性（precision），用于衡量观测误差，反映数据的可重复性。例如，同一个样品两次分析的结果非常相近，或者从同一总体采集的样本数据分布很集中，或者同一个总体采集多个样本获得的平均值非常接近，我们就说估值精度很高。精度越低的数据集需要更大的样本容量才能抵消数据中的噪声。可以利用标准差对精度进行度量，而在矿产勘查中为了更直观地反映精度，一般用百分数的形式表示。

准度或准确性（accuracy）是指估值与真值的接近程度，即估值误差，一般采用两个数据集之间的平均值之差或者样本平均值及其总体平均值之差进行准度的讨论。由于矿石品位以及其他地质变量的总体都是无穷的，难以获知估值的准确性，因此只能根据反映某种准确分析方法的似然值的重复观测进行推断。例如，标准值、标样、基准值等都是用于评价某个分析方法准确性的尝试，实际上这些参考值或样品只不过是估计样品或取样过程的偏差，而非其准确性。

在矿产勘查取样中采用的统计方法都是用于度量其精确性而不是准确性。假设观测值具有较高的精度而准度较低，则可能存在系统误差。

四、取样方法

经典统计学中一般是采用概率取样方法。概率取样是基于设计好的随机性，即在某种事先确定好的方法基础上选择用于研究的样品，从而消除在样品选择过程中可能引入的任何偏差（包括已知和未知的偏差）。在概率取样过程中，总体的每个成员都有被选中的可能性。非概率取样方法是以某种非随机的方式从总体中获取样品，包括方便取样、判别取样、配额取样、滚雪球取样等。

概率取样方法包括随机取样、层状取样、丛状取样，以及系统取样四种。

(一) 随机取样

从大小为 N 的总体中通过随机取样（random sampling）获取大小为 n 的样本。假设每个大小为 n 的样本都有同等发生的机会，那么该样本就是随机样本。该类样本总是总体的一个子集，并且 $n < N$。

随机取样操作简便、成本较低，主要缺点是不能用于面积性的等间距取样。在我们的实际工作中，样品加工和化学分析一般采用随机取样形式进行抽样。有时也可同时采用随机形式和面积性的系统形式。

（二）层状取样

层状取样（layered sampling）适合于分布不均匀的总体，其操作首先需要把总体分成若干个非重合的组，每个组称为一个层，每个层内的个体在某种方式上说是均匀分布的或是相似的；其次采用随机取样的方式从每个层中获取样品组成小样本；最后把各层的小样本合并成一个样本，这种样本称为层状样本。相对于随机取样而言，层状取样的优点是可以采取较少数量的样品获得相同或更多的信息，这是因为每个层中的个体都有相似的特征。

在矿产勘查中，由于岩石或矿石类型不同而要求分层取样；但实际操作上，分层取样几乎与面积性的系统取样形式结合使用。具体来讲，就是垂直于主要矿化带按一定间距布置剖面线，然后在剖面线上按一定间距进行分层取样。

（三）系统取样

从总体中选取每第 κ 个样品的取样方法称为系统取样（systematic sampling）。系统取样方法的原理是相对比较简单的，即选取一个数 κ，然后在 $1\sim\kappa$ 随机地选择一个数作为第一个样品，此后每隔第 κ 个个体取作样品构成系统样本。

上述随机取样和层状取样都要求列出所研究总体的全部个体，而系统取样无此要求，因此在不能理出总体的全部个体时系统取样方法是很有用的。不过，随之而来的问题是，如果不知道总体的大小，那么如何选择 κ 值呢？没有确定 κ 值最好的数学方法。合理的 κ 值应该是不能过大，过大的 κ 值可能不能获得所需的样本容量；也不能太小，根据太小的 κ 值所获得的样本容量也许不能代表总体。

在矿产勘查中，取样通常是采取面积性的系统取样，即把取样位置布置在网格的结点上，如果数据的变化近于各向同性，则采用正方形网格；如果存在线性趋势，则采用矩形网，这种取样方式可以提供一个比较好的统计面。

（四）丛状取样

丛状取样（cluster sampling）的原理是随机地抽取总体内的个体集合或个体丛组成小样本，所有被选取的这些小样本合并成一个样本，这种样本称为丛状样本。显然，丛状取样需要考虑如下问题：① 如何对总体进行分丛？ ② 应该抽取多少个丛？ ③ 每个丛应该含多少个个体？

为了解决上述问题，必须先确定所设定的丛内个体的分布是否均一，即这些个体是否具有相似性。如果样品丛是均一的，那么采取较多的丛且每个丛由较少的样品构成的方式比较好。如果样品丛的分布是非均一的，样品丛的非均一性可能与总体的非均一性相似，即每个样品丛都是总体的一个缩影，在这种情况下，采取较少数量但含较多个个体的丛是合适的。

钻探取样可以看作是面积性系统取样与丛状取样形式相结合的例子，即按照一定的网度布置钻孔，钻孔岩心可以认为是样品丛。

好的取样设计必须符合：① 能够获得有代表性的样本；② 产生的取样误差很小；③ 取样费用较低；④ 能有效控制系统误差；⑤ 样本分析结果能以合理的可信度应用于总体。

五、取样过程中的误差

从总体中选取样本观测值的过程来看，取样存在两种类型的误差：取样误差和非取样误差。在取样方法设计的过程中或者在对取样观测结果进行检验时，都应该了解这些误差的来源。

（一）取样误差

取样误差（sampling error）又称估值误差，是指样本统计量及其相应的总体参数之间的差值。由于样本结构与总体结构不一致，样本不能完全代表总体，因此只要是根据从总体中采集的样本观测值得出有关总体的结论，取样误差就会客观存在。

正确理解取样误差的概念需要明确两点：① 取样误差是随机误差，可以对其进行计算并设法加以控制；② 取样误差不包含系统误差。系统误差是指没有遵循随机性取样原则而产生的误差，表现为样本观测值系统性偏高或偏低，因而又称为规律误差或偏差。

取样误差可分为标准误差（standard error）和估值误差（valuation error）。

1. 标准误差

取样分布的标准差（$\sigma_{\bar{x}}$）称为平均值的标准误差。标准误差反映了所有可能样本的估值与总体参数之间平均误差的大小，可衡量样本对总体的代表性大小。平均来说，标准误差越小，样本对总体的代表性越好。影响标准误差的因素主要包括样本容量和取样方法：① 样本容量越大，标准误差越小；② 在样本容量相同的情况下，不同的取样方法会产生不同的取样误差，其原因是采用不同的取样方法获得的样本对总体的代表性是不同的，因而需要根据总体的分布特征选择合适的取样方法。

2. 估值误差

估值误差又称为允许误差，是指在一定的概率条件下，样本统计量偏离相应总体参数的最大可能范围。以平均值为例，在一定概率下：

$$|\bar{x}-\mu|\leqslant\Delta_{\bar{x}}$$

式中，$\Delta_{\bar{x}}$ 为平均值的估值误差；$\bar{x}$ 为样本平均值；μ 为总体平均值。该式表明：在概率一定的条件下，样本平均值与总体平均值的误差绝对值不超过估值误差。

基于理论上的要求，估值误差通常需要以标准误差为单位来衡量。例如，平均值的估值误差为：

$$\Delta_x = z\sigma_{\bar{x}} = z\frac{\sigma}{\sqrt{n}}$$

式中，z 为 z 分数；$\sigma_{\bar{x}}$ 为平均值的标准误差；σ 为总体的标准差。该式阐明了估值误差为标准误差的若干倍。需要强调的是，估值误差是一个可能的区间（值域），该区间的大小与概率紧密相连，利用区间估计可以求出其置信区间。

(二) 非取样误差

非取样误差比取样误差更严重，因为增大样本的容量并不能减小这种误差或者降低其发生的可能性。在获取数据过程中的人为失误，或者所选取样本不合适而导致非取样误差的产生。

① 在获取数据过程中可能出现的误差：这类误差来源于不正确的观测记录，如由于采用不合格的仪器设备进行观测得出不正确的观测数据、在原始资料记录过程中的错误、由于对地学概念或术语的误解导致不准确的描述、样品编号出错等。

② 无响应误差：无响应误差是指某些样品未能获得观测结果而产生的误差。如果出现这种情况，所收集到的样本观测值有可能由于不能代表总体而导致有偏的结果。在地学上，很多情况下都有可能出现无响应，如野外有的部位无法采集到样品、有的样品在搬运途中可能损坏、有的元素含量低于仪器检测限而导致数据缺失等。

③ 样品选取偏差：如果取样设计时没有能够考虑到对总体的某个重要部位的取样，就有可能出现样品选取偏差。

第二节　矿产勘查取样概述

一、矿产勘查取样的定义

在矿产勘查学中应用统计学理论时，应当意识到样本的统计学定义与其在矿产勘查中的相应定义之间的差异：在统计学中，样本是一组观测值；而在矿产勘查学中，样本是矿化体的一个代表性部分，分析其性质是为了获得某个统计量，如矿化体品位或厚度的平均值。矿产勘查取样需要统计学理论的指导，但其研究对象和研究内容具有特殊性，而且必须借助于一定的技术手段才能获得相关的样品。

所谓矿产勘查取样是指按照一定要求，从矿石、矿体或其他地质体中采取一定容量的代表性样本，并通过对所获得样本中的每个样品进行加工、化学分析测试、试验，或者鉴定研究，以确定矿石或岩石的组成、矿石质量（矿石中有用和有害组分的含量）、物理力学性质、矿床开采技术条件以及矿石加工技术性能等方面的指标而进行的一项专门性工作。根据该定义，矿产勘查取样工作由以下三部分组成。

① 采样：从矿体、近矿围岩或矿产品中采取一部分矿石或岩石作为样品。

② 样品加工：由于原始样品的矿石颗粒粗大，数量较多或体积较大，所以需要进行加工，经过多次破碎、拌匀、缩分使样品达到分析、测试要求的粒度和数量。

③ 样品的分析、测试或鉴定研究。

这里只对采样方法进行简要介绍。

二、矿产勘查中常用的采样方法

采样是矿产勘查取样的一个基本环节，矿产勘查各阶段都必须进行采样工作。由于采样目的和所采集的样品种类、数量以及规格不同，所采用的采样方法也有所不同。常用的采样方法主要有以下几种。

（一）打（拣）块法

打块法（chunking methnd）是在矿体露头或近矿围岩中随机（实际工作中却常常是主观）地凿（拣）取一块或数块矿（岩）石作为一个样品的采样方法。这种方法的优点是操作简便、采样成本低。在矿产勘查的初期阶段，利用这种方法查明矿化的存在与否，所采集的往往是最有可能矿化的高品位样品，因而在有关打（拣）块取样结果的报告中一般采用“高达”的术语来描述，如“拣块样中发现含金高达30g/t”。这种情况下获得的品位不是矿化体的平均品位，只能表明矿化的存在而不能说明其经济意义，并且这种方法也不能给出矿化的厚度。在矿山生产阶段，常常利用网格拣块法（在矿石堆上按一定网格在结点上拣取重量或大小相近的矿石碎屑组成一个或几个样品）或多点拣块法（在矿车上多个不同部位拣块组合成一个样品）采样进行质量控制。

（二）刻槽法

在矿体或矿化带露头或人工揭露面上按一定规格和要求布置样槽，然后采用手凿或取样机开凿槽子，再将槽中凿取下来的矿石或岩石作为样品的采样方法称为刻槽法（channel method）。刻槽取样的目的是要确定矿化带或矿体的宽度和平均品位，样槽可以布置在露头上、探槽中，以及地下坑道内。样槽的布置原则是样槽的延伸方向要与矿体的厚度方向或矿产质量变化的最大方向相一致，同时要穿过矿体的全部厚度。当矿体出现不同矿化特点的分带构造时，为了查明各带矿石的质量和变化性质，需要对各带矿石分别采样，这种采样称为分段采样。

样品长度又称采样长度，是指每个样品沿矿体厚度或矿化变化最大方向的实际长度。例如，对于刻槽法采样，即为每个样品所占有的样槽长度，而对于钻探采样来说，则是每个样品所占有的实际进尺。在矿体上样槽贯通矿体厚度，当矿体厚度大时，样槽延续可以相当长。样品长度取决于矿体厚度大小、矿石类型变化情况和矿化均匀程度、最小可采厚度和夹石剔除厚度等因素。当矿体厚度不大、或矿石类型变化复杂、或矿化分布不均匀、或当需要根据化验结果圈定矿体与围岩的界线时，样品长度不宜过大，一般以不大于最小可采厚度或夹石剔除厚度为适宜。当工业利用上对有害杂质的允许含量要求极严时，虽然夹石较薄也必须分别取样，这时长度就以夹石厚度为准。当矿体界线清楚、矿体厚度较大、矿石类型简单、矿化均匀时，则样品长度可以相应延长。

样槽断面的形状主要为长方形，样槽断面的规格是指样槽横断面的宽度和深度，一般表示方法为宽度 × 深度，如 10cm × 3cm。

影响样槽断面大小的因素有以下几个方面。

① 矿化均匀程度。矿化越均匀，样槽断面越大；反之，样槽断面越小。

② 矿体厚度。矿体厚度大时，样槽断面可小些，因为小断面也可保证样品具有足够重量。

③ 当有用矿物颗粒过大、矿物脆性较大、矿石过于疏松时，需适当加大样槽断面。

这几个因素要全面考虑、综合分析，不能根据一个因素而决定断面大小。一般认为，起主要作用的因素是矿化均匀程度和矿体厚度。

样品长度和样槽断面规格可利用类比法或试验法确定。

刻槽法主要用于化学取样，适用于各种类型的固体矿产，在矿产勘查各个阶段获得广泛应用。

（三）岩（矿）心采样

岩（矿）心采样（drillcore sampling）是将钻探提取的岩（矿）心沿长轴方向用岩心劈开器或金刚石切割机切分为两半或四份，然后取其中 1/2 或 1/4 作为样品，剩余部分归档存放在岩心库。

岩（矿）心采样的质量主要取决于岩（矿）心采取率的高低。如果岩（矿）心采取率不能满足采样要求时，必须在进行岩（矿）心采样的同时，收集同一孔段的岩（矿）粉作为样品，以便用两者的分析结果来确定该部位的矿石品位。

（四）岩（矿）屑采样

岩（矿）屑采样（Yock debris sampling）是使用反循环钻进或冲击钻进方式收集岩（矿）屑作为样品的采样方法，主要用于确定矿石的品位以及大致进行岩性分层。

（五）剥层法采样

剥层法采样（stripping sampling strippingmethod）是在矿体出露部位沿矿体走向按一定深度和长度剥落薄层矿石作为样品的采样方法，适用于采用其他采样方法不能获得足够样品重量的厚度较薄（小于20cm）的矿体或有用组分分布极不均匀的矿床，剥层深度为5～15cm。该方法还可验证除全巷法外的采样方法的样品质量。

（六）全巷法

地下坑道内取大样的方法称为全巷法（bulk sampling），是在坑道掘进的一定进尺范围内采取全部或部分矿石作为样品的一种取样方法。全巷法样品的规格与坑道的高和宽一致，样长通常为2m，样品重量可达数吨到数十吨。

全巷法样品的布置：在沿脉中按一定间距布置采样；在穿脉坑道中，当矿体厚度不大时，掘进所得矿石可作为一个样品；当厚度很大时，则连续分段采样。

全巷法样品采取方法：是把掘进过程中爆破下来的全部矿石作为一个样品；或在掌子面旁结合装岩进行缩减、采取部分矿石，如每隔一筐取用一筐，或每隔五筐取用一筐，然后把取得的矿石样合并为一个样品，或在坑口每隔一车或五车取一车，再合并为一个样品。取全部或取部分以及如何取这部分，这些问题应根据取样任务及其所需样品的重量来决定。取样要求坑道必须在矿体中掘进，以免围岩落入样品而使矿石品位贫化。

全巷法取样主要用于技术取样和技术加工取样，如用来测定矿石的块度和松散系数；用于矿物颗粒粗大，矿化极不均匀的矿床采样（对这种矿床剥层法往往不能提供可靠的评价资料），如确定伟晶岩中的钾长石，云母矿床中的白云母或金云母，含绿柱石伟晶岩中的绿柱石，金刚石矿床中的金刚石，石英脉中的金、宝石、光学原料、压电石英等的含量。另外还用于检查其他取样方法。

全巷法采样与坑道掘进同时进行，不影响掘进工作。样品重量大、精确度高等是其优点；缺点是采样方法复杂，样品重量巨大，加工和搬运工作量大，成本高。所以只有当需要采集技术加工和选冶试验样品以及其他方法不能保证取样质量时才采用此方法。

采集大样除利用地下坑道外，还可利用大直径岩心、浅井等勘查工程进行采集。

(七) 用 X 射线荧光分析仪现场测量代替某些取样工作

X 射线荧光分析仪是应用物理方法测定矿石中元素 (原子序数大于 20 的元素) 含量的仪器。采用这种方法可以取代部分矿石样品的化学分析，其操作方式是利用便携式 X 射线荧光分析仪在现场直接测量矿石中有用元素特征的 X 射线强度值，然后计算出矿样中元素的品位值。

三、采样方法的选择

在矿产勘查中往往需要多种采样方法配合使用，而这些方法的选择首先需要根据勘查项目的目的以及所采用的勘查技术手段来确定。例如，钻探工程项目只能采用岩心采样和岩屑采样；槽探采用刻槽取样；坑探工程可采用刻槽法、打 (拣) 块法、全巷法等。其次要考虑矿床地质特征和技术经济因素。例如，矿化均匀的矿体可采用打 (拣) 块法或刻槽法；而矿化不均匀的矿体则可能需要采用剥层法或全巷法进行验证；打 (拣) 块法和刻槽法的设备简单、操作简便且成本低；而剥层法和全巷法的成本高、效率低。因此，选择采样方法的原则，是在满足勘查目的的前提下尽量选择操作简便、成本低、效率高而且样品代表性好的方法。

四、采样间距的确定

沿矿体或矿化带走向两相邻采样线之间的距离，称为采样间距。采样间距越密，样品数量越多，代表性越强，但采样、样品加工，以及样品分析的工作量显著增大，成本相应增高。另外，采样间距过稀、样品数量不足，难以控制矿化分布的均匀程度和矿体厚度的变化程度，会达不到勘查目的。

矿化分布较均匀、厚度变化较小的矿体，可采用较稀的采样间距；反之，则需要采用较密的采样间距才能够控制。一般情况下，采样间距与勘查工程网度直接相关，确定合理勘查网度的方法也可用于确定合理采样间距，基本方法仍然是类比法、试验法、统计学方法等。

第三节　矿产勘查取样的种类

一、化学取样

为测定物质的化学成分及其含量而进行的取样工作称为化学取样。在矿产勘查中，化学取样的对象主要是与矿产有关的各种岩石、矿体及其围岩、矿山生产出的原矿、精矿、尾矿以及矿渣等。通过对样品的化学分析，为寻找矿床、确定矿石中的有用和有害组分及其含量、圈定矿体和估算资源量 / 储量，以及为解决有关地质、矿山开采、矿石加工、矿产综合利用和环境评价治理等方面的问题提供依据。

(一) 化学采样方法

化学采样主要利用探矿工程进行。在坑探工程中通常采用刻槽法，有时可结合打 (拣) 块法，并利用剥层法或全巷法对刻槽法的适用性进行验证；在钻探工程中则采用岩心采样方法，辅以岩屑采样。

(二) 样品加工

为了满足化学分析或其他试验对样品最终重量、颗粒大小，以及均一性的要求，取样时必须对各种方法所取得的原始样品进行破碎、过筛、混匀，以及缩减等程序，这一过程称为样品加工。

例如，送交化学分析的样品重量大约为 100g，最终用作化学分析的样品重量只有几克，其中颗粒的最大直径不得超过零点几毫米，但原始样品不仅重量大，而且颗粒粗细不一，各种矿物分布又不均匀。所以，为了满足化学分析的要求必须事先对样品进行加工处理。

有学者深入研究了化学样品加工过程中误差的来源，建立了颗粒取样理论（particle sampling theory）。该理论基于样品物质的变化性与样品物质粒度、有用组分的分布，以及样品重量之间的关系。颗粒物质的变化性与样品所含的颗粒数有关。化学分析样品的重量不变，颗粒粒径越小，变化性越低。

样品最小可靠重量是指在一定条件下，为了保证样品的代表性，即能正确反映采样对象实际情况，又要求样品的最小重量。在样品加工过程中，它是制定样品加工流程的依据，使加工、缩分之后的样品与加工之前的原始样品在化学成分上保持一致，以保证取样工作的质量和地质成果的准确可靠。此外，为了使原始样品具有足够的代表性，也必须根据样品最小可靠重量的要求，选择能获得必要重量样品的采样方法。矿化越不均匀、样品颗粒越粗，需要的样品可靠重量就越大。样品加工的最简单原理是：样品全部颗粒必须碎至的粒度大小要求达到失去其中任何一个颗粒都不会影响化学分析的程度。在实际工作中，可根据样品加工的经验公式确定样品最小可靠重量。这类经验公式有多种，其中切乔特公式是应用最广的一种样品加工公式，其表达式为：

$$Q = kd^2$$

式中，Q 为样品最小可靠重量（缩分后试样的重量，kg）；κ 为样品加工系数，决定于矿石性质和矿化均匀程度，其值为 0.05 ~ 1.0，可采用类比法或试验法确定；d 为样品最大颗粒直径（mm），以粉碎后样品能全部通过孔径最小的筛号孔径为准。该公式表明，样品的可靠重量与其中最大颗粒直径的平方成正比；矿化越不均匀，样品颗粒越粗，要求的可靠重量就越大。

在样品加工过程中，通常利用“目”来表示能够通过筛网的颗粒粒径，目是指每平方英寸筛网上的孔眼数目。例如，200 目就是指每平方英寸上的孔眼是 200 个，目数越高，表示孔眼越多，通过的粒径越小。目数与筛孔孔径关系可表示为：目数 × 孔径（μm）= 15000（μm）。例如，400 目筛网的孔径为 38μm 左右。目数前加正负号表示能否漏过该目数的网孔：负数表示能漏过该目数的网孔，即颗粒粒径小于网孔尺寸；而正数表示不能漏过该目数的网孔，即颗粒粒径大于网孔尺寸。

样品加工程序一般可分为四个阶段：① 粗碎，将样品碎至 25 ~ 20mm；② 中碎，将样品碎至 10 ~ 5mm；③ 细碎，将样品碎至 2 ~ 1mm；④ 粉碎，样品研磨至 0.1mm 以下。上述每一个阶段又包括四道工序，即破碎、筛分、拌匀以及缩分。

缩分采用四分法即将样品混匀后堆成锥状，然后略微压平，通过中心分成四等份，弃去任意对角的两份。由于样品中不同粒度、不同比重的颗粒大体上分布均匀，留下样品的量是原样的一半，仍然代表原样的成分。

缩分的次数不是任意的。每次缩分时，试样的粒度与保留的试样之间都应符合切乔特公式，否则就应进一步破碎才能缩分。如此反复经过多次破碎缩分，直到样品的重量减至供分析用的数量为止。然后放入玛瑙研钵中磨到规定的细度。根据试样的分解难易，一般要求试样通过 100 ~ 200 号筛，这在生产单位均有具体规定。

（三）化学样品的分析与检查

1. 基本分析

基本分析又称作普通分析、简项分析或主元素分析，是为了查明矿石中主要有用组分的含量及其变化情况而进行的样品化学分析。它是矿产勘查工作中数量最多的一种样品化学分析工作，其结果是了解矿石质量、划分矿石类型、圈定矿体，以及估算资源量 / 储量的重要资料依据。分析项目则因矿种及矿石类型而定。例如，铜矿石就分析铜，金矿石分析金，铁矿分析全铁（TFe）和可熔铁（SFe），当已知全铁与可熔铁的变化规律，就可只分析全铁。当经过一定数量的基本分析，证实某种有用组分含量普遍低于工作指标规定时，可不再列入基本分析项目。

2. 多元素分析

一个样品分析多种元素项目叫作多元素分析，是根据对矿石的肉眼观察或光谱半定量全分析或矿床类型与地球化学的理论知识，在矿体的不同部位采取代表性的样品，有目的地分析若干个元素项目，以检查矿石中可能存在的伴生有益组分和有害元素的种类和含量，为组合分析提供项目。查定结果若某些组分达到副产品的含量要求、某些元素超出了有害组分（或元素）允许的含量要求时，则进一步作组合分析。多元素分析一般在矿产普查评价阶段就要进行。分析项目根据矿床矿石类型、元素共生组合规律、岩矿鉴定和光谱分析结果确定。例如，黑钨石英脉型钨矿床中共生矿物常有：绿柱石、辉铋矿、辉钼矿、锡石、毒砂、闪锌矿、黄铜矿、钨酸钙矿与钨锰铁矿等。多元素分析除分析 WO_3 外，还分析铍、铋、钼、锡、砷、锌、铜、钙等元素。多元素分析样品数目视矿石类型、矿物成分复杂程度而定，一般一个矿区作 10 ~ 20 个即可。

3. 组合分析

组合分析是为了了解矿体内具有综合回收利用价值的有用组分，或影响矿产选冶性能的有害组分（包括造渣组分）含量和分布规律而进行的样品化学分析。其分析项目可根据矿石的光谱全分析结果确定。

组合分析样品不需单独采取，由基本样品的副样组合而成。所谓副样，是指经加工后的样品，一半送实验室作分析或试验后，剩余的另一半样品。副样与主样具有同样的代表性，需妥善保存，用作日后检查分析结果和其他研究的备用样品。

基本样品可被组合的条件是其主要元素应达工业品位，应属同一矿体、同一块段、同一矿石类型和品级。组合的数量一般是 8 ~ 12 个合成一个样品，也可 20 ~ 30 个或更多合成一个，视矿体的物质成分变化稳定情况及是否已对组分变化规律掌握而定。具体的组合方法是根据被组合的基本样品取样长度、样品原始重量或样品体积按比例组合。

组合样品的化验项目一般根据多元素分析结果确定，在基本分析中已作了的项目不再列入组合分析。只有需要了解伴生组分与主要组分之间的相关关系时，或需要用组合分析结果来划分矿石类型时，组合分析才包括基本分析中的某些项目。

4. 合理分析

合理分析又称物相分析，其任务是确定有用元素赋存的矿物相，以区分矿石的自然类型和技术品级，了解有用矿物的加工技术性能和矿石中可回收的元素成分。

合理分析样品的采取，首先利用显微镜或肉眼鉴定初步划分矿石自然类型和技术品级的分界线，其次在此界线两侧采取样品。例如，硫化物矿床在矿物鉴定的基础上，从不同矿石的分带线附近采集一定数量的样品，通过物相分析确定硫化矿物与氧化矿物的比例，据此划分氧化矿石带、混合矿石带，以及硫化矿石带，从而为分别估算不同矿石类型的资源量 / 储量以及分别开采、选矿及冶炼提供依据。

合理分析样品数目一般为5～20个，可以不专门采样，利用基本分析样品的副样或组合分析的副样组成。需要指出的是，当利用基本分析副样作为试样时，必须及时进行分析，防止试样氧化而影响分析结果。

5. 全分析

全分析是分析样品中全部元素及组分的含量，可分为光谱全分析和化学全分析。

(1) 光谱全分析

目的是了解矿石和围岩内部有什么元素，特别是有哪些有益、有害元素和它们的大致含量，以便确定化学全分析、多元素分析和微量元素分析的项目，故在预查阶段即需采样进行。光谱全分析样品可采自同一矿体的不同空间部位和不同矿石类型，也可利用代表性地段的基本分析副样按矿石类型组成。一般每种矿石类型都应有几个样品。

(2) 化学全分析

目的是全面了解各种矿石类型中各种元素及组分的含量，以便进行矿床物质成分的研究。化学全分析样品可以单独采样，也可以利用组合分析的副样，大致上每种矿石类型应有1～2个样品。某些以物理性能确定工业价值的矿种如石棉等，只需用个别化学全分析样以了解其化学成分，判定矿物的种类即可。

(四) 矿石品位分析数据的质量控制

样品进行化学分析的结果有时和实际相差很大，这是因为在采样、加工和化验等各个工作过程中都可能产生误差。这种误差可以分为两类，即偶然误差（随机误差）和系统误差。偶然误差符号有正有负，在样品数量较大情况下可以接近于相互抵消；系统误差则始终是同一个符号，对取样最终结果的正确性影响颇大，因此必须检查其有无，并采取相应的措施进行纠正，保证取样工作的质量。

二、国内外关于矿石品位数据质量控制的常见做法

(一) 国内地勘单位

国内地勘单位对化学分析数据的检查和处理一般采取下列措施。

1. 内部检查

内部检查是指由本单位内部所做的化学分析检查。内部检查只能查出偶然误差。检查方法是选择某些基本样品的副样另行编号，也作为正式分析样品随同基本样品的正样一起送往化验室分析。取回化验结果后，比较同一样品的结果以检查偶然误差的有无与大小。选择样品作检查时，应考虑矿石的各种自然类型和各种技术品级，

还有含量接近边界品位的样品。检查样品的数量应不少于基本样品总数的10%。内部检查每季度至少进行一次。

2. 外部检查

外部检查是由外单位进行的化学分析检查。外部检查可以查明有无系统误差和误差的大小。系统误差可以由分析方法、化学药品质量和设备等原因引起，在本单位是检查不出来的，必须送水平较高的、设备较好的化验单位检查。外部检查的样品数量一般为基本分析样品总数的3%～5%，对于小型矿床其外部检查样品不少于30个。由队上或公司分期分批指定外部检查顺序。当外部检查结果证实基本分析结果有系统误差时，双方协商各自认真检查原因，寻求解决办法。

3. 仲裁分析

当外部检查结果证实基本分析结果有系统误差存在，检查与被检查双方无法协商解决，这时就要报主管部门批准，另找更高水平的单位进行再次检查分析，这种分析就叫作仲裁分析。如果仲裁分析证实基本分析结果是错误的，则应详细研究错误的原因设法补救，如果无法补救则基本分析应全部返工。

4. 误差性质的判别

将检查分析结果与基本分析结果进行比较，若有70%以上试样的绝对误差偏高或偏低，即认为存在系统误差，否则为偶然误差。通过此法判别有系统误差后，还应进一步采用统计学方法确定有无系统误差以及其值的大小，同时决定能否采用修正系数进行改正等处理方法。

（二）国外矿业公司

矿石品位分析数据的质量控制在国外矿业界一般称为质量保证和质量控制（QA/QC），包括样品分析准确性和精确性的定量和系统控制、取样误差的实时控制以及误差来源的证实。

1. 分析数据准确性的监测措施

在批量样品中插入标准样品（事先已知品位的样品称为标准样品，以下简称标样），一般每隔30～50个样品中插入一个标样。标样可以从有资质的实验室中购买，这些标样是采用适当的方法经过严密的分析测试制成，其结果经统计学检验是合格的。最好的标样是由矿物成分与矿化岩石相似的样品制成，这种标样称为基质匹配标样（matrix matching standardsample）。

2. 检验样品是否受到污染

通过插入空白样品控制可能的污染。空白样品是不含被测元素的样品（样品中被测元素的含量低于送检实验室的检测限），一般是利用无矿石英制备空白样品。空白样品常常在插入高品位矿化样品之后，一般每隔 30 ~ 50 个样品中插入一个空白样品，主要目的是监控实验室是否存在由于样品设备未足够清洁干净而导致可能的污染问题。空白样品的观测值也可以呈现在品位与观测顺序关系图上，如果设备测试后没有清洁，空白样品将会受到污染，在图上表现为检测元素的观测值显著增大。

3. 确定品位数据的精确性

利用样品的副样监测品位数据的精度误差，一般每隔 30 ~ 50 个样品中插入一个副样。最常用的评价数据对的方法是将原样及其副样的分析数据投在散点图上，根据数据对偏离 $y = x$ 直线的距离评价其离散程度。原样及其副样的观测值差异是由于样品制备以及化学分析误差引起的。精度误差数学上可以根据数据对之间的差值推导出来。

三、技术取样

技术取样又称物理取样，是指为了研究矿产和岩石的技术物理性质而进行的取样工作。其具体任务是：① 对一部分借助于化学取样不能或不足以确定矿石质量的矿产，主要是测定与矿产用途有关的物理和技术性质。例如，测定石棉矿产的含棉率、纤维长度、抗张强度和耐热性等；测定建筑石材的孔隙度、吸水率、抗压强度、抗冻性、耐磨性等。② 对一般矿产，主要是测定矿石和围岩的物理机械性质，如矿石的体重和湿度、松散系数、坚固性、抗压强度、裂隙性等，从而为资源储量估计以及矿山设计提供必要的参数和资料。为此项任务而进行的技术取样又称为矿床开采技术取样。

矿石技术样品包括矿石体重、矿石相对密度、矿石孔隙度、矿石块度、岩（矿）石物理力学性质等方面的测试样品，其采样和测试方法体现在以下几个方面。

（一）矿石体重的测定

矿石体重又称矿石容重，是指自然状态下单位体积矿石的重量，以矿石重量与其体积之比表示。矿石体重是估算资源量 / 储量的重要参数之一，其测定方法一般分为小体重法和大体重法两种。

1. 小体重法

利用打（拣）块法采集小块矿石（5 ~ 10cm 见方），采回后立即称其重量，然后根据阿基米德原理，采取封蜡排水的方法确定样品的体积，即可求出样品体重。由于所采集的样品（标本）不能包括矿石中较大的裂隙，因而可视为矿石的密度。这种方法一般需要测定 30 ~ 50 个样品。

可以采用塑封排水法代替蜡封排水法，即把称重后的矿石样品置于重量和体积都忽略不计的小塑料袋内，排除袋内空气后扎紧袋口放入盛水的量标中，利用阿基米德原理，测定出矿石样品的体积，即可求出该样品体重。

国外矿产勘查公司测定矿石小体重的具体做法一般是从钻孔岩心中采集小体重样品，将样品盛放在吊篮中（吊篮安装在天平上，天平一般精确到0.1g）并浸没在盛水的容器内，记录水中样品的质量，然后将样品擦干后再称其质量（空气中样品质量）。根据阿基米德原理，利用下述公式计算样品体重。

$$样品体重=\frac{空气中样品质量}{空气中样品质量-水中样品质量}$$

这种做法的最大好处是可以了解矿石品位与体重的关系。如果体重与品位高度相关，则在计算矿段平均品位时应考虑体重的权重。

2. 大体重法

在具有代表性的部位以凿岩爆破的方法（或全巷法）采集样品，在现场测定爆破后的空间体积（所需体积应大于0.125m³）和矿石的重量确定矿石体重的方法，这种方法确定的体重基本上代表矿石自然状态下的体重。一般需测定1～2个大样品，如果裂隙发育则应多测定几个样品。

需要强调的是应按矿石类型或品级采集矿石体重样品。一般来说，致密块状矿石可以采集小体重样品，每种矿石类型不得小于30个样品，求其加权平均值。裂隙发育的块状矿石除了按同样要求采集小体重样品外，还需要采集2～3个大体重样品对小体重值进行检查，如果两者差异较大，则以大体重值修正小体重值。松散矿石则应采集大体重样品，且不得少于3个样品。对于湿度较大的矿石，应采样测定湿度，如果矿石湿度大于3%，其体重值应进行湿度校正。

（二）矿石相对密度的测定

物质的重量和4℃时同体积纯水重量的比值，叫作该物质的比重，又称为相对密度。矿石相对密度是指碾磨后的矿石粉末重量与同体积水重量的比值，通常采用相对密度瓶法测定。用于测定相对密度的样品可以从测定体重的样品中选出。相对密度值用于估算矿石的孔隙度。

（三）矿石孔隙度的测定

矿石孔隙度是指矿石中孔隙体积与矿石本身体积的比值，用百分数表示。具体确定方法是分别测定矿石的干体重和相对密度，然后根据下式计算：

$$矿石孔隙度=\left(1-\frac{矿石干体重}{矿石相对密度}\right)\times100\%$$

（四）矿石块度的测定

矿石块度是指岩石、矿石经爆破后碎块形成的大小程度。块度一般以碎块的三向长度的平均值（mm）或碎块的最大长度（mm）表示。矿堆块度指矿石的平均块度，一般用矿堆中不同块度的加权平均值表示。块度样品采用全巷法获取，一般在测定矿石松散系数的同时，分别测定不同块度等级矿石的比例，可与加工技术样品同时采集。

在矿山设计阶段，矿石块度是选择破碎机、粉碎机等选矿设备和确定工艺流程的一个重要参数。

（五）岩（矿）石物理力学性质试验

是为测定岩（矿）石物理力学性质而进行的试验。例如，为设计生产部门计算坑道支护材料提供岩（矿）石抗压强度的数据、为矿山制定凿岩掘进劳动定额以及编制采掘计划提供有关岩（矿）石的硬度及可钻性的数据等。样品采集多用打块法。

四、矿产加工技术取样

矿产加工技术取样又称工艺取样，是指为了研究矿产的可选性能和可冶性能而进行的取样工作，其任务是为矿山设计部门提出合理的工艺流程及技术经济指标，一般在可行性研究阶段进行。加工技术样品试验按其目的和要求不同可分为以下几种类型。

① 实验室试验：是指在实验室条件下采用一定的试验设备对矿石的可选性能进行试验，了解有用组分的回收率、精矿品位、尾矿品位等指标，为确定选矿方案和工艺流程提供资料。实验室试验一般在概略研究或预可行性研究阶段进行。

② 半工业性试验：也称为中间试验，是确定合理的选矿流程和技术经济指标以便为建设加工技术复杂的大中型选矿厂提供依据。该项试验近似于生产过程，一般是在可行性研究阶段进行。

③ 工业性试验：是在生产条件下进行的试验，目的是为大、中型选矿厂提供建设依据或为新工艺、新设备提供设计依据。

加工技术样品的采集方法取决于矿石物质成分的复杂程度、矿化均匀程度以及试样的重量。实验室试验所需试样重量一般为100～200kg，最重可达1000～1500kg，可采用刻槽法或岩心钻探采样法获取；半工业试验一般需5～10t；工业性试验需几十吨至几百吨，通常采用剥层法或全巷法。

五、岩矿鉴定取样

采集岩石或矿石（包括自然重砂和人工重砂）的标本（样品），通过矿物学、岩石学、矿相学的方法，研究其矿物成分、含量、粒度、结构构造及次生变化等，为确定岩石或矿石的矿物种类、分析地质构造、推断矿床生成地质条件、了解矿石加工技术性能以及划分矿石类型等方面提供资料依据。部分矿产还需借助于岩矿鉴定取样方法测定与矿石质量和加工利用有关的矿物或矿石的加工技术性能，如矿物的晶形、硬度、磁性以及导电性等。

研究目的不同，岩矿鉴定采样的方法也有所不同。

① 以确定岩石或矿石矿物成分、结构构造等目的的岩矿鉴定，一般利用打（拣）块法采集样品，采样时应注意样品的代表性，而且尽可能采集新鲜样品。

② 以确定重砂矿物种类、含量为目的的重砂样品，分为人工重样砂或自然重砂样。人工重砂样一般采用刻槽法、网格打（拣）块法、全巷法，或利用冲击钻探法获取；自然重砂样是在河流的重砂富集地段采集。

③ 以测定矿物同位素组成、微量元素成分为目的的单矿物样品，常用打（拣）块法获取。

除上述各种取样外，为了解矿床有用元素赋存状态，有时还需要进行专门取样分析鉴定研究，特别是在发现新的矿床类型或矿化类型时，这种取样分析具有重要意义。

第四节　样品分析、鉴定、测试结果的资料整理

一、样品的采集和送样

（一）样品采集要求

1. 总体要求

① 对于成岩岩石来说，无论路线填图的观察点，还是剖面测量的每一层位，都需采样标本和薄片样（根据需要决定是否送样）。

② 样品采集尽量选择具有代表性的、新鲜的、未风化的，或未矿化蚀变（矿产样品例外）的样品。

③ 对于组合样品，一般要求在一定面积范围内采集多个样点组合成一个单样，

如光谱稀土、硅酸盐、化学分析、重砂等。

④ 岩浆岩每一个单元（侵入岩）或每一岩性（岩石，火山岩）均要求采集一套完整样品，包括薄片、标本、光谱、人工重砂、硅酸盐、稀土等，根据需要有的还应采集同位素年龄、电子探针以及稳定同位素等。

⑤ 沉积岩（包括变质岩）每一条剖面均应有一套完整的薄片、标本样品，根据需要还应采集硅酸盐、光谱、重砂、化石或微古生物样品；深变质岩，根据需要还应采集同位素年龄样品。

⑥ 构造剖面量样品可根据需要采集，一般应有薄片（包括定向片）标本、光谱、岩组分析等样品。

⑦ 凡进行踏勘、检查的矿点均应采集矿石标本及化学分析样品，根据需要还应采集光片，包括体分析样品；特殊矿产，如宝石、石材等可根据矿产特点采集必需样品。路线异常检查可根据需要采集光谱或化学分析样品。

2. 各类样品采集要求

① 薄片、岩矿鉴定（包括电子探针、薄片粒度分析），要求样本规格为 $3 \times 6 \times 9$cm（粗粒及斑状岩石）或 $2 \times 5 \times 8$cm（细粒且均匀）。

② 光谱分析：样品重量一般为 50 ~ 100kg，并用硬纸袋包装。

③ 硅酸盐：样品重量一般为 0.5 ~ 1kg，并要求配套采集岩石光谱、薄片样。

④ 人工重砂：样重一般为 5 ~ 8kg 左右，并要求配套采集薄片、岩石光谱等样品。

⑤ 稀土分析：样重一股为 0.5 ~ 1kg。

⑥ 热释光：样品重量一般为 1 ~ 2kg，并用黑色布袋包装。

⑦ 化学分析：金属矿一般采用连续采块样，重 1 ~ 2kg，非金属矿可根据需要采集。

⑧ 化石样品：大体化石（遗体或遗迹）需逐层寻找，找到后应以能保存其完整为准品样本，并记录化石产出层位及上下岩性特征。微体化石应采集粒度较细岩石，如灰岩、质岩、粒砂岩、泥岩及泥、碳质，样重一般 100 ~ 500kg。

⑨ 年龄同位素单矿物年龄样品：一般从重砂样品中挑出矿物进行分析测试等时年龄样品，全岩样一般采集 3、5、7 个样点，并分析包装组成一个样品，矿物＋全岩样一般采集 1 ~ 3 个样点组合成一个样品，样点重量可根据需要采集。

（二）样品采集的四大原则

第一，合理性原则。样品采集应结合实际情况，选择合理的抽样地点、范围和数量，使样品能形象地反映实际工况，从而获得准确的信息。

第二，全面性原则。采集的样品必须全面，抽样要覆盖全体或大多数采样单位，样品包括可能存在的坏品等，避免少取和多取以保证样品客观可靠。

第三，高效性原则。样品采集应实施快速、高效、经济的采样方式，样品的取法、量法和时间要节约，并考虑效益最大。

第四，记录性原则。样品采集中应实行记录管理，及时准确地记录抽样的全过程，包括抽样源、抽样时间、抽样地点、人员等，并保存采样数据和结果以便作为核查及后续研究使用。

样品采集后，要仔细检查和整理采样原始资料。具体工作包括：① 在送样前要确认采样目的已达到设计和有关规定的要求；② 所采样品应具有代表性、能反映客观实际；③ 采样原则、方法和规格符合要求；④ 各项编录资料齐全准确；⑤ 确定合理的分析、测试项目；⑥ 样品的包装和运送方式符合要求。

采集标本应在原始资料上注明采集人、采集位置和编号。标本采集后，应立即填写标签和进行登记，并在标本上编号以防混淆。对特殊岩矿标本或易磨损标本应妥善保存；对易脱水、易潮解、易氧化的标本应密封包装。需外送试验、鉴定的标本，应按有关规定及时送出。一般的岩矿、化石鉴定最好能在现场进行。阶段地质工作结束后，选留有代表性和有意义的标本保存，其余的可精简处理。标本是实物资料，队部（公司）和矿区都应有符合规格要求的标本盒、标本架（柜）和标本陈列室。

样品要使用油漆统一编号。样品、标签、送样单三者编号应当一致，字迹要清楚。送样单上要认真填写采样地点、年代、层位、产状、野外定名和岩性描述等内容，并注明分析鉴定要求。

需要重点研究或系统鉴定的岩矿鉴定样品必须附有相应的采样图；委托鉴定的疑难样品应附原始鉴定报告和其他相应资料。

二、样品最终资料整理

收到各种分析、鉴定或其他测试结果后，先作综合核对，注意成果是否齐全，编号有无错乱，分析、鉴定、测试结果是否符合实际情况。如果发现有缺项，则应要求测试单位尽快补齐；若出现错乱或与实际情况不符，应及时补救或纠正，有时需要重采或补采样品，再作分析或鉴定。在确认资料无误后，才能登入相关图表，交付使用。

对分析、鉴定的成果资料要按类别、项目进行整理。一般先进行单项分析研究找出具体特征，再进行项目综合分析、相互关系研究、编制相应图件和表格。同时，校正岩石和矿物的野外定名，进一步研究地层、岩石、矿化带的划分和矿体的圈定及分带，以及确定找矿标志等，必要时对已编制图件的地质和矿化界线进行修正。

内、外检分析结果应遵守国家地质矿产行业相关标准的规定及时进行计算（可能时应每季度计算一次），编制误差计算对照表以便及时了解样品加工和分析的质量。若发现偶然误差超限或存在系统误差时，应立即向相关分析或测试部门反映，同时采取必要的补救措施。

由于样品的化验、鉴定成果对于综合整理研究工作十分重要，在项目多、工种复杂、样品数量较大的分队（或工区），可设专人负责管理这项工作。

三、矿石质量研究

矿石质量研究有以下四个阶段。

第一，预查阶段。

通过野外观测、与已知矿床矿石进行类比，大致了解矿石矿物成分、化学组分、有益或有害成分的含量及其赋存状态和分布规律。

第二，普查阶段。

① 大致查明矿石矿物成分、化学成分、矿石结构特点、矿石自然类型等。

② 大致查明硬质高岭土、软质高岭土、砂质高岭土品级、夹石的分布。

③ 大致查明蒙脱石和组分的形态、比例、颗粒及赋存状态，初步确定矿石属性，划分矿石类型。

④ 大致查明矿化、非矿化夹石、围岩、岩性与矿体的接触关系。

第三，详查阶段。

基本查明矿石的结构、构造、矿物成分、化学成分、有益或有害组分的含量及其赋存状态和分布规律，初步划分矿石自然类型、矿石工业类型。

高岭土矿按原矿评价时，应基本查明软质高岭土和砂质高岭土各品级的淘洗率。如按淘洗精矿评价时，应基本查明各工业类型、各品级淘洗精矿和夹石的分布范围，研究其变化规律，基本查明各品级的淘洗率。

膨润土矿应基本查明蒙脱石和主要伴生组分的形态、比例、颗粒度和赋存状态；基本查明矿石属性，划分矿石类型。

耐火黏土矿应基本查明其耐火度。对软质、半软质黏土应基本查明其可塑性。

基本查明矿化、非矿化夹石和近矿围岩的物质组分与矿体的接触关系。评价采矿时夹石和围岩混入对采选难易程度及对矿石质量的影响。

第四，勘探阶段。

详细查明矿石的结构、构造、矿物成分、化学组分、有益或有害组分的含量及其赋存状态和分布规律，划分矿石自然类型、矿石工业类型。

高岭土矿按原矿评价时，应详细查明软质高岭土和砂质高岭土各品级矿石的淘洗率；按淘洗精矿评价时，应查明各工业类型、各品级淘洗精矿和夹石的分布范围，研究其变化规律并统计各自的比例，确定各品级的淘洗率。详细研究高岭土矿物组成和高岭石类型。

膨润土矿要详细研究蒙脱石和主要伴生组分的形态、比例、颗粒度和赋存状态，研究和确定矿石属性，正确划分矿物组合的矿石类型。

耐火黏土矿应详细研究其耐火黏土的耐火性。对软质、半软质耐火黏土应详细研究其可塑性。

研究矿化、非矿化夹石和近矿围岩的物质组分，与矿体（层）的接触关系。评价采矿时当夹石和围岩混入后采选难易程度及对矿石质量的影响。

根据不同矿床的矿石特点，合理选择各种测试项目，并随着工作的深入做必要的修改和调整。同时，根据勘查任务和设计要求及时研究矿石物质成分，对于有些矿种还应着重研究矿物组成与化学成分之间的相关关系以及某些物理性能；并利用分析测试结果，编制 1 ~ 3 条有用组分变化规律的剖面图和必要的综合图表或变化曲线图；以及开展诸如相关分析、品位变化系数以及其他数理统计方面的数据处理方法，达到了解矿石中有益、有害组分在不同部位、不同深度的赋存状态及其变化规律，以及其他一些特征或指标的分布和变化特征。

根据矿石物质组分的分析资料，结合矿石加工技术特性，划分矿石的自然类型、工业类型和品级，查明它们的分布规律和所占比例。这些资料是进一步采集加工技术试验样品和分类型或品级、估算资源量 / 储量的依据。划分结果还应在相应的勘查线剖面图、矿体纵投影图或其他图件上展示出来。

加工技术取样一般是在勘探阶段进行，但对于复杂类型或新类型矿石，在详查阶段即应进行研究以便作出合理的评价。随着勘查工作的进展，矿石的加工技术研究也逐渐深入，试验规模也将加大，除主体矿石类型外技术性能较特殊的矿石类型也应做较详细的研究。同时，应收集矿区内开采生产过程中的选矿经济技术指标进行综合分析对比，根据试验研究结果对原来矿石类型划分方案作出相应的修改补充。

第三章　地质勘查安全生产

第一节　野外地质勘查作业安全管理

一、野外地质作业安全防范

（一）野外基础地质调查安全及预防

基础地质调查的主要任务是了解某一区域乃至全国的资源、环境地质背景，为国家经济建设和社会公众提供基本地质信息，为人类探索地球、认识自然、利用自然提供基础数据。它广泛应用于地质找矿、农业、生态环境保护、城市发展规划、重大工程建设等领域。

地质勘查人员在野外开展基础地质调查工作时，发生的主要伤害有滑倒摔伤、悬崖坠落、山上落石击中、落水淹溺、高温中暑、虫兽伤害、迷路失踪等。在地质灾害多发区域和汛期开展野外基础地质调查工作时，还时常受到滑坡、泥石流、洪水、雷电等的伤害。

地质勘查人员在野外开展基础地质调查工作时，第一，应当做好个人自身安全防护工作；第二，野外项目组（工作组）应当加强野外安全生产管理，明确野外项目工作组负责人和安全员，建立简明扼要的野外作业安全生产管理制度，针对野外作业区域主要危险危害因素和野外作业特点制定切实管用的针对性预防措施；第三，地质勘查单位和主管部门应当加强对野外基础地质调查作业人员、车辆、船舶、飞机的生产安全保障监控，运用卫星定位、通信导航综合技术手段提高野外作业生产安全保障水平。

在野外开展基础地质调查作业的人员，应当做好以下个人自身安全防护工作。

1. 提高自身野外作业安全生产意识

出发到野外开展作业前，应详细了解作业区域有关危险危害因素，积极参加项目组（工作组）针对性的野外作业安全培训教育，掌握野外作业区域危害因素的安全防范措施和突发事故应急预案，并对每日行走的线路进行评估。

2. 穿戴好个人安全防护用品和携带野外应急救生用品用具

应按照相关要求配齐、用好地质勘查安全防护与应急救生用品用具。

3. 提高自身野外作业危害因素伤害防范技能

结合基础地质调查作业特点和防范野外工作区域伤害因素的需要，努力提高自身野外生存、应急急救等技能，积极开展适应野外基础地质调查安全防范需要的野外拓展、野外生存、创伤包扎、野外常见突发疾病急救等技能培训，广泛学习防高温中暑、防虫兽伤害、防迷路失踪和防滑坡、泥石流、洪水、雷电等伤害的安全生产知识。从安全防护的角度来看，开展基础地质调查作业的人员应当掌握以下基本安全防护技能。

（1）防滑防摔技能

在行走中要掌握好身体的重心，鞋子要防滑，过独木桥、险路、悬崖时应当注意防滑防摔倒，在地质调查船舶甲板上行走时要防滑防摔。

（2）掌握上下坡技巧

对于攀登坡度小于45°的坡来说，一般不用借助登山工具，上坡时人的重心应在脚的前掌部位，人的身体稍微向前倾；如果是攀登坡度大于45°的坡，可以用双手攀缘路边的支点（如灌木、岩石等），或者借助登山手杖（也可以用拐棍代替）。下坡时应当将重心放在后脚前端，同时降低重心的高度，即身体稍微下蹲（脚踝部稍微弯曲）。尤其是在坡度较大时，上下坡应当走“之”字形，避免直线上下。

（3）注意休息

无论是登山还是徒步走路以及其他露天作业，中途应当注意休息。中途休息应当长短结合，短休息多、长休息少。短休息一般时间控制在5分钟以内，以站着休息为主。长休息应当卸下所有的负重，先站一会后才能坐下休息，不能马上坐在地上。

在野外行走时要特别注意以下几点。

① 不要借助枯枝、杂草或直径小于自己拇指粗细的树枝等的拉力攀岩。

② 不要在没有固定的岩石上伸手去拉下面和你体重相当的人。

③ 不要两个人手握手从下往上拉人（要彼此手握对方的手腕）。

④ 在攀爬碎石多、冰雪多、易滑落的山坡时，相邻队员的距离不要太近。

⑤ 在钻丛林时前后不要离得太近（防止回弹的荆棘伤人）。

⑥ 不要脚踩被草覆盖、看不清下面虚实的地面（下面有可能是深坑）。

⑦ 在野外作业期间任何时候都不要独自行走（地质勘查安全生产法规明令禁止的行为）。

⑧ 在大雨过后不要徒步涉过水位超过裆部的河流。

⑨ 不要在负重状态下跑步下山。

基础地质调查人员还应当学习掌握野外作业高低温、洪水、泥石流、大风、沙尘暴、雷电等安全及预防知识，以及野外作业迷路、溺水、高原反应等安全防护知识。

(二) 野外地质作业高低温安全防护

野外地质勘查工作中，高温、低温对人体造成的伤害主要来自当地环境和天气，与其他行业的作业车间高温、低温作业不同。在野外地质勘查工作的过程中，我国南北、东西温差差异大，尤其是在沙漠、戈壁、高山等地区开展野外地质工作，昼夜温差大。

1. 高温伤害预防

在野外地质勘查工作中，长时间在高温环境中炙烤会造成人体缺水，容易引起中暑，严重者会导致人体严重脱水、循环衰竭等现象发生。夏季作业前应注意收听当天天气预报，合理安排作业时间，缩短野外作业时间，避开气温最高时段，工作一般安排在早、晚进行。作业前个人应备足饮用水并合理饮用，配备人丹、藿香正气液、清凉油等防暑降温药品和地质救生包，按照相关规定穿戴好夏季个人劳动防护用品。如果当地气温超过 38C°，应停止野外地质作业。

2. 低温伤害预防

野外地质勘查人员在冬季或者雪山、高山、雪地工作，长时间暴露在低温环境中会造成人体热量损失过多，体温下降到生理可耐限度以下，造成身体组织冻伤和冻僵。在野外工作中，海拔越高、气温越低、风速越大，高山冻伤发生率越高。高山冻伤与缺氧有明显关系，缺氧可引起人体体力、精神的衰退和全身尤其是肢体末梢的循环障碍，以致抗寒能力大大下降，发生高山冻伤的部位以四肢和脸部为最多。高山冻伤发病率较高的是初次参加工作和初次在低温环境工作的地质人员，主要原因是缺乏防护意识、缺乏防护实际经验，加之高山反应对防冻容易疏忽。对缺氧适应不良者，冻伤发生率更高。

在冬季开展野外地质勘查工作时，无论是在南方、北方，还是在高原、平原，作业前应注意收听当天天气预报，合理安排作业时间，缩短野外作业时间。尤其是在高山低温条件下开展野外作业，应采取冻伤防护措施，穿戴保暖性能好的地质安全劳动防护（劳保）服装、鞋帽、手套，注意颈部、腰部及脚部等部位的保暖。如果当地气温低于 −30C°，应停止野外作业。

二、野外地质勘查作业安全管理基本理论

除地质钻探、坑探工程作业外，野外地质勘查工作大部分属于流动分散作业，由

于野外地质勘查工作流动分散，地质勘查单位对野外工作组及野外作业人员的安全生产管理难度大，因此野外工作组全体人员应当学习掌握现场作业安全生产管理基础理论知识，结合岗位安全生产工作特点有针对性地加强自身的现场安全生产管理。

(一) 海因里希法则

海因里希法则（Heinrich’s Law）又称“海因里希安全法则”“海因里希事故法则”“1：29：300 法则”，也称冰山原理。

海因里希法则的意思是当一个组织有 300 起隐患或违章，必然要发生 29 起轻伤或故障、另外还会有一起重伤、死亡或重大事故，即造成死亡事故与严重伤害、未遂事件、不安全行为形成一个像冰山一样的三角形，一个暴露出来的严重事故必定有成千上万的不安全行为掩藏其后，就像浮在水面的冰山只是冰山整体的一小部分，而冰山隐藏在水下的部分却很庞大。

海因里希法则是由美国安全工程师海因里希（Herbert William Heinrich）通过统计分析工伤事故的发生概率而提出来的。对于不同生产过程、不同类型的事故上述比例关系可能不一定完全相同，但这个统计规律说明，在进行同一项活动中无数次意外事件必然导致重大伤亡事故的发生。这一法则告诉我们，要防止重大事故的发生必须减少和消除无伤害事故，要重视事故的苗头和未遂事故，否则终会酿成大祸。

例如，某钻工用手把皮带挂到正在旋转的皮带轮上，因未使用拨皮带的杆，且站在摇晃的梯板上，又穿了一件宽大长袖的工作服，结果被皮带轮绞入碾死。事故调查结果表明，他使用这种上皮带的方法已有数年之久，查阅他 6 年病志（急救上药记录），发现他有 33 次手臂擦伤后治疗处理记录，他手下的工人均佩服他手段高明，但结果还是导致死亡。这一事例说明，重伤和死亡事故虽有偶然性，但是不安全因素或动作在事故发生之前已暴露过许多次，如果在事故发生之前抓住时机及时消除不安全因素，许多重大伤亡事故是完全可以避免的。

(二) 多米诺骨牌理论

多米诺骨牌理论又称“海因里希模型”或“海因里希因果连锁论”。该理论也是由美国安全工程师海因里希（Herbert William Heinrich）提出来的。他把伤害事故的发生、发展过程描述为具有一定因果关系事件的连锁发生过程，即人员伤亡的发生是事故的结果，事故的发生是由于人的不安全行为、物的不安全状态或者管理上的缺陷导致的，这三者是由于人的缺点造成的，人的缺点是由于不良环境诱发或者是由于先天遗传因素造成的。

多米诺骨牌理论阐明了导致伤亡事故的各种原因及其与事故间的关系，认为伤亡事故的发生不是一个孤立事件，尽管伤害可能是在某瞬间突然发生的，却是一系列事件相继发生的结果。海因里希借助多米诺骨牌形象地描述了事故的因果连锁关系，即事故的发生是一连串事件按一定顺序互为因果依次发生的结果，如果一块骨牌倒下，则将发生连锁反应使后面的骨牌依次倒下。

根据多米诺骨牌理论，如果移去野外地质勘查作业伤亡事故因果连锁中的任意一块骨牌，则伤亡事故连锁被破坏，事故过程即被中止，达到控制事故的目的。在野外地质勘查安全生产管理工作中，最重要的中心工作就是要移去造成野外伤亡事故中间的骨牌，即防止野外作业人员的不安全行为和机器设备、工作环境的不安全状态。然而在野外环境中的不安全状态有时很难或者无法移除，或者消除环境的隐患需要巨大的投入，因此防止野外环境对作业人员的伤害应多从个人安全防护的角度采取措施，如穿戴地质勘查安全防护工作服、配备地质救生包、制定应急预案等，以避免或者减轻环境不安全因素造成的伤害。当然，通过改善地质勘查单位和野外工作组的安全生产氛围环境；野外作业人员具有更良好的安全生产意识；或者加强对野外作业人员的安全生产培训（尤其是出队前和野外工作中安全生产培训），使作业人员具有较好的安全防范技能；或者加强野外突发伤亡事故应急抢救措施，都能在不同程度上移去伤亡事故连锁中的某一骨牌，或者改善或增加该骨牌的稳定性，以达到预防和控制野外伤亡事故发生的目的。

（三）安全木桶原理

在管理学上有一个著名的“木桶理论”，是指用一个木桶来装水，如果组成木桶的木板参差不齐，那么它能盛下的水的容量不是由这个木桶中最长的木板决定，而是由这个木桶中最短的木板决定的。因此又被称为“短板效应”。

安全木桶原理是指加强安全生产工作要加长安全生产工作“短板”，有针对性地提高员工、班组和专项工作安全生产水平，每一位员工、每一个班组或者每一项安全生产工作都是安全木桶中的一块木板，尽可能提升最短、最差的员工、班组或者专项安全生产工作，或者提升整体组织的安全生产水平。

根据安全木桶原理，在野外地质勘查作业安全生产管理中，每一位野外作业人员、每一个野外作业班组都要高度重视安全生产工作，即使绝大部分作业人员和班组都高度重视和按照规定做好安全生产工作，也不能说安全生产有了把握，因为还有极个别作业人员或者班组忽视安全。管理好野外作业安全生产工作，必须高度重视对“不放心人（班组）”的安全生产管理，加强对其安全生产教育和跟踪监督，互相帮助，共同提高安全生产水平。

三、野外工作组安全生产管理

(一) 建立野外工作组安全生产管理组织机构

野外工作组无论由多少人员组成，都应当建立野外安全生产管理和应急组织机构工作组，要根据作业性质、作业区域、人员组成等情况，建立以工作组组长为安全生产第一责任人，技术负责人、现场安全员、作业班组长为成员的安全生产管理和应急组织机构，负责从出队到收队全过程的安全生产管理及应急工作。

野外工作组组长和现场安全员应当具备以下几点基本要求。

① 要有一定的地质专业知识和野外地质勘查工作安全生产管理技能，善于发现野外安全生产隐患，懂得如何处理事故隐患，同时能组织作业组成员开展相关安全生产活动。

② 要有较严谨的工作作风，责任心强，工作勤快和细致。

③ 要有服务的心态和谦虚的态度，善于和现场工作人员处理好关系，乐于接受建议和批评。

野外工作组组长和现场安全员名单应当在相对固定的野外生产作业现场或者野外临时驻地明显位置进行明示。

(二) 建立安全生产责任制和制定岗位安全操作规程

野外工作组应当建立纵向到底、横向到边的全员安全生产责任制，即做到“三定”(定岗位、定人员、定安全责任)，建立工作组组长、作业班组长、作业人员三级安全生产责任制。

野外工作组组长是野外地质勘查作业安全生产第一责任人，工作组技术负责人和现场安全员负责落实野外工作组的安全生产工作计划及措施，作业班组长带班做好本班组的具体安全生产工作，对野外工作组组长和班组成员自身安全保障具体负责。简言之，野外工作组安全生产责任制就是野外工作组组长安全生产工作对项目负责人负责，作业班组长安全生产工作对野外工作组组长负责，工作组技术负责人和现场安全员具体负责落实野外工作组的安全生产技术、工作计划及措施，野外作业人员遵章守纪、各负其责。

野外工作组应当制定从组长到成员的具体安全生产岗位职责，对组长、技术负责人、现场安全员、作业班组长和作业组成员的安全生产工作责、权、利明确界定，建立安全生产责任制考核标准和奖惩措施，发生违章以及事故按照安全生产责任制追究责任。

野外工作组安全生产责任制应当内容全面、要求清晰、操作方便，各岗位的责任人员、责任范围及相关考核标准一目了然。

野外工作组要根据野外地质勘查工作生产作业岗位安排，特别是作业机械、设备、仪器操作岗位和危险性程度较高的操作岗位，有针对性地制定岗位安全生产操作规程。野外工作组相关工作岗位人员应当熟悉岗位安全生产操作规程，所有人员都应当认真落实自身的安全生产工作责任制和遵守岗位安全生产操作规程。

野外工作组组长、技术负责人、现场安全员名单，以及安全生产责任制、主要岗位安全生产操作规程，应当在野外生产作业现场或者野外临时驻地明显位置明示。

(三) 制定野外安全生产工作计划和突发事件应急预案

安全生产工作计划要明确野外工作组的安全生产工作目标和现场安全生产管理要达到的标准，如现场安全生产教育培训、应急演练、安全检查活动计划和野外安全保障装备(户外劳保安全防护服装、地质救生包、定位通信终端、应急食品等)、安全生产经费投入、文明生产作业要求等。安全生产工作计划制订后，野外工作组要按照计划组织开展好安全生产工作，保证野外工作组安全生产管理有序进行。

野外工作组应当从野外工作区域、工作专业属性和工作组自身安全保障条件三个方面，进行野外地质工作危险性评估，查找有可能发生的、可能危及工作组成员生命财产安全的事故，并针对可能发生的事故制定野外工作组应急预案。

野外工作组制定应急预案一般包括以下几个步骤。

① 收集相关法律、法规、标准和同行事故资料、本单位安全生产相关技术要求、周边应急资源等有关资料。

② 分析存在的危险因素，确定事故危险源，分析可能发生的事故类型及后果，以及可能产生的次生、衍生事故，评估事故的危害程度。

③ 全面客观分析野外工作组人员队伍、装备、物资等情况，进行野外工作组的应急能力评估。

④ 依据事故危害程度评估以及工作组的应急能力评估结果制定应急预案。

⑤ 进行应急预案评审，注重应急预案的系统性和可操作性，做到与相关应急资源相衔接。

野外工作组应急预案的内容至少应当包括事故风险分析、应急指挥机构及职责、处置程序、处置措施等内容。

(四) 野外作业现场安全生产管理

野外地质作业现场涉及的危险因素较多，恶劣的野外天气气候及艰险的自然地理环境，作业人员的安全生产素质素养，特别是钻探、槽探、坑探等工程施工现场，使用到钻机、凿岩机、挖掘机、柴油机、发电机、泥浆泵、空气压缩机、汽车等工程机械，还有野外临时用电、现场消防安全，这些因素都会对作业人员生命财产安全构成威胁，因此野外工作组应当分门别类、区别对待，制定针对性措施加强对现场作业安全的组织管理。

1. 临时用工安全生产管理

野外临时用工应当针对野外作业安全生产风险进行针对性培训，告知野外作业事故风险和预防防范知识技能，签订书面的劳动合同，购买野外作业意外伤害保险。

2. 野外临时租用车辆安全生产管理

野外工作组应当按照本单位野外作业车辆安全生产管理要求租赁野外工作车辆和临时聘用驾驶员，或者参照中国地质调查局组织实施的地质调查项目租赁野外工作车辆与临时聘用驾驶员相关规定，加强野外作业车和驾驶员管理。

3. 野外安全保障装备使用管理

所有野外工作组成员应当按照相关规定配发野外工作服、地质救生包、野外定位及通信设备（装置）等安全防护与应急救生用品（用具）；野外工作组应当对所有野外作业人员进行野外安全防护与应急救生用品（用具）佩戴和使用培训；所有野外作业人员应当正确佩戴和使用安全防护与应急救生用品（用具）。

4. 作业现场事故隐患防控管理

槽（坑）探工程临边堆积渣土、工具，应当设置安全、可靠的防护栏杆，确保施工过程的安全。野外工作临时用电应当采取电缆供电，临时用电线路铺设要根据现场合理布置，达到“一机一闸一漏一箱”的要求，临电线路严禁超负荷使用，要加强现场用电安全巡查，发现问题立即整改。钻探工程现场和野外临时营地应当配备消防设施，按照每 80 ~ 100 ㎡配备 2 ~ 3 只 3.5kg 灭火器的要求配备消防设施，并合理设置，摆放在显眼处，施工现场要加强对易燃易爆等危险品的管理（如乙炔瓶、氧气瓶、放射源、汽油、柴油等），施工现场仓库应当设置隔离区，仓库周围严禁明火作业。凡在离地面 2m 以上进行作业都属于高空作业，从事高空作业的人员应当进行身体检查；凡患有高血压、心脏病、癫痫病、恐高症及不适应高空作业的人员，一律不准从事高空作业；登高作业前必须检查个人安全防护用品，必须戴好安全帽、系好安全带，安全带应高挂低用，作业下方必须划出危险区，设置安全警示牌，严禁无关人员进入；高空作业人员不准穿硬底鞋，不准抛掷物件，完工后必须做到清场。野外电焊机必须安装二次降压保护器，一次线长不超过 5m，二次线长不超过 30m，且绝缘性能良好，经验收合格后方可使用。作业过程中严禁超负荷运行，闪电、打雷、大风、阴雨等恶劣天气严禁进行野外电焊作业。野外地质区调、矿调和水文、环境地质调查等，作业人员在野外工作出发前应当了解工作地环境，进行安全与应急培训，配齐安全防护与应急救生装备，周密制订工作计划与路线。野外电焊、起重、驾驶作业属于特种作业，作业人员应当经专业安全技术培训，考试合格并持《特种作业操作证》方可上岗操作。所有地质勘查作业都应当遵守相关安全规定。野外地质勘查作业现场存在危险因素的场所和有关设施、设备上应当设置明显的安全警示标志。

5. 编制现场安全施工（作业）设计方案

野外工程施工或者作业应当编写现场安全施工（作业）设计方案，现场安全施工（作业）设计方案内容应当包括但不限于工程（作业）概况、施工（作业）部署、施工（作业）准备、主要施工（作业）方法和措施、工期保证体系、质量目标及保证体系及措施、安全保证体系及措施、创建文明工作小组及环境保护措施、施工（作业）进度网络计划图、施工（作业）进度计划横道图、施工（作业）总平面布置图等。

实行安全生产标准化的地质勘查单位的野外工作组，应开展野外工作组安全生产标准化建设，建立完善安全生产记录台账，强化野外工作组自身生产作业中安全生产管理。

四、野外安全生产培训教育

制订并实施安全生产教育和培训计划，如实记录安全生产教育和培训情况，建立安全生产教育和培训档案，安排用于进行安全生产培训的经费，从业人员应当接受安全生产教育和培训、具备必要的安全生产知识、提高安全生产技能和增强事故预防及应急处理能力。

野外工作组除参加本单位组织开展的通用性、普遍性、法规性、知识性安全生产教育培训，以及项目组根据项目专业属性、可能面临的危险开展预防防范措施等安全生产教育培训外，还应当针对野外地质勘查作业现场岗位安全操作、应急处理等开展工作组全体成员安全生产教育培训。

野外工作组安全生产教育培训是地质勘查从业人员掌握野外安全生产知识、提高野外事故防范及应急处理能力最重要的环节，是三级安全生产教育培训，即本单位安全生产教育培训（一级）、项目组（部门）安全生产教育培训（二级）、作业组（班组）安全生产教育培训（三级）的重要组成部分。

野外工作组安全生产教育培训应当有针对性，避免假、大、空，力求实用性。野外工作组安全生产教育培训的内容主要有以下几个方面。

① 本工作组的野外作业生产特点、野外生产作业环境、危险区域、生产作业设备及野外作业安全保障设施（终端）状况等。重点介绍野外生产作业环境、生产作业

设备和人的不安全行为等方面可能导致发生事故的危险因素，交代本工作组容易发生事故的环节并对典型事故案例进行剖析。

② 讲解本工作组安全生产管理及应急机构、本工作组各级安全生产责任、岗位（工种）安全操作规程、重点介绍野外生产作业各环节生产安全活动（如野外生存、应急救生、突发病症预防、创伤止血包扎、岗位操作事故防范、野外生产作业现场消防等）以及作业环境的安全检查和交接班制度、安全技术交底，告知工作组成员若发生事故或发现了事故隐患应如何采取措施和逐级报告。

③ 讲解如何正确使用和爱护安全防护与应急救生用品（用具）及现场作业文明生产的要求。要强调安全防护与应急救生用品（用具）如何操作使用，如地质救生包在应急状态下的使用、野外北斗安全保障终端设备的使用等，钻探、槽（坑）探等工程施工作业还应当介绍文明施工作业的要求，如进入施工现场和登高作业必须戴好安全帽、系好安全带，工作场地要整洁，道路要畅通，物件堆放要整齐等。

④ 岗位安全操作示范。请技术熟练、富有经验的工作组成员进行岗位安全操作示范，边示范、边讲解，重点讲解安全操作要领，说明怎样操作是危险的、怎样操作是安全的，不遵守操作规程可能造成的严重后果。

⑤ 野外突发事件应急演练。重点演练本野外工作组在自身条件下如何自救、互救以及如何逐级报告野外作业突发事件。

五、野外工作组安全生产检查

隐患是导致事故的根源，加强事故隐患排查治理是贯彻落实“安全第一、预防为主、综合治理”安全生产工作方针的必然要求。事故隐患排查治理要建立工作责任制，实行谁检查、谁签字、谁负责，切实做到事故隐患整改措施、责任、资金、时限和预案“五到位”。

事故隐患主要有三个方面：人的不安全行为、物的不安全状态和管理上的缺陷。一般来说，工作组安全生产检查主要从以下几个方面进行。

① 查制度。即检查工作组安全生产责任制、岗位安全操作规程、突发事件应急预案和野外安全生产工作计划是否健全、完善。

② 查管理。即检查工作组临时用工安全生产管理、野外临时租用车辆安全生产管理、野外安全保障装备使用管理、作业现场事故隐患防控管理、现场安全施工（作业）设计方案管理等是否到位。

③ 查设备。即检查工作组和作业班组生产作业设备、安全保障装备是否处于正常运行状态。

④ 查安全知识。即检查工作组成员是否具备应有的野外作业安全知识和操作

技能。

⑤ 查纪律。即检查工作组成员在野外工作过程中是否严格遵守安全生产规章制度和操作规程。

⑥ 查事故隐患。即检查工作场所是否存在可能导致生产安全事故的因素，如物体打击、机械伤害、漏电触电、高处坠落、消防等。

⑦ 查安保。即检查工作组成员地质勘查安全防护与应急救生用品（用具）配备是否齐全、是否符合标准、是否穿戴等。

工作组在野外施工作业过程中应组织定期和不定期的安全生产检查。工作组安全生产检查由工作组组长带头，工作组主要成员及班组长全体参加，在开展检查前应当明确检查目的、检查项目、内容及标准，编制野外作业安全生产检查表，逐项对照检查，发现的问题要认真、详细记录，如隐患部位、危险程度及处理意见等。钻探、槽（坑）探或者野外作业人数较多的工作组安全生产检查应进行系统分析，建立跟踪分析制度。

六、野外地质勘查作业应急保障

（一）地质勘查作业应急分级

陆地地质勘查安全生产突发事件包括两类：一是自然灾害类。包括因洪涝、台风、冰雹、暴风雪、暴雨、雷电、沙尘暴、地震、山体崩塌、滑坡、泥石流等原因造成的野外作业突发事件。二是生产事故类。包括陆地地质调查作业过程中发生的人员迷失方向、突发疾病、溺水、毒蛇咬伤、食物中毒、食物短缺，以及因交通运输、机械设备、危险品等原因造成的人员伤亡和财产损失事故。

地质勘查安全生产突发事件应急工作应当遵循以人为本、预防为主，统一领导、分级负责，反应快速、科学高效的原则。地质勘查安全生产突发事件应急救援一般分为3级。

Ⅰ级（重大）。地质勘查单位没有能力解决的，需由地质勘查行业主管部门、地方人民政府或者跨部门联合组织实施的重大应急救援。

Ⅱ级（较大）。野外地质勘查工作组没有能力解决的，需由地质勘查单位或者地质勘查单位协调外部应急救援机构、地方相关部门组织实施的较大应急救援。

Ⅲ级（一般）。野外地质勘查工作组自身能够处置的，或者协调就近野外地质勘查工作组实施的一般性应急救援。

野外地质勘查工作组有就近互相应急救援的责任和义务。

按照地质勘查野外作业突发事件可能造成的人员伤亡人数、经济损失大小等，野外地质勘查安全生产突发事件应急救援分为。

Ⅰ 级（重大）。已经或可能死亡（含失踪）3 人以上（含 3 人），或重伤 5 人以上（含 5 人），或财产损失 30 万元以上（含 30 万元），由地质勘查行业主管部门、地方人民政府或者跨部门联合组织实施应急救援。

Ⅱ 级（较大）。已经或可能死亡（含失踪）3 人以下，或重伤 2 人以上 5 人以下，或财产损失 10 万元以上 30 万元以下，由地质勘查单位或者地质勘查单位协调外部应急救援机构、地方相关部门组织实施应急救援。

Ⅲ 级（一般）。已经或可能造成重伤 2 人以下（含 2 人），或财产损失 10 万元以下（含 10 万元），由地质勘查野外工作组组织实施应急救援。

（二）野外地质勘查作业应急响应

野外地质勘查作业发生安全生产突发事件，野外工作组应首先采取自救，或者向就近野外工作组求救，并立即向本项目组、本单位报告，保障应急通信畅通。在青海、新疆、西藏野外作业的地质勘查野外工作组发生安全生产突发事件，还可以分别向中国地质调查局以及当地的野外工作站报告，请求给予救援。

突发事件报告内容包括：时间、地点（坐标）、报告人或联系人姓名及联系方式、项目名称、初步原因分析、人员伤亡情况、影响范围、事件发展趋势和已经采取的措施等。应急处置过程中，应当及时续报有关情况，不得迟报、谎报、瞒报和漏报相关内容，以避免应急救援工作决策失效。

地质勘查安全生产突发事件一般性应急响应程序如下。

① 应急工作领导小组召集会议，研究是否启动应急响应。

② 决定应急响应启动后，上报上一级应急工作机构。

③ 组建应急救援指挥部，根据突发事件性质和实际需要组建相关应急工作小组，同时实施 24 小时应急值守状态。

④ 应急指挥部组织协调应急工作小组实施救援工作。

⑤ 应急指挥部根据应急救援事态适时关闭应急响应，并进行善后处置和调查评估。

（三）野外地质勘查作业应急保障装备

地质勘查单位、地质勘查项目（工程）组和野外工作组应当根据相关规定，保障应对突发事件的人员、物资、财力、交通运输、医疗卫生、通信设备等的配备。

第一，地质勘查单位应当配备应急工作车辆、卫星定位导航通信终端、GPS、应急医药箱、地质救生包、自动复苏器、高倍望远镜、氧气瓶、应急帐篷、应急食品、地质勘查户外安全防护劳保服装、照相机等。

第二，野外工作组应当配备应急医药箱、地质救生包、自动复苏器、高倍望远镜、氧气瓶、应急帐篷、应急食品、地质勘查户外安全防护劳保服装等。

(四) 野外地质勘查作业事故应急评估

为总结和吸取应急处置经验教训，不断提高应急处置能力，持续改进应急准备工作，突发事件应急救援结束后，地质勘查单位和野外工作组应当根据国家相关规定进行应急评估。应急评估组组长一般由上一级安全生产应急工作领导小组组长担任。

应急评估一般按照下列程序进行。

① 听取应急现场指挥部事故及应急处置情况说明。

② 现场勘查。

③ 查阅相关文字、音像资料和数据信息。

④ 询问有关人员。

⑤ 组织专家论证。

应急评估应当包括以下内容。

① 应急响应情况，包括事故基本情况、信息报送情况等。

② 先期处置情况，包括自救情况、控制危险源情况、防范次生灾害发生情况。

③ 应急管理规章制度的建立和执行情况。

④ 风险评估和应急资源调查情况。

⑤ 应急预案的编制、培训、演练、执行情况。

⑥ 应急救援队伍、人员、装备、物资储备、资金保障等方面的落实情况。

应急评估结束后，应当向事故调查组提交应急处置评估报告。评估报告包括以下内容：事故应急处置基本情况、事故应急处置责任落实情况、评估结论、经验教训、相关工作建议等。

(五) 地质勘查伤亡事故处理

伤亡事故处理既是政策性、法律性很强的工作，也是专业性、技术性很强的工作，包括调查、分析、研究、报告、处理、统计和档案管理等一系列工作。做好事故处理工作，对于掌握事故信息、认识潜在危险隐患、提高野外地质勘查安全生产管理水平、采取有效的防范措施以及防止事故重复发生等，具有非常重要的作用。

1. 事故责任分析

按事故的性质可分为自然事故、技术事故、责任事故；按责任者与事故的关系可分为直接责任者、主要责任者和负有领导责任者。

事故责任划分或者分析是在事故原因分析的基础上进行的，其目的是使责任者吸取事故教训、改进工作。根据事故调查所确定的事实，通过对事故原因（包括直接原因和间接原因）的分析，找出对应于这些原因的人及其与事件的关系，确定事故的责任者。

确定事故责任者按照以下步骤进行。

① 确认事故调查的事实。

② 确认造成不安全状态（事故隐患）的责任者。

③ 确认事故原因与人及其事件的关系。

④ 根据责任者应负的事故责任提出处理意见。

2. 事故责任处理

事故责任一般可以划分为事故直接责任者、事故主要责任者、对事故负有领导责任者。

确定事故责任者后，根据事故责任者未履行安全生产相关的法定责任或义务，按照其行为的性质和后果的严重性，提出追究其行政责任、民事责任或者刑事责任的意见。事故处理要坚持事故原因不查清不放过、责任人员未处理不放过、整改措施未落实不放过、有关人员未受到教育不放过的“四不放过”原则。

为保证对事故责任人处理的公正性，应对事故调查进行重新审查，并形成事故调查报告。审理内容包括讨论事故处理意见、形成调查报告、审查调查报告、事故结案归档。

事故调查报告的具体内容包括：背景信息、事故描述、事故原因、事故后组织抢救、采取安全措施、事故灾区的控制情况、事故教训及预防同类事故重复发生的措施建议，以及事故调查组的成员名单及签名和其他需要说明的事项。

3. 事故处理公示

为保证事故处理过程中公正、公开原则，事故处理结束后要对事故处理进行公示，通过事故公示使事故处理结果接受监督，避免事故处理过程中的违规操作。事故处理公示内容一般包括事故基本情况、事故发生单位及项目概况、事故发生经过、救援和报告情况、事故现场勘察和伤害分析、事故性质及原因、事故责任认定及处理意见、安全防范措施。

4. 事故结案归档

事故处理结案后，应对事故调查处理的有关材料进行归档。归档的事故调查处理资料如下。

① 伤亡事故登记表。

② 事故调查报告及批复。

③ 现场调查记录、图片、照片。

④ 技术鉴定和试验报告。

⑤ 物证、人证材料。

⑥ 直接和间接经济损失材料。

⑦ 事故责任者自述材料。

⑧ 医疗部门对伤亡人员的诊断书。

⑨ 发生事故时的工艺条件、操作情况和设计资料。

⑩ 处分决定和受处分人员的检查资料，事故通报、简报文件。

第二节　地质钻探施工安全

一、钻探施工危险因素

地质钻探人员在野外开展地质勘查钻探施工作业，造成人员伤亡事故的原因是多方面的。

（一）钻前施工安全风险

钻前施工安全风险包括平整井场、井架拆卸、安装及起落、设备调试、电线路架设等违章操作，以及钻探机场井场频繁使用拖车、吊车等大型机械设备产生的危险源，主要分布如下。

① 钻塔、井架下或其附近存在的风险。如拆卸、安装、起落钻塔井架时，由于机械故障或者操作失控发生钻塔井架倒塌，伤及钻塔井架下面及附近人员；或者钻塔井架上工具等物品存留，起落钻塔井架时发生落物伤人。

② 设备工作区存在的风险。各种机械、电气设备在试运转期间发生伤害事件，如防护设施不全、非操作人员接触等产生伤害。

③ 井场、机场存在的风险。起落钻塔井架时使用拖拉机、吊车、拖车等机械设备，发生机械伤害事故。

（二）钻进施工安全风险

钻进施工安全风险包括违章操作或者因钻井环境、机械运转、电气设备运行、设备老化、井场消防等产生的危险源。主要分布如下。

① 钻台存在的风险。钻进时，各类钻井设施连续运转，如因操作不当或者防护

设备不全、安全装置失灵，发生的机械伤害、物体打击、触电事故。

② 泵房工作区存在的风险。钻井泵、水管线属于高压设施，操作不当容易发生爆裂事故，造成附近作业人员的伤害。

③ 钻井液循环池存在的风险。由于人员不慎或者未设安全防护栏坠落泥浆池、水池中发生人员淹溺事故。

④ 电气设备及线路附近存在的风险。钻进时，由于动力系统带电作业、机械设备振动造成电线路绝缘损坏，或者漏电保护装置不齐全或失效，发生触电事故。

⑤ 井场、机场存在的风险。由于施工场地狭窄、山高坡陡、作业场地杂乱，或者井场、机场的消防设施、防洪设施、防雷设施不到位，或者突遇洪水、泥石流、台风等，发生消防、洪水、雷击、滑倒事故。

⑥ 钻探机械设备陈旧老化产生的事故，如钻探机械设备得不到及时更新，设备的维护保养和定期检修不到位，机械设备设施陈旧老化，噪声大、机械额定功率及性能下降，造成设备在非正常的状态下运行，产生对操作人员的伤害。

二、钻探施工安全管理

野外地质勘查钻探施工现场一般远离生产指挥机关，独立在山区、田野、矿区作业。由于地质勘查单位生产经营思路和体制转型，大部分地质勘查单位的钻探工程施工任务分包给专业钻探施工单位承担，因而野外地质勘查钻探工程施工管理组织复杂、安全生产管理难度大。

(一) 各生产岗位重视施工现场安全生产管理

为有效预防钻探工程施工伤亡事故发生，野外地质勘查钻探工程施工的组织单位、承包单位和施工现场管理组织机构领导要高度重视钻探工程施工现场安全生产管理工作，特别是钻探工程施工现场管理组织主要负责人、各岗位人员要重视现场的安全生产管理，严格一岗双责、失责追责现场安全生产制度，分解落实施工现场安全生产目标和工作任务，经常性地对各管理岗位及钻探机台进行监督、检查，发现钻探现场安全生产管理问题及时解决。

(二) 钻探工程施工现场安全生产管理制度

根据野外地质勘查钻探工程施工特点，制定钻探工程施工现场《安全生产管理规定》《安全生产责任制》《岗位安全操作规程》《机台班组安全活动制度》《安全生产奖惩办法》《伤亡事故责任者处理规定》《钻探施工现场事故应急预案》等，做好机台班组安全技术交底和施工技术交底工作。按照地质勘查安全生产法规、标准和本单位安全生产管理规定，定期开展现场安全生产检查，做好现场安全生产检查记录和现场事故隐患整改工作；分门别类地列明现场安全生产管理台账，对现场安全生产会议记录、检查记录、安全培训、规章制度及落实上级文件通知要求记录等分别建立档案，档案条理清楚、整齐规范。

（三）钻探工程施工现场安全生产宣传培训

电工、焊工、爆破工等野外特种作业人员，按照国家有关规定，经专门安全作业培训考试合格，持特种作业操作资格证书上岗作业。新从事野外地质勘查钻探作业的人员，需经队、分队（项目部、项目组）、岗位现场3级安全培训教育后方可上岗作业。

钻探工程施工现场要定期开展岗位操作安全教育和有针对性的应急演练；钻探机台班组在班前、班后的安全技术交底和施工技术交底工作中，开展班组安全教育工作，针对当班生产安全情况开展分析，及时了解掌握机台当班班组生产安全状况。

钻探工程施工现场要结合自身特点开展现场安全生产宣传工作。如钻探工程施工现场安全生产管理制度，岗位操作规程和施工现场负责人、技术负责人、现场安全员名单等要在钻探工程施工现场明示。钻探工程施工现场应当定期悬挂有针对性的安全生产法规、标准及钻探安全生产知识展板。

钻探工程施工现场中各类安全标志标牌要齐全，安全标志标牌悬挂位置要恰当，安全标志标牌包括：① 禁止标志。表示不准或制止人们的某种行为；② 警告标志。使人们注意可能发生的危险；③ 指令标志。表示必须遵守，用来强制或限制人们的行为；④ 提示标志。示意目标地点或方向在钻探机场入口或者机台井口处要悬挂必须穿戴防护服、安全帽、安全带、禁止吸烟等安全标志牌；在配电室、开关等场所设置“当心触电”标志；在容易发生机械卷入、轧压、碾压、剪切等伤害的机械作业处设置“当心机械伤人”标志；在安全通道、逃生路线及应急设备标识相应的安全标志牌说明。

三、钻探施工安全技术措施

钻探工程施工安全措施包括安全技术措施和安全管理措施，安全技术措施包括防止事故发生的措施和减少事故损失的措施，常用的防止事故发生措施有：消除危险源，限制能量或危险物质，隔离故障安全设计，减少故障和失误等；常用的减少事故损失措施包括隔离、关注薄弱环节、个体防护、避难与救援等。安全管理措施主要是从管理、制度、教育等方面采取措施保证安全生产，并制定安全生产事故应急预案。

（一）钻探防火防爆安全技术措施

野外地质勘查钻探工程施工所需动力大多来自柴油发电机，因此需要使用大量的柴油、汽油、机油等。修建通往钻探机场的简易公路、修整钻探机场地盘等可能需要使用一定数量的炸药，引起火灾或爆炸事故的能源主要有明火、高温表面、摩擦撞击、绝热压缩、电气火花、静电火花、雷击、光热射线等。为保证野外地质勘查钻探工程施工现场安全生产，做好防火防爆预防工作，必须在施工现场对引火源采取严格的控制措施，消除可能引起燃烧、爆炸的各种危险因素，严格执行国家相关规定，对钻探工程施工中所使用的危险化学品实行严格的审批、登记制度，并设专人管理。

（二）钻探电气安全技术

钻探工程施工现场所使用的电气设备和线路要采取安全防护措施，安装适当的熔断器、断路器、漏电保护装置等，并采取良好的接零或接地保护装置。钻探施工现场需要使用电缆长距离输入电源时，电缆必须架空；需要在地面铺设电缆时，每遇过道均应挖设地沟埋设。钻探机场电力线不得使用裸线，不得搭铁，不得跨越搅拌器、油罐等；距离柴油机排气管出口不少于2m，避开水泵放喷管线出口；钻探机场使用的配电系统及起动设备，应设置在干燥处、并安装在绝缘台上铺设绝缘胶板；配电系统的各种仪表必须齐全、完好，简易配电盘应当安装在离地面1.5m的高处，严禁配电盘和闸刀安装在钻塔上或放在地面上；钻塔、井架上的移动照明应当使用安全电压，电压不得超过36V，照明导线必须使用橡胶绝缘电缆，钻塔上电缆不得与角铁摩擦。在野外雷雨季节，钻塔必须安设避雷针，其高度应超过钻塔顶1.5m以上并与钻塔绝缘，接地线不得与钻塔接触，接地电阻不得大于15Ω。

（三）钻探机械安全技术

钻机和水泵设备裸露齿轮、传动带等容易伤人部位必须安装完好的防护网，机械操作人员经培训后持证上岗，机械设备转动时禁止进行机器部件的擦洗、拆卸和维修，禁止跨越传动皮带、转动部位或从其上方传递物件，禁止戴手套挂皮带或打蜡，禁止用铁器拨、卸、挂传动中皮带升降机，卷扬机的制动装置、离合装置、提引器、游动滑车、拧管机和拧卸工具等应当灵活可靠。提引器、提引钩应有安全连锁装置，提落钻具或钻杆、提引器切口应朝下，钻具处于悬吊或倾斜状态时禁止用手探摸悬吊钻具内的岩心或探视管内的岩心，钻机钻进时禁止用手扶持高压胶管或水龙头，维修高压胶管或水龙头时必须停机，钻机水龙头高压胶管应设防缠绕、防坠安全装置和导向绳。操作拧管机和插垫叉、扭叉应由一人操作，扭叉应有安全装置，发生跑钻时禁止抢插垫叉或强行抓抱钻杆机械传动部分，操作区设置安全标志标牌。

(四) 钻探机场防洪防汛安全技术

野外地质勘查钻探机场地基应当平整、坚固、稳定、适用，钻塔底座的填土部分不得超过塔基面积的1/4。在山坡修筑钻机机场地基，岩石坚固平稳时坡度应小于80°，地层松散不稳定时坡度应小于45°。钻机机场周围应当设有排水措施，在山谷、河沟、地势低洼地带或雨季施工时，机场地基应修筑拦水坝或修建防洪设施。在雨季来临之前，要合理设计和安排野外钻探施工计划，注意收听当地天气预报，检查钻探机场道路和钻探机场防洪防汛设施安全状况，充分做好机场防洪防汛预防和准备工作。

四、钻探安全事故及处理方法

(一) 处理事故的基本原则

在钻探施工中，由于各种原因常发生孔内事故，不仅影响钻探进尺，还造成不必要的人力及物力的浪费，因此施工中要以预防为主，一旦发生事故要尽快积极处理。

尽管钻孔内情况各异、岩层条件多样、孔内事故的种类繁杂、处理方法各不相同，但处理事故有其共同原则，可归纳为以下几条。

1. 机上余尺一定要记清楚。
2. 弄清孔内的事故原因。
3. 弄清孔内的状况。
4. 弄清事故处周围的情况。
5. 班报记录一定要记清楚。

(二) 常遇事故及其处理方法

1. 钻具脱落、折断事故

处理方法：用丝锥打捞。

公锥：用于捞取事故钻杆上端母螺纹的钻杆。

母锥：用于捞取事故钻杆上端公扣或劈裂的钻杆。

孔径较大、钻具偏移较大时，在公锥接手前焊一根 φ8 钢筋作为超前导向头，高出3~5cm，底部略大于钻杆，下入孔内起超前导向作用，效果较好。

预防措施：一是经常检查钻具螺纹、垂直度等；二是根据不同地层和钻头采用适当的工艺规程。

2. 卡钻、埋钻事故

卡钻处理方法：加大起拔力，用钻机强力起拔，或是打吊锤。

埋钻处理方法：埋钻显著特征是"憋泵"。应设法窜动钻具，力争使冲洗液正常循环；如果此法行不通，在原钻具中再下一套较大钻具，边回转钻进边增大泵量，使埋钻处岩粉尽量排出。

预防措施：第一，在钻头后部镶焊反向合金；第二，加钻杆时，水阀或风阀应逐渐关小，不要快速关阀；第三，地层特别复杂时应注意用泥浆护壁；第四，孔底应尽量保持干净。

3. 烧钻事故

多发生在金刚石、硬质合金钻探时，由于钻压过大或泵量太小，造成水路不畅通，从而先糊钻后烧钻。

处理方法：如烧钻不严重，可强力起拔或打吊锤。首先将孔内钻具返回，提出孔外；其次设法处理孔内岩心管及钻头，下小一级钻具掏取岩心或岩粉；最后分段割取或用钻铁钻头磨掉钻具。

预防措施：保持冲洗液畅通，钻压不能过高，不能一味追求进尺。

（三）钻探遇到断层带时的事故分析与处理方法

1. 张性构造断层带中的事故分析

在地质钻探过程中，经常会遇到张性构造的断层带或群，断层带中的角砾岩与充填物在原始状态时，是角砾岩和充填物混合堆积的完整体；当充填物为泥沙等时，密实性一般较差；若充填物中有钙质物，则密实性有一定程度的提高。断层带中的角砾岩砾径大小分布不均，棱角参差不齐，它们的原始结构处于相对稳定的状态。当受到钻探扰动影响时，堆积体中的充填物被高压水冲排出，角砾岩则失去充填物的支撑而形成松散的堆积体。当钻头处在角砾岩带时，失去了均匀切削岩石的切削机理，形成钻头刃部拨动角砾岩的状况，这种情况下虽然能够短距离向前推动钻具，但是起拔钻具时就会造成角砾岩卡钻。

2. 张性构造断层带中的事故处理方法

采用清水钻进，当钻头进入断层带后，在钻头的扰动和水力切割作用下，失去充填物支撑的角砾岩形成松散的堆积体，造成钻头的钻空状态。

在不能切削松动的角砾岩情况下，钻头刃部拨动角砾岩在钻头周围挤动，同时高压水射流将断层带中的充填物冲离原体，随水流排出钻孔或充填在断层带下部的孔隙和裂隙中，从而在钻头周围形成松散的角砾岩堆积体，钻孔的环状间隙则被松散的角砾岩充填。随着高压水的不断冲刷，充填物被冲离断层带范围越大，形成的松散角砾岩堆积体越多。同时，钻头的搅动虽然会使角砾岩之间的空间相互填充逐渐密实造成钻具可以加压短距离给进，但很难将钻具起拔出来，钻头钢体后端被角砾岩卡住形成卡钻事故。

处理这类卡钻事故，目前采用的方法是将钻具做反复的给进和起拔活动，或者采用强力起拔钻具、打吊锤等方式。可能的不良后果是造成大的孔隙被小径砾岩填充，密实度逐渐增加，钻具活动的间隙越来越小，卡钻情况严重时钻具将很难起拔出来而最终形成事故。

若采用压力风钻进，虽然压力风对充填物形成的风力切割作用相对较小，但是对于疏松的张性断层带内充填物来讲，同样会被压力风吹出一部分，使得钻头附近形成角砾岩松散的堆积体造成卡钻事故。压力风的风压越大、吹风时间越长，充填物失去的就越多，角砾岩堆积体的体积就会越大，形成卡钻的因素就越多，事故处理起来也就越困难。

断层角砾岩带造成的卡钻事故与钻孔直径有关，钻孔环状间隙越大，能堆积的角砾岩数量就越多，角砾岩之间的阻力增大，事故处理就更加困难。同时，断层角砾岩带造成的卡钻事故还与断层带的宽度、断层带中角砾岩的结构和充填物、钻头的结构形式、处理事故的工艺水平以及造成的经济损失等有关。

(四) 孔内坍塌造成的埋钻事故分析与处理方法

1. 塌孔原因

① 泥浆相对密度不够及其他泥浆性能指标不符合要求，使孔壁未形成坚实泥皮。

② 由于出硝后未及时补充泥浆 (或水)，或河水、潮水上涨，或孔内出现承压水，或钻孔通过砂砾等强透水层使孔内水流失等而造成孔内水头高度不够。

③ 护筒埋置太浅，下端孔口漏水、坍塌或孔口附近地面受水浸湿泡软，或钻机直接接触在护筒上，由于振动使孔口坍塌，扩展成较大塌孔。

④ 在松软砂层中钻进进尺太快，提出钻锥钻进回转速度过快、空转时间太长。

⑤ 冲击 (抓) 锥或掏磕筒倾倒撞击孔壁，或爆破处理孔内孤石、探头石，炸药量过大造成过大震动。

⑥ 水头太高，使孔壁渗浆或护筒底形成反穿孔；清孔后泥浆相对密度、黏度等指标降低，用空气吸泥机清孔，泥浆吸走后未及时补浆 (或水)，使孔内水位低于地

下水位；清孔操作不当，供水管嘴直接冲刷孔壁、清孔时间过久或清孔后停顿时间过长。

⑦ 吊入钢筋骨架时碰撞孔壁。

2. 塌孔的预防和一般处理

① 在松散粉砂土或流砂中钻进时，应控制进尺速度，选用较大相对密度、黏度、胶体率的泥浆或高质量泥浆。冲击钻成孔时投入黏土掺片、卵石，低冲程锤击使黏土膏、片、卵石挤入孔壁起护壁作用。

② 发生孔口坍塌时，可立即拆除护筒并回填钻孔，重新埋设护筒再钻；如发生孔内坍塌，判明坍塌位置，回填砂和黏质土（或砂砾和黄土）混合物到塌孔处以上 1 ~ 2m，如塌孔严重时应全部回填，待回填物沉积密实后再行钻进；严格控制冲程高度和炸药用量。

③ 清孔时应指定专人补浆（或水），保证孔内必要的水头高度。供浆（水）管最好不要直接插入钻孔中，应通过水槽或水池使水减速后流入钻孔中以免冲刷孔壁。应扶正吸泥机，防止触动孔壁。不宜使用过大的风压，不宜超过 1.5 ~ 1.6 倍钻孔中水柱压力。

④ 吊入钢筋骨架时应对准钻孔中心竖直插入，严防触及孔壁。

（五）在松软煤层钻进中造成的塌孔事故分析与处理方法

1. 松软煤层的特征与孔内常出现的问题

松软煤层的特性是结构强度低、瓦斯解吸速度快、含量高。在软煤层钻进中，含瓦斯煤体在钻头钻进扰动、清水或压力风对软煤层进行切割等多种工况共同作用下，软煤体极易发生坍塌形成松散堆积体，同时瓦斯迅速逸出聚集，并且向孔口低压区释放，因而钻孔中常伴随瓦斯突出、喷出等事故发生。

（1）孔内经常出现的问题

因瓦斯突出造成的坍塌、软煤层松散结构造成的坍塌、排渣介质射流高压切割作用引起的坍塌、钻具同转敲击震动引起的坍塌等问题，导致了软煤层钻进中埋钻事故频发，并且引发坍塌的距离较长，同时在起拔处理事故中钻磕拥挤孔壁易形成再次坍塌。

（2）喷孔和卡钻原因分析

松软煤层打钻遇到的问题是喷孔、塌孔、堵孔和长钻，严重的可诱发瓦斯突出。喷孔是一种小型的井喷，高压瓦斯气流向孔口喷出，承压瓦斯携带的煤粉直接冲向巷道对帮造成孔口烟尘弥漫，并伴随煤炮声和气流冲击声，有的几分钟停止，也有的可延续 20 多分钟，表现为脉冲形式，喷出的煤粉在孔口附近形成锥状堆积，喷出量可多达1t或更多，此时巷道瓦斯严重超限，必须停钻撤人，喷孔往往伴随着塌孔、堵孔和卡钻的出现，以致无法继续钻进，甚至由钻进变成事故处理。

松软煤层打钻喷孔可分成“煤体破碎→瓦斯聚积→瓦斯释放”三个阶段，各阶段又有多种状态发生：煤体破碎（钻进→切削煤→煤体粉碎）→瓦斯聚积（瓦斯迅速解吸→孔壁破裂→孔内堵塞→瓦斯梯度猛增）→瓦斯释放（突破堵塞→喷孔和卡钻）。喷孔和卡钻原因分析：钻孔喷孔应看作钻孔中出现的动力现象，这种现象的出现类似煤与瓦斯突出，主要是高压瓦斯、应力集中和软煤存在三个因素综合作用的结果。

当钻孔进入软煤分层时，钻头的切削旋转对软煤产生一种冲击和破碎力，这种力使煤体破裂、粉碎，破裂和粉碎了的煤体顿时产生瓦斯并迅速解吸。钻孔周边煤体快速的瓦斯解吸，使流入钻孔中的瓦斯增加到正常瓦斯涌出的几倍到几十倍，此时钻孔前方与后方出现了较大的瓦斯梯度，因而出现了明显的瓦斯激流，承压的瓦斯激流对破坏的煤颗粒起着边运送边粉化的作用，同时还继续向钻孔周边扩大影响范围。由于钻孔孔径小和钻孔出现堵孔，瓦斯激流和粉化了的煤颗粒难以顺利地向孔外排出，进一步增加了钻孔内外的瓦斯压力梯度，最后致使瓦斯涌出变成了爆发性的孔内瓦斯向孔口外流，形成喷孔。另一种喷孔是由于煤层中含水，钻头切削时的煤粉难以顺利排出，在钻孔的浅部（10～20m的范围内）出现堵孔。再有就是打钻风压和风量不够，排渣不力出现堵孔，堵孔造成迅速解吸的瓦斯无法排出，孔内的压力梯度达到某个极限时发生喷孔。

卡钻是与喷孔联系和同时发生的一种现象，喷孔时未能及时退出钻杆，破碎的煤体将钻杆和钻头箍紧或是孔内出现塌孔，堵孔时排渣不力，孔内积尘增多，此时仍然钻进使堵孔、塌孔的范围不断扩大，造成钻杆和钻头箍紧钻头无法进退。喷孔、塌孔、堵孔和卡钻是不同现象但又是相互联系的，卡钻是严重的打钻事故，往往可能会扭断钻杆、丢失钻头。在松软煤层中打深孔的基本技术实现，必须靠采取综合的办法来解决。

2. 松软煤层钻进的要求

首先，应在工艺控制上实行较低转速和较大扭矩的工况，在给进压力上控制钻进速度，降低钻具对煤层的扰动和过多煤渣对孔壁挤压形成的垮塌。其次，在确定排渣介质时选择对软煤层产生切割力小的介质，目前煤矿采用的介质大多是中压风0.65MPa左右，受风压排渣效果限制的影响，软煤层钻进的深度受到一定的限制。最后，软煤层钻进中要选择好钻具的级配关系。采用半螺旋叶片钻具，有利于实现螺旋携施和风力排磴的共同作用，减少煤磕对孔壁顶端形成的挤压作用而造成的垮塌。

钻具在受重力与切向力的作用下，始终保持着与钻孔底部岩层和钻磴接触，在钻孔下部沉积的钻植和原有煤层，受到钻具的松动或者是刮削作用。不同的钻具级配钻孔顶部形成不等的空间，在不同排晴介质的作用下，尤其是不稳定地层或软煤层顶部受到钻具冲击、钻磕挤压等多种外力作用，容易造成坍塌形成埋钻事故。

(1) 采用综合钻探工艺方法

稳固钻机、保证风压风量、钻孔排渣好，掌握给进压力和钻进速度，搞好钻孔设计，提高钻工技术素质。稳固钻机，钻机底部要垫木垫，在实底上要用立柱控制钻机位置，防止钻机在钻进过程中振动。钻机振动将会造成钻杆在钻进过程中摆动或闪动形成钻孔偏离中心，孔壁不平直、增加阻力削弱前进能力，并使孔壁受钻杆摆动影响而破坏，增加塌孔、堵孔的形成隐患。这是打钻前的重要环节。

保证风压风量、钻孔排渣好。做到不堵孔、减少喷孔、降低喷孔强度都靠排渣，排渣的好坏直接关系到钻孔的成败，排渣不好不仅造成堵孔、卡钻，而且会摩擦发热产生高温，严重时导致钻孔内起火带来安全隐患。

钻孔排渣好依托两个条件：打钻风压和打钻风量。根据测定，风压必须在3.4MPa，风量必须达到 2 ~ 3m³/min。当井下压风满足不了时，必须安装井下压风机来解决。在钻进过程中必须观察排渣情况，及时采取退钻措施。经实践形成“低压慢速，边进边退，掏空前进”的软煤打钻工艺思路，经工作面反复试验，证明这一工艺思路是正确的。

退多少根钻杆要根据排渣效果确定，严格禁止在排渣不顺的情况下强拔硬进，有时可以先停止进退送风排渣，使钻杆活动后再进或再退。不看排渣盲目钻进，出事故是不可避免的。

含水煤层孔内煤粉变成煤泥糊或煤泥团，单纯送风往往难以达到孔内通畅的效果，多退钻、反复退是完全必要的。此时绝不能强调钻进速度单纯要进尺，否则会事与愿违、欲速则不达。

(2) 掌握给进压力和钻进速度

钻机给进压力的极限是固定的，不同层段要掌握不同的给进压力。压力升高的原因有：换层；孔内出现堵孔；钻具损坏 (断钻头钻杆损坏也会致使压力突然变化)。当给进压力突然升高时必须采取果断措施：一种是停止钻进，进行压风排磴；另一种是撤钻退钻。钻进速度必须保持适当，软煤分层中钻进主要是降速，通过降速充分排渣减少沉磕，同时也起到降低给进压力的作用，所以软煤钻进速度要比硬煤慢。钻进速度和给进压力的掌控，需要针对不同钻机、不同煤层特征和排渣条件进行测试和总结。

(3) 搞好钻孔设计

钻孔设计不能简单化、一次完成。应把工作面设计分为布孔方案设计、钻孔分段设计、钻孔施工设计、提高钻工技术素质四个阶段进行。

①布孔方案设计。布孔方案设计是工作面瓦斯抽放设计的重要组成部分。根据煤层和巷道状况，按不留或少留空白带的要求对工作面全面布孔，明确布孔形式、钻孔密度、施工顺序。

②钻孔分段设计。根据工作面抽放方案设计的要求，结合不同地段的瓦斯地质和巷道条件进行逐段设计，通过分段设计优选钻孔施工参数实现抽放钻孔优化；分段设计前要调查该段地质构造煤层倾角、煤厚、巷道条件等。该阶段设计包括不同钻孔的方位角、倾角、孔深、孔径和开孔点距底板高度等。

③钻孔施工设计。主要是钻孔参数的调整，由于煤层产状和厚度不稳定，钻孔深处往往存在变化，因此必须通过施工钻孔及时判断钻孔前方的煤层赋存状况，对设计钻孔及时调整参数，钻孔基本就能达到设计深度。

④提高钻工技术素质。为实现“先抽后采”，在打钻过程中要特别重视提高打钻工人的技术素质，并从体制和机制上落实，使他们不仅会使用和维修钻机，还能掌握松软煤层打钻技术，规范操作并具备应变能力，这是当前充分发挥抽放设备资金投入的作用、提高打钻深度的关键环节。其主要效果是提高了打钻深度和单机月进尺，防止卡钻事故的发生。

3. 埋钻事故处理和注意事项

①钻具级配选择合理的组合，保证较大排渣量的顺利排出，防止较大的瓦斯突出造成钻场事故。

②控制钻进参数在正常范围内，当参数变化到非正常参数区间时不可盲目钻进，将孔内发生的问题控制在可处理的状况内。

③选择压力风和螺旋钻具钻进，控制钻进速度，保持顺畅的排渣速度和时间，改善钻旋在孔内造成的拥挤状态。

④缩短换接钻具的时间，保持钻具有良好的回转状态。

⑤避免孔内事故的形成，建立事故处理的应急方案。从起拔钻探工艺理论的角度来研究系统解决软煤层中完钻的问题和其他非平衡条件下的起拔钻进问题，有利于提高瓦斯地质条件下的钻进水平。

第三节 地质坑探施工安全

一、坑探施工危险因素

在地质勘查坑探工程施工作业活动过程中，人员杂、设备多，地上地下可能同时作业。影响生产安全的危险因素和复杂坑探工程施工危险主要来自作业期间可能发生的车辆伤害、机械伤害、坍塌、中毒、窒息、透水、爆炸、触电、火灾、冒顶片帮、噪声、粉尘、高处坠落、放射性等危险有害因素；以及高温、暴雨、洪水、雷击、地震等衍生的次生灾害事故伤害；其中，冒顶片帮、坍塌、中毒窒息、高处坠落、机械伤害危险程度最高，另外是触电伤害、车辆伤害、噪声、粉尘、爆炸、透水、火灾、物体打击及其他伤害事故。

槽探作业危险因素主要有探槽槽壁坍塌、探槽周围两侧物体（工具、土石块等）坠落打击，爆破开挖探槽爆炸伤害、挖掘机开挖探槽回转机械臂伤人等。

浅井工程作业危险因素主要有井壁土石坍塌、作业人员上下浅井坠落、装岩吊桶坠落伤人、井口土石及工具等坠落井伤人、浅井爆破爆炸伤人、一氧化碳中毒等。

坑道作业危险因素主要有巷道围岩冒顶片帮、坑道坍塌、巷道运输机械伤害、井巷通风不良造成一氧化碳或炮烟中毒、作业人员升降井巷或者在平台作业高处坠落、凿岩机械（工具）伤害、凿岩作业粉尘浓度超标、井巷供电与照明线路及用电设备漏电、井巷透水、巷道口受洪水威胁倒灌等。

爆破作业危险因素主要有易燃易爆物品爆炸、加工炸药包爆炸、处理盲炮时爆炸、爆破时碎石伤及周边作业人员等。

二、坑探施工安全管理

野外地质勘查坑探工程施工涉及坑探工程项目实施单位、承包单位和施工现场项目部，现场施工安全生产管理涉及面广、难度大，各方应当统筹合作，建立施工现场组织管理机构，明确各方安全生产责任制，制定施工现场安全生产管理制度及施工岗位安全操作规程，加强班组安全建设，切实加强坑探工程施工现场安全生产管理。

（一）坑探工程施工现场安全生产标准化建设

坑探工程施工作业应当实施安全生产标准化、野外地质勘查坑探工程施工作业安全生产标准化，应当重点在项目部人员标配组成、驻地标准化建设、生产场地规范化建设、现场安全生产管理制度及安全生产检查、宣传、培训活动标准化建设等方面开展。

1. 项目部人员标配组成

项目部经理是坑探工程施工的安全生产第一责任人，对项目部安全生产工作全面负责，承担现场施工安全生产主体责任；项目部安全副经理或者专职安全员，具体承担项目部现场施工安全生产工作；项目部总工程师或者技术负责，承担坑探工程现场施工技术工作和生产安全技术工作；其他岗位人员按照该坑探工程项目施工要求配备。

2. 项目部驻地标准化建设

项目部驻地生活区和办公区相对分开，电线路和电器用电规范，环境清洁卫生，安全和消防设施完善，驻地明显处悬挂项目部名称标志牌。

3. 生产场地规范化建设

坑探工程施工现场按照功能分区，作业场地与物料区、工具区、设备区相对分开，各区间和器具摆放整齐规范有序，施工现场临时用电符合相关规定要求，安全和消防设施齐全有效，周边道路畅通、地面整洁，施工现场安全标志标牌齐全，悬挂位置恰当、醒目。

4. 现场安全生产管理标准化

建立健全坑探工程施工现场安全生产管理制度和施工岗位安全操作规程，现场安全生产管理制度和项目部经理、技术负责、安全员名单在项目部办公区上墙明示，建立《安全生产日志》和《安全生产检查登记表》，项目部办公区和施工作业现场定期安放有针对性的安全生产宣传壁报，项目部办公区或者生活区阅览室配备相关安全生产图书和上级安全生产工作通知文件等，规范开展项目部安全生产例会、培训、检查、演练等活动，抓好班组安全建设工作。

5. 项目部安全生产台账记录标准化

项目部安全生产管理制度、安全生产工作计划总结、安全生产例会及培训等活动记录、安全生产日志、安全生产文件、安全生产考核奖惩、现场违章和异常情况记录、安全设施档案、现场安全生产检查及隐患整改记录、安全生产检查表、事故及安全分析记录、安全生产简报等台账齐全，分类合理存放，整洁美观。

(二) 坑探工程施工现场班组安全建设

班组安全建设是地质勘查单位安全生产标准化建设的重要组成部分，以优秀班组、优秀组长、优秀安全员、优秀岗位建设为抓手，以突出建立健全班组安全生产管理制度、落实班组安全生产责任制、完善班组岗位操作标准、强化班组现场安全生产管理、深化班组安全文化建设为重点，将野外地质勘查坑探工程施工安全生产工作落实到每一个班组、每一个岗位、每一道工序、每一个环节，使班组安全生产工作做到工作内容指标化、工作要求标准化、工作步骤程序化、工作考核制度化、工作管理系统化和现场管理规范化。

1. 设定班组安全生产目标

不发生人身未遂或轻伤及以上事故，不发生人员责任造成的设备异常及以上事故。

2. 班组安全建设工作内容

建立健全班组安全生产责任制，认真执行相关规定和岗位操作规程，落实班组作业安全生产技术措施计划，反违章作业和违章指挥，开展班组安全教育和安全技术培训，做好班组班前班后安全例会工作，做好劳动防护和安全工器具的管理，按照“三不放过”的原则分析查处不安全情况，建立健全班组安全生产管理台账和记录，做到安全文明生产。

3. 建立健全班组安全生产责任制

班组长是班组安全生产第一责任人，对本班组的安全生产工作负有全面责任；班组技术员要充分发挥在安全生产中的作用，把好安全生产技术关；班组安全员是班组长抓好安全生产工作的参谋助手；班组工人自觉参与、自觉堵塞安全生产工作漏洞，确保安全生产工作落到实处。

4. 班组安全教育

利用施工现场岗位培训、班前班后会、安全日活动、安全月活动、事故预想、反事故演习、安全检查多种形式，有针对性地开展坑探工程施工作业安全生产法规标准及本系统、本单位安全生产规章制度和坑探工程施工作业安全生产技术知识培训，采取先进典型现身说法、剖析事故案例、竞赛评比点评等多种形式开展班组安全培训教育。

5. 班前会和班后会

每天作业前开好班前会，查衣着、查安全用具、查精神状态，交任务、交安全、交技术，结合当班工作任务、工作特殊环境做好安全措施准备工作。下班后开班后会，评任务完成情况、评工作中安全情况、评安全措施执行情况，找出经验及教训。

6. 班组安全检查

班组开展经常性、规范性安全生产检查，及时发现和查明各种“险情”和“隐患”，并采取相应的措施加以有效地防范和整改。

7. 班组安全台账和记录

班组安全台账由班组安全员负责建立和管理，台账分类合理、内容翔实、记录及时、字迹工整、保管良好。班组安全台账内容包括：安全生产管理制度、安全活动记录、违章和异常情况记录、安全技术措施交底签字记录、安全检查及整改记录、操作票、工作票等。

三、坑探施工安全技术措施

针对坑探工程施工危险因素类别及其危险程度、坑探工程施工作业应采取科学、合理、有效的安全防护技术措施，消除其潜在危险源，降低事故发生概率，减少坑探作业人员在危险环境的暴露时间，降低事故造成的危害后果。

（一）坑探工程安全设计

地质勘查坑探工程设计应当按照国家相关要求编写安全专篇。编写坑探工程安全专篇应当详细掌握工程施工范围内断层、破碎带、滑坡、泥石流的性质和规模；最高洪水位、含水层（包括溶洞）和隔水层的性质等水文地质资料；小窑、老窿的分布范围、开采深度和积水情况；沼气、二氧化碳赋存情况，矿物自然发火倾向和煤尘爆炸性；对人体有害的矿物成分、含量及变化规律，工区至少1年的天然放射性本底数据；坑道内的热害情况；坑探工程、矿区布置图；生产、生活用水的水源和水质情况等。

坑探工程安全专篇由承担坑探工程项目施工并具有相应资质的地质勘查单位编写，由其上级技术管理部门或者同级安全生产监督管理部门进行审查，对危险性较小的槽探工程项目，可不对其进行安全专篇审查。

（二）坑探工程施工基本安全要求

① 坑探工程施工坚持安全第一、预防为主的方针，做好防冒顶片帮、坍塌、中毒窒息、高处坠落、机械伤害、触电伤害、车辆伤害、噪声、粉尘、爆炸、透水、火灾、物体打击等安全生产工作。

② 定期开展施工作业现场安全生产检查及粉尘、放射性和有害气体检测工作。

③ 坑探工程施工作业人员按照相关要求配备劳动安全防护用品，学会正确使用，并在进入槽、巷、井下工作面时穿戴齐全。

④ 在较陡的斜坡上进行槽探作业时，禁止分上下两层同时施工作业，并在施工作业前清除上部松动的石块、土方等。

⑤ 在进入老窿、洞穴和已停工较久的坑道内施工作业时，应采取通风等安全措施，防止中毒、窒息、崩塌、跌滑等事故发生。

⑥ 坑道开口应及时支护或砌筑挡土墙，坑口设休息工棚，配备地质救生箱和应急医药箱。

（三）槽探作业安全技术

① 探槽最高一壁不得超过3m，槽底宽一般不小于0.6m，两壁坡度视土质和探槽深浅而定，一般为60°~80°，在潮湿松软土层坡度不应大于55°。

② 探槽壁要保持平整，松动岩石、土块等应及时清除，探槽周边0.5m以内不得堆放土石和工具。

③ 在松软易坍塌地层中挖掘探槽，槽壁要及时进行支护。

④ 探槽内有 2 人以上施工作业时，要保持 3m 以上的安全距离。

⑤ 采用爆破法开挖探槽时，应控制装药量和土块、岩石抛掷距离，并严格遵守露天爆破安全规定。

⑥ 使用人工开挖探槽时，禁止采用挖空槽壁底部自然塌落方法；使用机械开挖探槽时，探槽两壁坡度应当符合规范要求。

⑦ 在满足地质工作规范要求后，探槽应及时回填。

(四) 浅井工程安全技术

① 浅井深度不得超过 20m，净断面面积不得小于 0.8 ㎡，土质条件无坍塌地层，可用人力掘进小圆井，深度不超过 5m。

② 浅井井口段应当使用金属或木质井框背板支护，井身段据地层情况确定是否需要进行支护。

③ 在不稳固砂砾层、含水层掘进浅井时，应当采取止水、降低水位、加强支护等防止井壁砂土流失 (空帮) 安全技术措施。

④ 浅井提升设备应当有牢固可靠的制动装置和安全挂钩，吊桶装岩时井下应有安全护板，板厚 5 ~ 10cm，距离井底不得超过 3m。

⑤ 作业人员上下浅井应使用安全梯并系安全带，禁止乘坐手摇吊桶 (筐) 上下浅井。

⑥ 在山坡掘进浅井时，应首先清除井口上方松动土 (石)；山坡上下均有井位时，应先开完下部井后再开挖上部井。

⑦ 拆除浅井支护应由下向上，边拆除边回填。

(五) 爆破作业安全技术

① 爆破前应该检查放炮工作面的工具、设备是否转移到安全地点，各炮孔装填是否符合安全要求，布置好警戒人员。

② 不得使用铁器或者其他金属制品填装炸药，填装炮泥长度不得小于孔深的 1/4，并将炮泥填至孔口。

③ 加工起爆药包应在装药前在爆破工作面附近的安全地点进行，其数量应不超过该次爆破的使用量。

④ 爆破工作应当至少由 2 人共同进行。

⑤ 工作面应采用一次点火起爆法。

⑥ 使用剩余的爆破材料应及时退库，不得移交下班或自存。

⑦ 放炮后的坑道内应当充分通风后才能进入工作面工作。

(六) 坑探工程通风与防尘

① 坑道作业面空气成分按体积计算，氧气不得低于20%，二氧化碳不得超过0.5%。凿岩时，工作面固体悬浮物应不大于150mg/L。

② 定期检测作业面温度、湿度、风速和粉尘浓度，以及井巷内有毒有害气体的浓度。

③ 工作面的风速不得低于0.15m/s。坑道通风风量：按井下放炮炸药量计算，每千克炸药每分钟供给的新鲜空气不得少于25m^3；按工作人数计算，每人每分钟供给的新鲜空气量不得小于4m^3；按坑道内作业内燃机计算，每马力每分钟供给的新鲜空气量不得小于3m^3。

④ 坑道通风风筒末端与工作面距离：压入式通风不超过10m，抽出式通风不超过5m，混合式通风不超过10m。

⑤ 坑道内使用内燃设备时应当安装净化装置，排放符合下列规定：一氧化碳小于氧化氮小于10mg/m^3，甲醛小于5mg/m^3，丙烯醛小于0.6mg/m^3。

⑥ 应当采取措施改善坑道内工作面温度，工作面温度不得超过27℃，相对湿度应当保持在50%～70%。

(七) 坑探工程供电与照明

① 井巷电气设备、线路设计、安装、维护、检修等应符合安全标准。

② 坑道内动力线、照明线及不同电压的电缆、电线应当分别吊挂在坑道两侧，两悬挂点间距应当不大于5m。电线路与风管、水管平行铺设时，电线路在上部，其相互间距应不小于0.3m。

③ 在坑道内禁止使用裸线供电，电线穿过道路交叉或施工场地时应穿入保护管内。

④ 坑道电气设备禁止接零，必须安装漏电保护装置。

⑤ 地面用电设备金属外壳应当保护接零或接地。在同一供电网中，禁止一部分采用保护接零，另一部分采用保护接地。

⑥ 坑道内照明电压应当不大于220V，经常移动的照明灯应当配有专用灯罩。

(八) 装岩、运输及提升

① 出渣前应当敲帮问顶，检查有无残炮、盲炮，检查爆破堆中有无残留的炸药和雷管；放炮后作业前应对作业点进行通风、喷洒、洗壁后方准作业。

② 作业地点、运输途中应当有良好照明，运输与提升应当同时安装声、光信号装置。

③ 人力推矿车时不准溜坡，拐弯应减速，严禁放手让矿车自行奔驶。

④ 运输用连接装置、保险链、提升钢丝绳等安全系数应当不小于 13，提升不得超过下列速度：升降人员 3m/s，用矿车升降物料 4m/s，用箕斗升降物料 6m/s。

⑤ 地面及各中段井口应当安设安全门，地面车场和井底车场应当安设阻车器，斜井井口、井下工作面附近应当安装阻挡器，竖井提升系统应当安装预防过卷装置。

⑥ 升降人员或物料的罐笼应当安装防坠器，升降人员的井口及卷扬机房应有每班上下井时间表、信号标志、每层罐笼内每次允许乘载人数、注意事项等告示牌。

⑦ 倾角小于 30° 、垂直深度超过 90m 的斜井和倾角大于 30° 、垂直深度超过 50m 的斜井，升降人员应当由专用车运送。

（九）坑探工程支护与排水

① 为保持坑道围岩的稳定性，应根据坑道用途和具体情况选择有效的支护方法。

② 支护工作应由熟悉支护安全技术措施和规定的人员担任，支护前应清理顶、帮浮石和松石。

③ 在破碎、松散或不稳固的岩层中掘进、应遵守“超前锚、短开挖、弱爆破、早支护、快封闭、勤测量”的原则。

④ 锚喷作业应穿戴好门罩、安全帽、胶质手套、防沙眼罩等劳动安全防护用品。

⑤ 井巷施工应根据大气降水、地表水、坑道涌水、疏干水、施工用水等排水特点做好排水工作。

第四章　煤炭地质勘查技术

第一节　煤炭地震勘探技术

一、地震勘探概况

地震技术在中国煤炭能源工业中应用，已有几十年的时间。早期的煤炭地震勘探主要用折射法、反射法联合寻找新煤田、煤产地，1958 年开始用二维地震反射技术配合钻探、测井对煤田进行普查、详查和精查综合勘探，目前折射地震已很少采用。1973 年采用地震反射多次覆盖技术，1978 年进行煤炭三维地震试验；1989 年在加强与国外合作和交流的基础上，煤炭三维地震投入工业化生产，形成钻探、测井、二维地震、三维地震精查综合勘探的新模式。进入 20 世纪 90 年代以来，煤炭地震勘探逐步从传统的煤炭资源勘查中的常规地震技术转到了直接为煤矿开采服务的方向。由于地质效果突出，各主要矿区加大了对地震勘探的投资力度，各物探单位又适时地引进了国外各类先进的主流地震仪装备、地震资料处理与解释软件，在引进、消化、吸收和创新应用的基础上，煤炭地震技术水平迅速提高，应用技术目前已达国际煤炭能源行业先进水平。现代的煤炭地震勘探技术主要为煤矿采前精细勘探和煤炭资源勘查服务，每年都有至少 500 个以上的地震勘探项目投入生产，其中煤矿采区勘探所占比重在 60% 左右。

煤炭地震勘查技术主要用于煤炭资源勘查和煤矿采区勘探。

煤炭资源勘探是煤炭工业建设的基础工作，其基本任务是为煤炭工业布局提供可靠的资源情况，为煤矿建设和远景规划、矿区总体发展规划、矿井初步设计提供依据，并为地质科学研究积累资料。根据中国煤田地质特点和煤炭工业基本建设程序相适应的原则，煤炭资源勘查划分为预查、普查、详查和勘探四个阶段。而煤炭地震勘探划分为五个阶段：概查、普查、详查、精查、采区勘探。前四个阶段与煤炭资源勘查阶段对应，第五个阶段即采区勘探是专为煤矿开采服务的。

在煤炭资源勘查中找煤（概查）工作是在区域地质调查基础上进行的，其主要任务是寻找煤炭资源，并对工区是否具有下一步工作价值作出评价。普查是在找煤的基础上或已知有勘查价值的地区进行，主要任务是对工作区有无开发价值作出评价，为煤炭工业的远景规划和下一阶段的勘查工作提供必要的资料。详查是在普查基础上，根据煤炭工业规划需要选择条件较好开发比较有利的地区进行，其主要任务是为矿区建设开发总体设计提供地质资料，其成果要保证矿区规模、井田划分不至于因地质情况而发生重大变化。精查一般在矿区开发总体设计的基础上进行，任务是为矿井初步设计提供地质资料，成果要满足选择井筒、水平运输巷道、总回风巷道的位置和划分初期采区的需要，保证井田境界和矿井设计能力不致因地质情况而发生重大变化。

二、高分辨率与高密度地震勘探技术

（一）地震分辨率和高密度问题

1. 面元大小与横向分辨率的关系

目前，地震勘探分辨率有不同的计算方法，被大家普遍接受、较容易理解的分辨率计算方法有两个：一个是 Rayleigh 分辨准则，另一个是调谐厚度分析方法。Rayleigh 分辨准则认为：两个相邻反射层只有在大于子波主频波长 1/4 时，才能被分辨。调谐厚度分析法是利用两相邻反射同相轴叠加振幅的变化特征分辨层间厚度，一般认为可分辨大于主频 1/8 波长的两个反射层，有人甚至认为通过反演，可以分辨大于主频 1/16 的两个反射层。无论采用 Rayleigh 分辨准则还是调谐厚度分析法，在大多数情况下，都涉及预期资料的信噪比和每种方法的允许范围。Rayleigh 分辨准则就调谐厚度分析方法而言并不复杂，对 S/N 变化的容忍度更强。

上面对地震分辨率的分析是在假设地震勘探为连续采样或充分采样的前提下进行的，而且仅考虑了纵向分辨率。实际上，地震勘探是空间不连续采样，而且要查明地下构造和岩性变化，不仅需要纵向分辨率，还需要横向分辨率。从分辨率角度来看，CMP 的大小主要从以下 3 个方面考虑。

① 目标体要有 2 ~ 3 个以上的采样点。

② 避免假频：$b < v_{rms} / (4 * F_{max*\sin\theta})$，小于可达到的横向分辨率（λ/2）。

③ 经验公式：$v_{int} / (2 * F_{dom})$，即保证在优势频率的波长内有两个采样点。

式中，b 为面元尺寸、v_{rms} 为均方根速度、F_{max} 为最高频率、θ 为地层倾角，v_{int} 为层速度、F_{dom} 为优势频率。

从 ① 中可以看出，空间采样越小，对地质体的分辨能力会越高，也就是横向分辨率会得到提高。因为在剖面上地质体是用离散的 CMP 道集来描述的，显然至少有 2 ~ 3 个 CMP 才能描述出构造的起伏变化情况，如果要精细描述则需要更多的 CMP 道。

将 ② 中公式变化后为 $F_{max} < v_{rms} / (4 * b * \sin\theta)$，说明随着空间采样间隔的缩小，其可以保护的最大频率就越高，因此有利于提高纵向分辨率。对存在倾角的地层或经偏移处理过的剖面，最大偏移无假频率将受到面元尺寸的影响，但是当计算出的最高偏移无假频率如果比目的层可获得最大有效信号频率还要高时，缩小空间采样间隔的意义就不大了。因此，面元大小应以不影响可获得的最大有效频率为准。

③ 式说明在采样间隔小的时候，能保证对更高优势频率的足够采样。在常规勘探中，我们只是重视了对有效信号的充分采样，而对面波及高频分量等视波长短的波存在采样不足的问题。

总之，在进行高密度地震勘探时，应针对探区具体情况科学详细地分析勘探区的地质条件、大地对地震信号的吸收衰减作用、可获得的最大有效信号频率、期望的最高频率、面元大小等关键参数，其选择必须切合实际。可获得的有效信号最高频率必须能够从地表传播到目的层，并返回到地面；面元大小应保证最陡目的层的最高频率能接近期望得到的最高频率。如果期望的最高频率过高，面元过小，费用将浪费在试图记录因衰减而根本得不到的高频上；相反，期望的最高频率过小，面元过大，来自倾斜界面的高频信号将出现假频，影响分辨率的提高。

2. 观测系统设计的要点

在进行高密度地震勘探时，观测系统设计是至关重要的环节。由于高密度地震勘探技术主要应用在煤炭资源开发方面，因此在高密度观测系统设计时，首先要保证设计观测系统有利于室内处理中噪声分析和噪声压制，提高地震资料的信噪比和分辨率；其次是消除因观测系统设计带来的非地下地质条件引起的采集脚印问题，使地震振幅、相位、速度等地球物理参数的变化能真实地反映出地下地质信息，提高地震资料的保真度；最后是在高密度观测系统设计时，强调对称均匀采样与波场空间连续性采样的理念。

(1) 基于噪声压制

由于高密度三维勘探面向小尺寸地质目标更加具体，在开展高密度三维时有较多的地质及地球物理资料，如井资料 (测井和钻井信息)、巷道实践、VSP、2D/3D 资料。通过对各种观测系统进行叠加响应、PSTM 响应分析与评价，选取的观测系统应当有最佳的噪声压制效果、对称和聚焦的 PSTM 响应。

(2) 减弱采集“脚印”

观测系统产生采集“脚印”的原因是，三维采集中炮线、接收线周期性滚动观测引起炮检距、方位角等属性周期性变化。这种三维属性的周期性变化引起面元在叠加时特性发生变化，从而导致反射波振幅、频率、相位等特征出现周期性变化。如果处理不当，在三维数据体时间切片上产生“采集脚印”，这势必会引起地震资料解释的误差。因此，在观测系统设计时应尽量减少采集“脚印”，提高地震资料的保真度。经过多年研究分析，表明观测系统影响“采集脚印”的主要因素包括：滚动接收线条数、纵横比以及炮线距与接收线距之间的差距。为了减少三维观测系统炮线距、方位角分布不均造成对地震信号特性（振幅、频率、频宽）的影响，应采用少滚动接收线的观测方式。

横向滚动距离越小，炮线距越小，由观测系统产生的“采集脚印”就越小。对称采样一般要求接收点距与激发点距、接收线距与炮线距相等，以便能在不同方向观测到的地震波是均匀的，避免采样不均匀带来对地震波波场特征不正确的认识。有时为了兼顾施工效率和成本效益，可能会采用不相等的接收线距与炮线距，但必须保证接收线距与炮线距符合以下范围。

$$\frac{2}{3}\leqslant\frac{SL}{RL}\leqslant\frac{3}{2}$$

并且只有在极少情况下，才允许超过以下范围。

$$0.5\leqslant\frac{SL}{RL}\leqslant2.0$$

而连续采样要求 Inline 和 Crossline 波长是连续的，即地震波在空间上是连续变化的，这就要求在观测系统类型设计时要注重观测系统在空间上的连续性。

（二）地震激发与接收

高精度采集主要目的是提高分辨率，因此在参数选取上，应该更加关注有效频带的拓宽，在选择药量时要考虑更宽的地震频带；激发井深也要适当，使药包顶部距潜水面的距离达到合适，获得较宽的频带。由于地表条件的变化，特别是野外采集的地震子波差异性非常大，尽管经过后续子波一致性处理的地震数据在一定程度上削弱了地表条件的影响，但同时对属性提取与煤层地质解释造成了不利因素。因此，高精度野外采集过程中必须采取有效的技术措施，保证野外采集的地震子波尽量在全工区具有最大化的一致性，以便处理和解释提供高保真的野外原始数据。

野外采集中应该在单炮的定性、定量分析（能量、信噪比、频率）等常规分析方法的基础上，通过对相同激发介质条件下不同药型、药量、激发深度和不同激发介质激发的试验单炮目的层附近进行地震子波分析，并根据工区煤炭勘探的需要在兼顾能量、频率和信噪比等因素的同时考虑全区子波一致性要求；通过激发参数的选取，最终实现区域地震子波最大化的一致性。在近地表条件变化较大时，还需要做低速带调查，据此设计井深。

1. 井深的选择

根据不同井深资料的分频扫描常常看到，在高频端的信噪比随着井深的增加而逐渐降低，而且表层岩性比较稳定基本上以胶泥为主。资料品质的差异基本可以排除岩性的因素，所以初步分析是虚反射原因，虚反射对地震资料频率有很强滤波效应。

理论上来讲，对两个相同的波在时间相差为 T/2 时，则振幅完全抵消。就虚反射而言，由于它存在先上行然后进行下行的过程，假设激发点到高速层顶界面的距离为 H_2，则虚反射与反射实际距离相差为 $2 \times H_2$。受虚反射界面的反射影响，虚反射与原反射波的相位相差 180° 。当 $0 < H_2 < \lambda/4$，虚反射与原反射随着井深的增加是相干加强的；当 $H_2 = \lambda/4$ 振幅达到最强，在 $\lambda/4 < H_2 < \lambda/2$ 区域内，振幅是逐渐减弱的；并且当 $H_2 = \lambda/2$ 时，叠加振幅则完全抵消，在此段选择井深，取得的效果势必与原期望值是相反的。所以最理想的激发深度是激发点位于高速层以下刚好 $\lambda/4$ 位置。

2. 药量的选择

关于药量与分辨率的关系是：随着药量的增大高低频能量都在增大，只不过低频能量增加比高频能量增加大，大药量的频谱和小药量的频谱形状不同。因此在高频端信噪比增加时，原来的非有效频带就会逐渐变成有效频带，进而会提高分辨率。但大药量视主频偏低，小药量视主频偏高，这是因为激发子波频率及频谱中的峰值频率 F_p 与药量的立方根成反比。

$$F_p = c\ Q\text{-}1\ /\ 3$$

众所周知，炸药在爆炸时能量转化成两个方面，一方面即人们所期望的弹性波，而另一方面能量则在产生爆炸圈时损失掉，并且在爆炸圈产生的同时也伴随着噪声，即相干噪声。

关于爆炸所产生的能量与药量按指数关系可以用公式表达为：

$$A = c\ Q\ 1\ /\ 3$$

但当药量 Q 值增大到某个值以后，再增大 Q，其产生的能量 A 增加幅度很小，即 A 随 Q 的增大有一个极限值。

能量在地震记录上显示方式即为振幅的强弱，振幅随药量变化的曲线可分为三段：缓慢增大—第一拐点急剧增加—第二拐点缓慢增大。当振幅值达到第二个拐点进入缓慢增大阶段后，此时的相干噪声则会因为爆炸圈的增大而迅速增大，即当药量在该区域再增大的话，很可能就会因为相干噪声的影响导致资料信噪比的降低。

最佳药量应在振幅急剧增加段内选择，并且要避免药量选择过大，否则有可能因为相干噪声的加强而导致资料高频成分的损伤。

3. 接收参数选择

检波器野外组合时，因为各个检波器所产生的动校正问题对高频成分造成了一定影响，其信号在野外组合时按一道进行输出，忽略了由于检波器彼此之间存在的这种时差导致各个检波器动校正量之间的差异，而是强行进行叠加，这种做法无疑会降低资料的分辨率。

在检波器组合方式选择方面，高分辨率地震勘探适宜采用小组合基距的组合方式以减弱环境噪声和随机干扰，同时小组合对静校正与动校正的影响较小，也利于高频保护，提高分辨率。

4. 数字检波器

在地震地质条件较好的地区，要大力提倡使用数字检波器接收以提高地震资料的精度。地震检波器是野外数据采集过程中最为关键的采集前端装备，其性能及所采集的数据质量直接关系到地质效果而备受关注。当今，基于 MEMS 的数字传感器的发明，已经被视为陆地地震勘探技术的又一个重大进步。

从性能方面来看，数字检波器的优点是宽带线性振幅和相位响应，频率响应范围在 0 ~ 800Hz，这个性能使记录 10Hz 以下的频率成分不衰减，常规模拟检波器在 10Hz 以下的频率成分随频率降低而严重衰减。数字检波器具有大动态范围（> 105dB）和低畸变 0.003%（−91dB），而模拟检波器畸变达 0.03%（−71dB）。在实际情况下（包括强信号或噪声产生的畸变），MEMS 传感器的瞬时动态范围至少为 90dB，优于单只的常规检波器（不超过 70dB），但可以通过使用检波器组合来改善。这些在总和瞬时动态范围方面的差别解释了为什么 MEMS 数字检波器更适宜记录强噪声背景下的弱信号（近炮检距），而常规检波器（或甚至多于一串检波器）更适宜记录有弱噪声背景的深层弱反射信号（远炮检距道）。MEMS 数字检波器的振幅校准能力及不随时间温度变化的稳定性优于常规检波器。总体来说，MEMS 集成在电路板上的 1 分量（1C）和 3 分量（3C）数字检波器的性能好于连接到不同的检波器串上常规电子元件的各种性能。

从上面分析可知，使用单个的数字检波器相对常规检波器组合有许多施工和地球物理方面的优点。放置和定位比常规检波器串更加容易，恰好这与 3C 接收点更加有关。记录是各向同性的（没有方位依从组合滤波），信号的高频成分不被组内静校正量衰减（特别在横波采集中）。这些优点只在信号不被噪声干扰的理想情况下成立，例如在一只常规检波器就已足够的情况下。

常规检波器组合降低了接收点的环境噪声和相干噪声，极大地提高了其动态范围。比较单个检波器和 N 个检波器组合，不管是串联还是并联，动态范围提高了 $10\times\log(N)$ dB，同样环境噪声降低了 $\sqrt{N}$ 倍。

在野外，数字检波器不能进行组合，为了压制环境噪声、防止产生空间假频，应采用更密集的空间采样和足够的覆盖次数以降低环境噪声，并利于处理中对线性噪声的压制。因此，在用单个数字检波器记录时不能期待得到更好的单炮记录。其优点（频率成分、精确的振幅）只能显示在数据处理后的最终地震剖面上。

综上所述，数字检波器适用噪声较弱、信噪比较高的地区，而在信噪比较低的地区，宜采用模拟检波器、小面积组合，以压制环境噪声干扰，确保采集到的原始资料有一定的信噪比，保证室内资料处理时信噪分离的需要。

5. 地震观测系统

三维地震勘探对观测系统参数的要求大致包括：面元大小、最大炮检距、最小炮检距、纵横比、覆盖次数、接收线距、炮线距、观测方向、最大的最小炮检距、最小的最大炮检距以及观测系统类型（正交型、斜交型、砖墙型、锯齿型、面元细分型）等。观测系统参数的选择要依据工区不同的物性参数和地球物理模型进行论证，近年来，基于模型的观测系统设计技术在复杂勘探区域显得更为有效。在平原、丘陵区普遍采用宽方位角观测系统，采用的地震道普遍在千道左右。

在现代三维地震勘探中，由于野外炮点和检波点的不均匀布设导致空间采样不规则而产生噪声。这些噪声是人为造成的，直接影响到成像的效果，叫作“观测系统图痕迹”（Geometry Foot-prints）。为了减少成像中的痕迹，设计观测系统时应保证采样的均匀性。

（三）地震信号处理

野外地震记录包含地下构造和岩性的信息，但这些信息是叠加在干扰背景上的，而且被一些外界因素所扭曲，信息之间往往是互相交织的。地震信号处理就是对野外地震记录进行一些运算，从中提取有关的地质信息，为地质解释提供可靠资料。煤炭地震资料处理中的主要环节包括以下几种。

1. 观测系统

地震道由道头和数据两部分组成。道头用来存放描述地震道特征的数据，如野外文件号、记录道号、CMP 号、CMP 点的坐标、偏移距、炮点和检波点的坐标和高程等。观测系统就是赋予每个地震道正确的炮点坐标、检波点坐标，以及由此计算出的中心点坐标和面元序号，并将这些信息记录在地震道头上，以便于后续处理。现在国际通用的是利用野外提供的 SPS 文件，处理软件直接把 SPS 文件加到地震数据的道头里面从而进行后续处理。

2. 预处理

预处理是指地震数据处理前的准备工作，是地震数据处理中重要的基础工作，主要包括数据解编和道编辑。数据解编就是把野外的时序记录转化为处理中应用的道序记录。不同的处理软件都有相应的解编程序，把野外数据转化成自己内部的格式。在野外采集中，由于各种因素影响，可能存在大量强振幅野值、不正常工作道、不正常工作的炮、极性反转的道等，这些对后续的处理会产生很大影响，因此要把它们都编辑掉，这个过程就称为道编辑。道编辑是地震数据噪声压制的重要环节。

3. 静校正

地震道的静校正时差与地震道的时间无关，它是一个常数。一个地震道对应一个炮点和一个检波点，因此某一地震道的静校正量应该是炮点校正量和检波点静校正量之和。炮点和检波点的静校正量是炮点和检波点空间位置的函数，可以分为低频分量和高频分量。高频分量的静校正量称为短波长静校正量；低频分量的静校正量称为长波长静校正量。短波长静校正量使共中心点道集的同相轴能实现同相叠加，影响叠加效果；长波长静校正量对叠加效果的影响不是很明显，但容易产生构造假象影响低幅构造的勘探。一般来说，地表一致性剩余静校正主要解决短波长静校正问题，而长波长静校正问题主要通过野外静校正和折射波静校正来解决，长波长静校正问题危害更大，解决更困难。

现在资料处理过程中常用的为折射波静校正。由于低速层的速度低于下覆地层的速度，因此地震记录上能够记录到来自高速层的折射波。一般情况下，折射波先于地下反射到达地表，通过拾取折射波的初至时间，从中提取低速层的速度和厚度等信息，利用这些信息所进行的静校正，通常称为折射波初至静校正。

层析反演静校正是通过拾取地震波的初至，用地震波走时速度层析成像的方法反演出近地表速度模型，然后根据模型计算静校正量的静校正技术。层析反演静校正的研究对象是与表层结构有着密切联系的初至波，这里的初至波是广义的，包括直达波、回折波、折射波，以及几种波组合后首先到达地表的波。由于直达波主要体现了均匀介质模型，回折波主要体现连续介质模型，而折射波主要体现层状介质模型，因此初至波在近地表地层的传播过程中包含了丰富的信息。通过三者的组合以及层析法对横向变化的适应性，使该方法能够适应任意表层模型的反问题。

4. 反褶积

在反射波法地震勘探中，由震源产生的尖脉冲经过大地滤波作用后会变成具有一定延续时间的地震子波，降低了地震资料的分辨率，在地震资料处理中要把地震子波压缩为一个反映反射系数的窄脉冲，这个过程叫作反褶积。通过反褶积可以有效拓宽地震信号的频带，提高地震记录的分辨率。

5. 速度分析

地震波在地下岩层介质中的传播速度是地震资料处理和解释中非常重要的参

数。通过速度分析，可以得到准确的速度参数，提高动校正、水平叠加、偏移成像的精度。在地震资料处理过程中，要比较精确地求得速度，首先要进行速度扫描，求得初始速度；其次利用求得的速度作为初始的迭代速度，通过速度谱分析求得较准确的速度；最后利用求得的速度作剩余静校正，用速度谱进行速度分析、多次迭代，求得准确的叠加速度。

当地震数据的偏移距较小，反射波的埋藏深度较大时，常规的速度分析可以保证动校正的精度，但当偏移距大到一定程度时，就会产生不可忽略的误差，表现为动校正过量或中间下弯。在这种情况下，发展了一种高阶速度分析技术，就是把动校正的公式由常规的二阶提高到四阶，可以很好地解决大偏移距的弯曲和畸变问题，提高了速度分析的精度。

6. 叠加

叠加就是将不同接收点接收到地下同一反射点不同激发点的地震道经动校正叠加起来，这种方法能提高信噪比，改善地震记录的质量。主要方法有水平叠加、保持振幅叠加、DMO 叠加。一方面，水平叠加是建立在水平层状介质模型之上的，当地层具有倾角时 CMP 道集数据不对应地下界面同一反射点上的信息，动校正叠加后也不能形成真正的零炮检距记录；另一方面，当一个地震记录上同时接收到倾角不同两个界面的反射信息时，由于动校正速度与倾角有关，而我们又只能选择一个速度，因此某个倾角的反射信息必然受到压制。为了克服水平叠加存在的问题，改善水平叠加的效果，发展了倾角时差校正（DMO）技术。DMO 技术是把动校正之后的数据先偏移到零炮检距位置上，然后叠加。

7. 偏移

地震偏移是一个反演过程，它将地震反射波和绕射波归位到产生它（们）的地下真实位置上，并恢复其波形和振幅特征。20 世纪 80 年代初以前，地震偏移成像基本上是在叠后完成的。当地下构造复杂、横向速度变化剧烈时，叠后偏移已不能使地下构造正确成像，即使采用倾角时差校正（DMO，也称叠前部分时间偏移）也难以得到真正零炮检距剖面。而叠前偏移不受水平层状介质、自激自收的零炮检距剖面等假设限制，比叠后偏移技术更适应实际资料的复杂情况，所以只有叠前偏移技术才能更好地适应复杂构造成像。

叠前偏移处理技术利用叠前道集，使用均方根速度场将各个地震数据道偏移到真实的反射点位置，形成共反射点道集并进行叠加，提高了偏移成像精度。叠前时间偏移方法自身迭代过程也使最终得到的速度场精度比叠后时间偏移方法高，从而有利于提高构造解释成图精度。

（四）精细构造解释

在地震资料解释过程中要提高构造的落实程度，先要对该区的断裂系统有一个正确的认识，并用地质观点指导地震资料解释。地震资料的精细构造解释，不仅依赖于高分辨率、高密度、高精度三维地震数据，而且依赖于地震属性技术、相干体C3技术、谱分解技术、分频相干技术、地震层位曲率计算技术、裂缝预测技术和三维可视化技术，为煤矿三维地震资料解释提供了快捷准确的解释手段。

三维地震属性是指把三维地震数据进行适当的数学变换，使其能够突出感兴趣的属性的地质现象。目前，在地震数据中提取的属性有上百种，通常应用的属性也有五十多种。在煤矿三维地震勘探精细构造解释中常用的属性包括方差、相干、三瞬属性、倾角属性、方位角属性、断棱属性、走向属性、落差属性等。

在煤矿三维地震精细构造解释中发展应用的另一技术是三维可视化技术。三维可视化可以将构造解释的成果及测井、地表、断层等地学信息集中在一个三维环境中显示，具有立体雕刻、动画显示等可视化功能，可以更好地观察数据、揭示隐伏地质特征和验证解释结果。

三、高精细勘探技术在煤炭地质勘探中的应用

（一）优化高精细地震勘探技术的应用效率

第一，随着我国社会经济体系的不断健全，我国的地震勘探技术方案不断得到优化，其技术水平不断得到提升，精细化地震勘探技术体系逐渐健全，大大推动了我国煤炭地震勘探工作的开展，特别是三维地震勘探技术的发展及推广，有效提升了地震勘探的精确性，大大提升了煤矿企业的工作效益。在煤炭企业的工作过程中，通过对高精细地震勘探技术的应用，可以有效提升工作的分辨率。地震数据的频率状况深刻影响着横向及纵向分辨率，分辨率情况随着频率的变化而不断地变化，这影响到地震采集观测系统的发展状况。在煤炭工程中，通过对高精细地震勘探技术的应用确保煤矿所在区域图像的清晰化，有利于管理人员进行决策。在煤炭生产过程中，高精细地震勘探技术具备高密度接受性，能够使煤矿工人的信息获取效率提升。在传统的地震勘探技术应用中，受技术及设备的影响，地震信息不能实现有效的推送，导致人们难以进行地震信息的有效识别，从而不利于煤炭企业工作的政策开展。为了提升煤炭工程的生产效率及安全性，需要实现高精细地震勘探技术的优化。

第二，高精细地震勘探技术具备良好的信息接收性，既有利于提升地震勘探数

据采集的能力还有利于提升工作人员的工作效率。通过对高精细地震勘探技术的应用，可以提升地震信息的小网格采集效率，有利于提升其横向分辨率。在小网格的采集过程中，通过对面元尺寸的把握可以满足日常工作的诸多要求。在实践工作中，企业需要针对工作要求进行网格尺寸大小的控制，避免出现信息接收不到位的情况。在进行 CDP 网格的确定过程中，需要针对煤炭区域的地质状况、工作状况等进行频率问题的分析，保证其分辨率的有效提升，满足煤炭企业的工作要求。在三维地震勘探过程中，要优化 CDP 的选择方案，进行三维解释方法的应用，提升对地震信息的识别效益。通过对计算机技术及多道地震仪器的应用，可以实现小网格的高密度采集，满足了实际工作的诸多要求，提升了三维地震勘探的工作效益。通过对小网格的应用，可以确保地震勘探数据采集密度的提升，获得比较丰富的地震信息，有利于提升地震材料的横向分辨率。在一个地质目标的工作过程中，如果道数太小，就不可能实现对目标的精确分辨及识别，因此需要保证一定数量的道数，否则较小的网格不会提供较多的工作信息。如果面元尺寸不能与横向分辨率相协调，也不会得到较多的工作信息。如果使用的面元过大，可能就会出现漏掉工作信息的情况，导致工作上一系列问题的出现。在实践工作中，分辨率的损失是客观存在的，需要辩证对待。

（二）提升高精细地震勘探技术的应用质量

第一，在煤炭企业的工作过程中，通过对高精细地震勘探技术的应用，可以有效提升地震信息的应用质量。目前来说，我国的信息采集体系依旧是不健全的，煤炭企业虽然开展了一系列的信息采集优化措施，但是未能取得较为有效的成果。提升信息的采集效率，不能以降低剖面分辨率为代价，因此采取高精细地震勘探技术能够满足企业对于地震信息的高保真、高质量的要求，避免对地质结构造成较大的破坏；还能够满足煤炭企业的开采工作要求，提升所在区域的抗压能力，保证地震信息的采集质量，提升煤炭企业的工作效益。高精细地震勘探技术具备高质量、高保真性，能够为工作人员提供有效的信息，有利于煤炭企业地震工作的良好开展。通过对高精细地震勘探技术的应用，可以提升煤炭工作的整体效益，满足三维地震勘探工作的诸多要求。随着我国社会的发展，国家对于煤炭的需求量不断增加，这大大提升了煤炭地震勘探工作量，为了解决煤矿企业的工作难题，必须进行高精细地震勘探技术方案的优化。

第二，三维地震勘探技术具备较高的工作效益，其内部含有诸多地质信息。如 DMO 叠加剖面具备良好的分辨率，能够进行地震特征的良好反映，能够应对向斜、断块等状况的识别，为人们提供更加清晰化的地质信息。三维地震勘探技术实现了对传统地震勘探技术的更替，在复杂多变的地质状态下能够进行地震道、地震波等变化的有效显示，避免出现一系列的偏移情况，确保人们进行准确性地震信息的获取。三维地震勘探技术的应用，可以提升地震数据信息的利用效率，大大提升地震勘探的综合工作效益。在煤炭企业的工作过程中，高精细地震勘探方案，满足了高密度空间采样和地震信息工作的诸多要求，有利于煤炭企业的健康可持续发展。在单点地震勘探应用中，室内组合处理技术，可以保证煤炭企业获得更为准确的地震数据信息，这种技术能够进行干扰波的有效压制，避免地震数据信息受到一系列的干扰，有利于提升地震信息的综合效益实现了低信噪比地区的噪声压制，有利于提升地震工作的应用效益。单点地震勘探技术，可以有效获得所处区域的地质构造状况，大大提升了地震勘探精度，有利于提升资料信息的分辨率，也有利于煤炭企业的健康可持续发展。

在煤炭生产工作中，高精细地震勘探技术扮演着核心的工作角色，为煤炭企业的健康可持续发展提供了良好的技术基础，有利于提升煤炭企业的工作效益及长远发展。为了适应社会不断发展的需要，进行煤炭高精细地震勘探方案的优化是必要的。

第二节　煤层气勘查与开发技术

一、煤层气地质评价

煤层气综合地质评价是分阶段的，包括区域预评价、勘探阶段地质评价和开发阶段评价等。由于不同阶段评价所依据的资料可靠程度和详细程度不同，所以造成评价的具体内容和结果也有所差别。

(一) 评价的主要内容

煤层气综合地质评价涉及煤层气地质学的所有内容，必须对控制煤层气赋存的地质因素和储层进行系统的描述。煤层气可开发性最为关键的控制因素有六个：① 沉积体系和煤层空间展布；② 煤级；③ 含气量；④ 渗透率；⑤ 地下水动力条件；⑥ 构造背景。这 6 个因素的相互作用和匹配决定了煤层气的可开发性。

1. 地质背景

通过已有的生产、科研资料和初步的野外、室内工作，了解煤层气赋存的区域和局部地质背景，是煤层气综合地质评价的基础工作，主要包括以下几个方面内容。

(1) 层序地层学研究

层序地层学研究是通过地质、测井和地震资料对含煤岩系的地层层序、沉积环境进行详细研究，识别和划分出层序、副层序和体系域。层序地层学研究的目的是提供精细煤岩层对比，查明煤层形成的控制因素和时空展布规律。

(2) 构造地质学研究

构造作用控制沉积环境、局部气候和生物的分区，因此直接或间接地控制着煤层气的形成与聚集，是煤层气赋存和产出的主控因素。其研究主要包括地层的产状，断层的性质、位置、大小、产状、封闭性和形成时期，褶皱形态、产状和形成时期，裂缝系统，如节理、割理等的特征，煤体结构类型及其空间展布规律。现代构造应力场的方向和大小与煤层气储层的关系密切，如果现代构造应力场最大主应力方向与裂隙的走向一致，则该方向的渗透率最高；如果垂直，则渗透率急剧降低。

(3) 水文地质研究

与常规油气开发不同的是，煤层气的开发必须首先排水降压，因此查明地下水的赋存状态和分布规律直接影响到煤层气开发的成功与否。水文地质学的研究包括含水层的分布与含水性、地下水的补给情况及其压力分布、水的矿化度及其水化学特征等。地下水的运移对煤层气的赋存存在两方面作用：一是水力运移造成煤层气逸散，最常见的是导水性断层的存在沟通了煤层与含水层，造成煤层气的散失，我国的太行山东麓、鲁西南等地区均存在此类情况；二是地下水的运移可以造成煤层气的富集与封堵，美国圣胡安盆地水果地组的高渗、高压带即属此类情况。

(4) 其他研究

如沉积演化史、埋藏史、构造演化史 (包括煤的热演化史) 与火成岩的影响等。

总之，区域地质背景研究是一项涉及多学科、多手段的综合性研究，旨在查明煤层气的生成、赋存、运移、产出的控制因素，从而优选出有前景的勘探区带。

2. 储层描述

储层描述是通过一系列参数对储层进行定性和定量描述，查明储层的空间展布特征，并通过储层模拟了解煤层气、水的运移、产出状态，为勘探开发提供依据。

(1) 煤的吸附、解吸特征

一般采用兰氏方程描述煤的吸附特征，通过吸附等温线和兰氏体积、兰氏压力、临界解吸压力、含气饱和度等参数对其进行描述。

(2) 孔隙特征

由孔隙度、孔隙体积压缩系数、孔隙结构等参数描述。

(3) 渗透率参数

渗透率是决定煤层气开发成功与否的关键参数，绝对渗透率、相对渗透率的空间变化规律是煤层气勘探开发必须获得的参数。这些参数可通过实验室测试、试井或储层模拟获得，但以试井获得的渗透率最为可靠。

(4) 储层压力和温度

储层压力和温度是控制煤层气运移和产出的重要参数，通常由试井获得。

(5) 储层数值模拟

储层数值模拟是运用煤层气储层模拟软件，模拟原始状态下气水在煤层内的运移和产出状态、全面了解储层性质和开发动态的一种技术，包括3个方面的内容：历史匹配、敏感性分析、产量预测。

(二) 地质评价的内容和原则

区域地质评价阶段是根据已有的生产、科研资料，对含煤盆地或含煤区进行煤层气开发潜力的初步评价，优选出有利的投资地区。

1. 区域地质评价的内容

资料收集与野外调研：对研究的含煤盆地或含煤区已有的实际资料进行全面收集，主要包括基础地质资料、煤资源量资料、气资源量资料和储层特性资料4个方面。野外调研包括露头及井下地质剖面的实际观测和取样。

室内资料整理和分析：从收集到的和实测的各方面资料中提取出有用的地质参数，建立符合研究区实际情况的预测评价模型，即各种评价参数的适用性、评价原则、评价标准等。

初步评价：根据已经建立的评价模型，进行全面的煤层气开发潜力评价，优选出煤层气勘探开发区的有利远景区。

前景勘探区的确定：通过各种图件（煤厚等值线图、含气量等值线图、煤级图、埋深图等）分析，从远景区中优选出有利区块，供进一步勘探。有利勘探区块的优选主要从以下几个方面入手：一是煤层气含量，确定富含煤层气的煤层及其厚度，由解吸实验确定煤层气含量及其分布规律，圈定煤层气风化带，确定可能的气藏范围并计算远景资源量；二是确定可渗透储层，根据煤中裂隙的描述、测井资料、构造曲率分析、构造应力分析等确定渗透性较好的储层；三是水文地质条件分析，查明煤岩层含水性、径流条件、煤岩层之间的水力联系，获取水文地质参数。在某些地区水文地质条件可能是控制煤层气开发的主要因素，因为地下水的运移不仅能导致煤层气的逸散，而且更重要的是导致煤层气的富集。

综合评价：确定可供勘探的有利区块和煤层，提出勘探井位。

2. 评价原则

煤层气区域地质评价应以高资源丰度、高渗透性为原则。具体有以下几个方面。

① 煤层厚度与含气量：煤层越厚，层数越多，含气量越高，越有利于煤层气的勘探开发。

② 裂隙发育情况：决定了渗透率的高低，发育完好的裂隙、割理系统预示着渗透性好，以原生结构煤与碎裂煤的渗透性最好。

③ 后期构造作用：后期构造作用越强烈，煤体结构破坏越严重，越不利于煤层气勘探开发。

（三）勘探阶段地质评价

在区域地质评价提供的远景区块布置探井，通过钻井测试作业得出更为可靠的储层参数。根据这些参数对探区进行勘探阶段的地质评价，进一步认识探区内煤层气的开发潜力，优选出最佳区块。勘探阶段通常要完成以下任务。

1. 取全目的层煤心。对煤心进行含气量、吸附等温线、镜质组反射率、工业分析、元素分析、孔隙度、渗透率、孔隙体积压缩率等测试。

2. 测井。至少应进行密度、伽马、电阻率、微电极、自然电位等测井，由此可精确识别煤层及其厚度、深度、密度、孔隙度、灰分产率等。

3. 试井。由此可获取试井渗透率和原地应力等参数。

通过以上获得的参数可对煤层气的开发潜力做出较为可靠的评价，同时，还可运用储层模拟软件对主要参数进行敏感性分析，确定影响煤层气产量的主控因素，指导下一步的勘探开发。

（四）初期开发试验阶段地质评价

与常规油气不同，经过上述两个阶段的评价，还不可能充分认识煤层气的开发潜力，必须进行正式开发前的小规模试验性开发，即初期开发试验。该阶段是在最有利区块内部进行小井网试验性开发作业，因此初期开发试验阶段的主要任务是通过长期连续的排采作业，建立气水产量与压力、时间关系剖面，形成井间干扰，了解储层的渗透性以及渗透率的各向异性；由储层模拟技术进行井距、完井方式的优化分析；经济分析。

随开发井的完成以及试生产，更多的、更全面的评价参数使我们对储层以及储层内流体的认识越来越深入。因此，初期开发试验阶段的地质评价已不再是区域评价阶段的有利区块选择和勘探阶段的储层精细描述，而是产能的预测。主要评价参数是煤层气井经过强化处理后获得的产出速率。产出速率的评价标准因受煤层气市场价格、工艺水平和生产成本的限制，不同国家、不同地区不尽相同。

二、煤层气钻井

(一) 确定井类

煤层气开发活动中使用了3种类型的钻井方式，即采空区钻井、水平钻井和垂直钻井。

采空区钻井是从采空区上方由地面钻入煤层采空区。采空区顶板因巷道支架前移而塌落，产生的裂缝使气体从井中排出。如果采空区附近还有煤层并和采空区相连通，则气体产出量增大。从采空区采出的气体因混有空气往往使热值降低。水平钻井有两种类型，一种是从煤矿巷道打的水平排气井，主要和煤矿瓦斯抽放有关；另一种是从地面先打直井再造斜，沿煤层水平钻进(排泄孔)，目的是替代垂直井的水力压裂强化。

如果煤层出现渗透率各向异性，打定向排泄孔可以获得较高产量。该方法适于煤厚大于1.5m的煤层，但成本较高。垂直钻井是目前用于煤层气开采的主要钻井类型，它直接从地面钻入未开采的煤储层。依据钻井目的不同可将其分为4种类型，即取心资料井、测试试验井、生产井和观测井。在新勘探区，为建立地质剖面、掌握煤层及围岩的地质资料、估算资源量，就必须布置取心资料井，采取岩心和煤心样进行化验分析，特别是煤层顶底板附近的岩心，应了解其力学性质及封闭性能，同时采集煤心样进行含气量、渗透率测定以及常规工业分析、煤岩分析等。煤心样对于了解煤层深度、厚度、吸附气体含量、吸附等温线的测定以及解吸时间的确定等至关重要。为了满足煤心含气量测试的要求，常常采用绳索半合式取心装置，以缩短取心和装罐时间，减少气体散失。

对于选定的试验区，要进一步了解围岩的地应力和煤层的渗透性，掌握煤层的延伸压力(岩石扩张裂隙的最小应力)、闭合压力(岩石的最小水平应力)和小型压裂压力，选择压裂方向，进行压裂设计，就需要有测试试验井。由于地应力测试是在裸眼井条件下进行，所以试验井的钻井必须保证井壁的稳定性，防止煤层有较大的扩径。为此，应采用平衡钻井工艺。

开采煤层气必须打生产井。生产井的主要问题是稳定产层，减少储层污染伤害。因此，在生产井钻进时应严格操作标准，采用平衡–欠平衡钻井工艺，使用低pH($pH = 5.5 \sim 7.5$)的非活性泥浆，或采用雾化空气钻进、地层水钻进，尽量减少对煤的基质和矿物成分的影响，确保煤层割理(或裂隙)系统的清洁、畅通。

在生产开发区，为获取储层参数、掌握煤层气井的生产动态，还需要设置观测井，这类井常采用平衡钻井工艺和稳定的裸眼完井技术。

煤层气井的井孔设计应尽可能相互兼顾，做到一井多用，以降低费用。

（二）钻井设计

在尽可能多地获得地层和储层参数并加以分析后，就可以进行钻井的设计工作。钻井设计很大程度上决定了所用钻井、完井、生产工艺类型以及所需的设备。

钻井设计应包括钻井地质设计、钻井工程设计、钻井施工进度设计和钻井成本预算设计四个部分。设计的基本原则有以下几个方面。

1. 钻井地质设计要明确提出设计依据、钻探目的、设计井深、目的层、完钻层位及原则、完井方法、取资料要求、井深质量、产层套管尺寸及强度要求、阻流环位置及固井水泥上返高度等。

2. 钻井地质设计要为钻井工程设计提供邻区、邻井资料，设计地层水、气及岩石物性，设计地层剖面、地层倾角及故障提示等资料。

3. 钻井工程设计必须以钻井地质设计为依据，有利于取全、取准各项地质工程资料；保护煤层，降低对煤层的损害；保证井身质量；为后期作业提供良好的井筒条件。

4. 钻井工程设计应根据钻井地质设计的钻井深度和施工中的最大负荷，合理选择钻机，所选钻机不得超过其最大负荷能力的 80%。

5. 钻井工程设计要根据钻井地质设计提供邻井、邻区试气压力资料，设计钻井液密度、水泥浆密度和套管程序。

6. 钻井工程设计必须提出安全措施和环境保护要求。

（三）钻井

由于煤层气储层特性的特殊性，使煤层气井的钻进过程必须突出两个目标：一是防止地层伤害；二是保障井孔安全。需要注意的问题应包括地层伤害、高渗透层段的钻井液漏失、高压气、水引起的井喷以及井筒稳定性。

1. 煤层气井的钻进方式

煤层气井的钻进方式一般有两种：普通回转钻进和冲击回转钻进。

钻进方式的选择，主要取决于煤层的最大埋深地层组合、地层压力和井壁稳定性。对于松软的冲积层和软岩层，可采用刮刀钻头；中硬和硬岩层则更适于用牙轮钻头。

浅煤层钻井，地层压力一般较低（小于或等于正常压力），宜选用冲击回转钻进，用清水、空气或雾化空气作循环介质。这一方法钻进效率高，使用非泥浆体系的欠平衡钻进工艺也减少了泥浆滤液对储层的伤害。当钻遇裂隙发育并产生大量水的地层使用冲击钻头时，以空气和流体混合交替方式钻进往往是最经济、最有效的方法，并且对井孔的损害最小。深煤层钻井，由于地层压力一般较高（大于正常压力），井壁稳定性较差，因此使用水基泥浆体系的普通回转钻进工艺以实现平衡压力的目的。当使用泥浆钻进时，应特别注意尽量降低对煤层井段的地层伤害，因为煤中裂隙一般都很发育，即使采用平衡钻进也会引起少量滤液进入煤层。

在某些超压区进行钻进时，为确保井壁稳定性和钻井安全问题常常使用微超平衡水基钻井液。

2. 煤层气井的钻井参数

在煤层段钻井应采用“三低钻井参数”，即低钻压、低转速、低排量。根据所钻煤层的特殊情况，一般选取钻压为 30 ~ 50kn，转速为 50 ~ 70r/min，泵排量为 15 ~ 20L/s。

在非煤层段钻井时，可根据实际情况增大钻压、转速和泵排量，快速钻进，提高机械转速，缩短钻井时间。可参照常规油气井确定的钻井参数进行钻进。

（四）取心

煤层气井的取心作业，往往是获得详细的地层描述和储层特性的最直接、最可靠的方法。煤层气储层评价中，许多重要的储层参数都来源于取心样品的分析、测定，如煤中割理、煤质、含气量、吸附等温线、解吸时间、孔隙度等。因此，取准、取全第一手资料是煤层气储层评价的关键。具体来讲，煤层气井的取心目的是为下述作业服务的：测定煤层气含量，测定煤的吸附等温线，割理、裂隙描述及方向测定。这些数据是预测储层条件下流体扩散、渗透趋向等所必需的，其中割理或裂隙方向是设计布井方向和射孔或割缝方向的重要依据。

为达到取心目的，煤层气井取心必须满足以下要求。

1. 高的煤心采取率：提供足够数量的煤心，满足各种测试要求和保证测试精度。

2. 短的气体散失时间：减少取心时间和出筒装罐时间，提高含气量测定的准确性。取心时间与取心方法和井深有关，取心后装罐时间一般应小于 15min。

3. 较大的煤心直径：通常以 7.6 ~ 10.2cm 较为适宜，以提高生产层评价质量。

4. 保持完好的原始结构：进行割理、裂隙描述与方向测定，反映储层的真实面目。

5. 降低煤心污染程度，提高数据质量。

三、煤层气测井

(一) 煤层气地层评价的测井资料

测井是指井中的一种特殊测量，这种测量作为井深的函数被记录下来，常常指作为井深函数的一种或多种物理特性的测量，然后从这些物理特性中推断出岩石特性，从而获得井下地质信息。但是，测井也并非仅限于岩石特性的测量，其他类型的测井实例尚有泥浆、水泥固结质量、套管侵蚀等等。

测井一般可分为借助电缆传输进入井内仪器获得信息的电缆测井和无电缆的测井，如泥浆测井 (钻井泥浆特性)、钻井时间测井 (钻头钻进速率) 等等，本节重点介绍电缆测井。在煤层气工业中，要评价煤层的产气潜力，首先应了解煤的储层特性和力学特性，这些特性的获得主要有三种途径：钻取煤心做室内测试、利用测井进行数据分析、进行试井。评价煤层特性的资料来源见表 4–1 和表 4–2。

表 4–1　评价储层特性的主要非测井资料来源

储层特征	资料来源	储层特征	资料来源
煤层厚度	取心试验	初始含水饱和度	试井
渗透率	试井	孔隙度	取心试验，用模拟程序做历史匹配取心试验
吸附气体含量	取心试验	灰分含量	取心试验
解吸等温线	取心试验	初始压力	试井
解吸时间	取心试验		

表 4–2　评价储层特性的测井资料来源

储层特征	裸眼井测井	下套管井测井
煤层识别	密度测井、伽马射线测井	中子 (脉冲或补偿) 测井
纯煤厚度	高分辨率密度测井	中子 (脉冲或补偿) 测井
工业分析	高分辨率密度测井、补偿中子测井、能谱密度测井、声波测井	无
渗透率 (定性评价)	双侧向测井、微电极测井、电阻率测井、自然电位测井	无
割理方向	地层显微扫描器	无
力学特性	体积密度测井、全波形声波测井	无

煤心、测井和试井数据的综合运用，可以增加数据可靠性，提高资源评价精度。

煤层厚度、煤质（工业分析）、吸附等温线、含气量和渗透率，对以储层模拟为基础的产量预测有重大影响。取自煤心的分析通常用来确定吸附等温线、含气量和煤质，测井数据用来确定煤层厚度，确定煤层渗透率的最可靠的方法则是通过试井作业的试验数据分析。这些方法通常被看作确定储层特性的基础或依据准则。但是，由于某些煤心和试井带来的误差，煤心测试程序缺乏标准化，特别是取心和试井费用昂贵，人们希望能有一种确定每个储层特性的替代方法来获得测定关键储层的特性，并校正那些不一致的或错误的试验数据。测井作业被认为是最具前途的一种手段。一旦用煤心数据标定测井记录数据，技术人员就可以单独利用测井记录数据精确估计补充井的储层特性。使用标定的测井方法可以比现行的地层评价方法降低约 16% 的费用，因此测井在煤层气工业中正发挥着越来越重要的作用。

（二）从测井资料获得的储层特性

测井资料的价值取决于井孔作业者的目的，而测井信息与其他来源的信息（如煤心、试井）相结合，可使技术人员逐步获得某一矿区所有钻井全部潜在目标煤层的关键储层特性，以达到最佳的产量决策，这比单独考虑测井、煤心或试井获得的储层特性更为可靠。再者，利用经过选择的煤心和试井数据来标定测井数据，可以建立起矿区特有的测井曲线解释模型，然后利用测井曲线模型获取以测井记录为基础的储层特性。这一方法显得尤为重要，因为我们可以根据每个钻井的测井记录和少数选定的“标准”井的煤心和试井数据，得出关键储层特性的综合估计。可以看出，随着开发深度的增加，测井记录和其他数据来源之间的关系更多地依赖于测井资料。

1. 含气量

含气量是指煤中实际储存的气体含量，通常以 m^3/t 来表示，它与实验室测得的吸附等温线确定的含气量不同之处在于煤的实际含气量通常包括三个分离的部分：逸散气、解吸气和残余气。实际含气量往往通过现场容器解吸试验测得，精确确定含气量需要采用保压岩心。

一种间接计算含气量可使用 Kim 方程的修正形式，这种方法是由 Kim 提出的计算烟煤含气量的经验方法，即

$$G_{daf}=0.75(1-\alpha-\omega_c)\left[k_o(0.095d)^{n_o}-0.14\left(\frac{1.8d}{100}+11\right)\right]$$

$$k_o=0.8\frac{x_{fc}}{x_{um}}+5.6$$

$$n_o=0.315-0.01\frac{x_{fc}}{x_{um}}$$

式中，G_{daf} 为干燥无灰基气体储集能力，以 cm^3/g 来表示；α 为灰分，以%来表示；ω_c 为水分，以%来表示，d 为样品深度，以 m 来表示；x_{fc} 为固定碳，以%来表示；x_{um} 为挥发分，以%来表示。

另一种间接计算含气量的方法是体积密度测井校正法。该方法是根据由岩心实测含气量和灰分的关系进行计算的，因为气体只吸附于煤体上，所以岩心中气体含量和灰分存在反比关系。从数学角度来看，岩心灰分产率与高分辨体积密度测井数据有关，因为灰分产率严重影响煤储层的密度。因此，若有了代表性原地含气量收集数据，就可由体积密度测井数据计算含气量。

由于煤心灰分与含气量有关，亦与密度测井数据有关，因此有可能根据高分辨整体密度测井资料精确估算含气量，并推断灰分产率为多少时预测的含气量可忽略不计。

用测井数据合理估计煤中含气量需要满足以下三个条件：由测井数据导出的等温线是正确的（包括水分、灰分和温度校正）、煤被气体饱和以及温度和压力可以准确估计。

2. 吸附等温线

如前所述，煤中气体主要储存于煤基质的微孔隙中，这与常规油气储层中观察到的孔隙截然不同。煤中孔隙更小，要使气体产出必须从基质中扩散出来，进入割理到达井筒。气体从孔隙中迁出的过程称为解吸，按照气体解吸特性描述煤的响应性曲线称为吸附等温线。吸附等温线是根据单位质量的煤样在储层温度下，储层压力变化与吸附或解吸气体体积关系的实验数据而绘制的曲线，压力逐渐增加的程序称为吸附等温线，压力逐渐降低的程序称为解吸等温线，在没有实验误差的条件下这两种等温线是相同的。

等温线用于储层模拟的输入量，采用两个常数组，即兰氏体积和压力。由于缺乏工业标准，许多已有的等温线数据出现不一致现象，而且在许多情况下不适合用于储层模拟。不同水分和温度条件会导致煤心测定的等温线有大的波动，煤层吸附气体的能力随水分含量的增加而降低，直至达到临界水分含量为止。温度对煤吸附气体能力的影响在许多文献中已有报道，温度增加会降低煤对气体的吸附能力。因此，强调用煤心测定等温线时必须将温度严格限定于储层温度下，避免因温度波动引起的数据误差。

测井数据能帮助解释用煤心确定的吸附等温线精度。现在已导出了用测井数据估计干燥基煤吸附等温线的一般关系式，采用兰氏方程中由固定碳与挥发分的比率导出兰氏常数，并按温度和水分加以校正。

3. 渗透率

试井是确定渗透率的最准确方法，但试井费用很高，若为多煤层则其成本更高，这一方法在处理多煤层、两相流和气体解吸时还易受推断的影响。自然电位、微电阻率和电阻率曲线的测井数据可用于估算煤层渗透率。

一种用测井数据确定裂隙渗透率变化的方法是由某研究团队提出的，更适用于常规储层裂隙。煤层渗透率取决于煤的裂隙系统，占煤体孔隙度的绝大部分。裂隙孔隙度是裂隙频率、裂隙分布和孔径大小的组合。因此，裂隙孔隙度直接与煤的绝对渗透率有关，是渗透率量级的决定性因素，也是控制煤层气产率、采收率、生产年限以及设计煤层气采收计划的主要因素。

双侧向测井（DLL）对裂隙系统的响应为渗透率的确定提供了依据。该技术是用来确定裂隙宽度的，它假定纵向裂隙和岩层电阻率比泥浆电阻率大得多，并可用下式表示：

$$\Delta c = 4 \times 10^{-4} \varepsilon c_m$$

式中：Δc 为浅侧向测井与深侧向测井的电导率差值($\Delta c =$ CLIS − CLLD)，以 mS/m 来表示；c_m 为侵入流体（泥浆）的电导率，以 S/m 来表示；ε 为开启裂隙宽度，以 μm 来表示。

模拟显示了 Δc 对于裂隙宽度为 ε 的单一裂隙与裂隙宽度为 ε 的多重裂隙组合是相同的。因此，式中 ε 也可用于表示多重裂隙的组合宽度。

模拟还揭示出这样一种现象，即它能应用于几乎垂直的裂隙（75°~90°），而这种裂隙在钻穿煤层的井孔中常见。用 DLL 确定煤层裂隙孔隙度指数可得出如下方程：

$$CLLD = VFRAC \cdot C_m \times 6.3 \times 10^{-4} + 0.48 + C_b$$

式中：CLLD 为深侧向测井电导率，以 mS/m 来表示；VFRAC 为裂隙宽度，以 μm 来表示；C_m 为泥浆电导率，以 S/m 来表示；C_b 为基质块电导率，以 mS/m 来表示。

该方法排除了在裂隙未扩展、无严重侵入或电阻性泥浆侵入情况下的判读误差。

受人关注的微电阻率装置（MGRD、MLL、MSFL 或 PROX，取决于电极排列）常使用 DLL 来记录，并用于映射煤层的裂隙孔隙度。微电阻率装置具有极好的薄层解译能力，与 VFRAC 亦存在线性关系，但应注意微电阻率装置可能受井孔粗糙度影响。

确定煤层渗透率变化的另一种方法是依靠微电极测井，微电极测井历来用于识别常规储层中的渗透性岩层。微电极测井仪是一种要求与井壁接触的极板式电阻率仪，它记录微电位电阻率（探测深度 10.2cm）和微梯度电阻率（探测深度 3.8cm），微电极测井的多种探测深度使这种设备可用作渗透率指示仪。随钻井泥浆侵入渗透性岩层，在入口前方形成泥饼，泥饼对浅探测微梯度电阻率影响比深探测微电位电阻率影响要大，这种泥饼效应引起两种电阻率测值的差异，进而表明渗透性岩层的存在。尽管微电极测井也常常作为煤层渗透率指标，但由于在不同钻井中泥浆特性有变化和泥浆侵入程度有变化，所以微电极测井的定量解释是困难的。

(三) 测井资料的计算机模拟

某些煤特性必须用测井资料通过计算机模拟得出，因为不同测井设备对煤的响应程度不同，且随煤特性不同有所变化。因此，很难利用各类测井仪器同时界定或识别某些煤特性。有了计算机这一技术，特殊煤特性可由测井响应加以推断而无须测定，例如当某种测井记录出现特定数据组时可能显示灰分存在。类似地，测井技术（不同测井系列）还可用于确定煤阶、识别常见矿物，如方解石常常沉积于煤的割理之中是一种重要矿物，可作为割理的指示矿物之一。含气量、煤阶、灰分产率、矿化带等和测井响应之间的关系可通过计算机模拟来实现。计算机模拟的第一阶段是利用测井响应推断煤岩成分、灰分百分比、灰成分、矿化物和煤阶。已建立的计算机模型中采用的煤岩组分是镜质组、类脂组和惰性组。将这些参数与附加的测井响应一起用于模拟的第二阶段，进行含气量和割理指数推断。含气量与灰分产率关系密切且与煤阶有关，割理的存在可通过识别方解石、煤阶、某种煤岩组分、灰分产率进行推断。近期证据表明，薄煤层或灰分层增加了割理存在的可能性，因此必要时可使用计算机增强高分辨的处理。

计算机模拟的第三阶段是融合含气量、割理指数推断产量指数。尽管预测每个煤层的绝对产率非常困难，但在同一井内预测每一煤层与其他煤层相比时的相对产量指数，对完井决策很有价值，具有最大潜力的煤层是完井的首选对象，而其余煤层可作为第二阶段的生产计划。

另外，计算机模拟还能提供一种称为自由水的曲线，这种曲线对预测初始水产率十分有用。为推迟水产量，可让相对无水的煤层首先生产。

计算机模拟的优点是可以观察到某种煤特性（一定区域内）与某种测井响应之间有良好的相关性，这为在减少所需测井设备数量的同时能最大限度地获得有价值的煤层信息奠定了基础，更为先进的测井程序仅用于那些与质量控制有关的关键井孔。

四、完井、固井与试井

(一) 完井目的

煤层和砂岩储层的最大区别是气体存储和产出机理不同。常规砂岩储层气体存储在孔隙空间，通过孔隙和孔隙喉道流入水力裂缝和井。煤储层大多数气体吸附在煤表面，为了采出这些气体，必须降低储层压力，使气体从煤基质中解吸、扩散进入煤层的割理系统，再通过煤层割理系统进入水力裂缝和井筒，因此煤层气井常常需要独特的完井技术和强化措施以便在井筒和储层间建立有效的联络通道，使煤层内部气体解吸并流向井筒以获取工业性产气量。煤层气井完井方法的选择、效果的好坏直接影响到煤层气的后期排采。

煤层气井的完井目的有以下几点。

1. 使井筒与煤中裂隙系统相连通。这种连通常用裸眼完井、套管射孔或割缝来实现，且往往要进行强化处理。

2. 为储层强化提供控制。在进行多煤层完井时，必须选择一种能够控制各单煤层强化作业的完井方法。

3. 降低钻井污染，提高产气量。钻井作业产生的钻井污染可导致近井地带气、水流动受到限制，为连通钻井与原始储层必须消除这种流动限制，通过消除或绕过污染可以克服钻井污染问题。

4. 防止井壁拥塌。封堵出水地层，保障煤层气井的采气作业和长期生产。

5. 降低成本。为确保煤层气井的经济开发，必须严格控制完井成本，使用相对低廉的完井方法。在设计完井工艺时必须选择那些不会限制多煤层产气量的套管尺寸。

（二）完井方法

煤层气井的完井方法由常规油气井的完井实践演化而来。尽管地层类型不同，但应用了许多相似的储层工程原理，有些常规技术可以直接利用，而有些技术则需改进以适应煤储层的独特性能。

煤层气井完井通常应考虑的储层因素包括以下几个方面。

1.储层强化过程中的高注入压力。这种高注入压力常常由煤层特性所造成，如井筒附近复杂裂缝网络的产生、可能堵塞裂缝段的煤粉生成、多孔弹性效应、裂缝尖端的滑脱等。

2. 煤粉的生成。煤粉流入井筒可导致井筒和地面设备严重受损或管道堵塞，水力压裂则有助于控制煤粉的产生。

3. 煤层裂隙系统必须与井筒有效连通，以便气体产出。

4. 采气前必须对煤层进行排水降压。许多情况下，煤的裂隙系统饱含大量的水，为使气体解吸并流动必须排水以降低储层压力。

5. 在最小井底压力下生产以使气体解吸量最大。

6. 对某一煤组选择单煤层完井还是多煤层完井。

7. 煤层通常遇到较低的弹性模量。

8. 时常遇到复杂的水力裂缝。

已用于煤层气井的完井方法可归纳为裸眼完井、套管完井、套管–裸眼完井三类。

(三) 试井

试井是煤层气储藏工程的主要手段之一，是煤层气井生产潜能和经济可行性评价的重要途径。通过试井可获得以下资料：储层压力、渗透率、井筒污染、井筒储集、孔隙度和压缩系数的积(储存系数)以及压裂井裂缝长度和裂缝导流能力估算等。其中，储层压力和渗透率是关键参数，前者影响到煤层气的吸附与解吸，后者影响到煤层气的运移和产出。

试井是以渗流理论为基础的一种技术。根据渗流理论可将储层内流体的渗流区分为三种流态：稳态、准稳态和非稳态。稳态是指储层内任一部位的流体压力不随时间和累计产量的变化而变化；准稳态是指储层内流体压力随时间和流体产量呈线性变化；非稳态是指流体压力随时间和产量呈非线性变化。显然，实际储层不可能出现稳态流，但稳态流奠定了线性渗流定律——达西定律的基础，所有试井分析都建立在这一基础之上。

五、煤层气生产技术

为适应煤储层的特殊性，常规的油气生产工艺必须经过较大改进，才能用于煤层气的开采。

(一) 煤层气生产的特点

1. 煤层气的地下运移

煤层气主要以吸附状态存在于煤基质的微孔隙中，其产出过程包括从煤基质孔隙的表面解吸、通过基质和微孔隙扩散到裂隙中、以达西流方式通过裂隙流向井筒运移三个阶段。上述过程发生的前提条件是煤储层压力必须低于气体的临界解吸压力。在煤层气生产中，该条件是通过排水降压来实现的。因此，在实际的煤层气生产井中气体是与水共同产出的，煤层流体的运移可分为单相流阶段、非饱和单相流阶段及两相流阶段。

2. 产气量的变化规律

煤层流体的运移规律决定了煤层气的生产特点。典型的煤层气生产井的气、水产量变化可分为以下三个阶段。

(1) 排水降压阶段：排水作业使井筒水柱压力下降，若这一压力低于临界解吸压力后继续排水，气饱和度和相对渗透率增高，产量开始增加；水相对渗透率相应下降，产量相应降低。在储层条件相同的情况下，这一阶段所需的时间取决于排水的速度。

(2) 稳定生产阶段：继续排水作业，煤层气处于最佳的解吸状态，气产量相对稳定而水产量下降，出现高峰产气期。产气量取决于含气量、储层压力和等温吸附的关系。产气速率受控于储层特性。产气量达到高峰的时间一般随着煤层渗透率的降低和井孔间距的增加而增加。

(3) 气产量下降阶段：随着煤内表面煤层气吸附量减少，排水作业继续进行，气和水产量都不断下降，直至产出少量的气和微量的水。这一阶段延续的时间较长，可达 10 年以上。

可见，煤层气生产的全过程都需要进行排水作业，这样不仅降低了储层压力，同时也降低了储层中水饱和度，增加了气体的相对渗透率，从而增加了解吸气体通过煤层裂隙系统向井筒运移的能力，有助于提高产气量。

气体自煤储层中的解吸量与煤储层压力有关。因此，为了最大限度地回收资源，增加煤层气产量，生产系统的设计应能保证在低压下产气。

(二) 煤层气生产工艺特点

煤层气生产主要包括排采、地表气水分离、气体输送前加压、生产水的处理与净化四个环节。

1. 生产布局

煤层气开发的生产布局与常规油气有较大差异。当煤层气开发选区确定以后，在钻井之前就应进行地面设施的系统设计与布局。在确定井径、地面设施与井筒的位置关系时，应综合考虑地质条件、储层特征、地形及环境条件等因素。一个煤层气采区包括生产井、气体集输管路、气水分离器、气体压缩器、气体脱水器、流体监测系统、水处理设施、公路、办公及生活设施等。该系统中各部分密切配合，才会使煤层气生产顺利进行。

2. 井筒结构

煤层气开发的成功始自井底，一般井筒应钻至最低产层之下以形成一个“口袋”，使得产出水在排出地面之前在此口袋内汇集。

煤层气生产井的结构是将油管置于套管之内，这种构型是由常规油气生产井演化而来的。这种设计还可使气、水在井筒中初步分离，从而减少地面气、水分离器的数量，并可降低井筒内流体的上返压力。一般情况下，产出水通过内径为 10mm 或 20mm 的油管泵送至地面，气体则自油管与套管的环形间隙产出。

除排水产气外，井筒的设计还应尽量降低固体物质（如煤屑、细砂等）的排出量。井底口袋可用于收集固体碎屑，使其进入水泵或地面设备的数量降至最低。在泵的入口处，可安装滤网减少进入生产系统中的碎屑物质。另外，在操作过程中缓慢改变井口压力，也有利于套管与油管环形间隙的清洁，降低碎屑物质的迁移。

六、煤层气勘探生产新技术与新方法

（一）多分支井技术

多分支井技术是20世纪90年代中后期在常规水平井和分支井的基础上发展起来的一项新的钻井技术，可以大大提高油藏的采收率，降低油藏开采综合成本，经济效益显著，应用前景广泛，是21世纪油气田开发的主体工艺技术之一。该技术吸收了石油领域的精确定位和穿针、定向控制与水平大位移延伸、多分支侧钻和欠平衡钻井等尖端技术成果，形成了一种兼具造穴、布缝和导流效果的煤层气开发应用技术，并通过在煤层中部署水平分支井眼，扩大井筒与煤层的接触面积，有效克服了储层压力和导流能力不足的缺陷，对低渗和低压储层增产效果显著。与常规直井技术相比，多分支井技术具有服务面积广、采收率高、投资回收快和综合成本低等优势。开发煤层气的多分支水平井与低渗透油藏的最大区别在于煤层多分支水平井要追求更长的水平位移和更多的分支数。

多分支井能够改善低渗透储层的流动状态，煤层段分支或水平井眼以张性和剪切变形形成的裂纹为主，并且钻采过程中煤层应力状态的变化导致原始闭合的裂纹重新开启，原始裂纹与应力变化产生的新裂纹形成网状结构，所以煤层气多分支井技术突破了原来直井点的范围局限，实现了广域面的效应，可以大范围沟通煤层裂隙系统，扩大煤层气降压范围，降低煤层水排出时的阻力，大幅提高煤层气的单井产量和采收率。煤层气单井产量可提高10～20倍，最终煤层气采收率可高达70%～80%。

1. 多分支水平井类型

多分支水平井按水平段几何形态可分为集束分支水平井、径向分支水平井、反向分支水平井、叠状分支水平井和羽状分支水平井。集束分支水平井是在一垂直井段钻多个辐射状分支井眼；径向分支水平井是在一垂直段钻出多个超短半径分支井眼；反向分支水平井，即一个分支井眼下倾，另一个分支井眼上倾，并且井眼方向相反；叠状分支井，用于开采两个不同产层或在一个低渗透阻挡层之上或之下开采油气；羽状分支水平井，即在一主水平段两侧钻出多个分支井眼。

2. 单煤组井身结构设计模型

在单个煤组厚度28m时采用此模型，当煤组中有夹矸时施工时井眼要同时穿过夹矸上下的煤层。

3. 多煤组井身结构设计模型

在煤组厚度均< 8m 时采用此模型，一般应以两个主要煤组为目标层。可在两个煤组同时钻多分支井以增加产量，弥补单组煤厚不足的缺陷。

(二) 影响煤层气多分支水平井产能的主控因素

多分支水平井能够大幅度提高煤层气单井产量，但其影响因素也较多，还要从分支水平井的产量函数入手分析。煤层水平方向的渗透率存在各向异性，对煤层气井的产能有较大影响。煤层气分支井产量模型也属于多目标函数，与煤层地质条件及分支井眼几何结构密切相关。根据煤层的物理特性，煤层气多分支水平井产能主要受以下与工程有关的因素控制。

1. 煤层厚度

煤层厚度对煤层气井的产量影响较大。煤层厚度增加，煤层气产量会有所增加，但薄煤层的气产量提高的幅度更大。

2. 分支水平井的井筒长度

根据产能模拟结果，分支水平井产量随井筒长度增加而增加。当水平段长度较短时，产量增加幅度较大；当分支水平段长度增长到一定程度，产量增加幅度并没有明显的变化，即并不是分支水平井长度越长越好，具体的长度需要合理优化。

3. 水平分支数

水平井筒长度一定时，增加水平井井筒数可以提高产量。当水平分支数较少时，产量随分支数增加其产量大幅增加。当井筒数增加到一定程度，产量的增加幅度逐渐减小。另外，随着分支数的大幅增加，钻井成本必然大幅增加。由此可见，并不是井筒数越多越好，也存在一个经济合理值。

4. 煤层的非均质性

煤层的非均质性因素包括煤层渗透率、深度、厚度、含气量及饱和度的区域性差异。煤层的各向异性对煤层气井的产能有一定影响，当井筒数减少时煤层非均质性的影响会更大。另外，煤层中的泥岩夹层和断层还是钻多分支水平井的最大障碍。

5. 水平段位置

水平段在煤层中的位置对水平井产能有一定影响，当井筒数较少时水平段位置对产能影响会更大。

6. 分支水平井眼的方向

根据水平井渗流机理，各向异性气藏中水平井筒与最大渗透率方向的夹角越大，水平井产能指数就越大，所以水平井眼应垂直于综合渗透率方向。

7. 面割理方向对产能的影响

裂缝方向对水平油井产能的影响主要取决于裂缝与水平井方向。对于面割理和端割理不明显的煤层，水平段的走向对水平井的开采效果和产能影响不大，但对于面割理渗透率远高于端割理的煤层来说，沿着高渗方向钻水平井是非常不利的，其结果导致水平井对面割理的钻遇率降低和井眼波及面积小，既不利于水平井产能的发挥，又降低了采收率。相反，沿低渗方向钻水平井有利于水平井最大限度地贯穿面割理，沟通更多渗透率较高的面割理，大大提高了水平井的波及程度和采收率。因此，单一水平井眼应垂直于面割理方向。

多分支水平井技术特别适合于开采低渗透储层的煤层气，与采用射孔完井和水力压裂增产的常规直井相比，具有不可替代的优越性。

多分支水平井技术的优点主要有以下几点。

(1) 增加有效供给范围

水平钻进400~600m是比较容易的，然而要压裂这么长的裂缝几乎是不可能的，而且造就一条较长支撑裂缝要求使用大型的压裂设备。多分支水平井在煤层中呈网状分布，将煤层分割成很多连续的狭长条带，从而大大增加煤层气的供给范围。

(2) 提高了导流能力

无论压裂的裂缝多长，流动的阻力都是相当大的，而水平井内流体的流动阻力相对于割理系统要小得多。分支井眼与煤层割理的相互交错，煤层割理与裂隙更畅通，提高了裂隙的导流能力。

(3) 减少了对煤层的损害

常规直井钻井完钻后要固井，固完井后还要进行水力压裂改造，每个环节都会对煤层造成不同程度的损害，而且煤层损害很难恢复。采用多分支水平井钻、井完、井方法，避免了固井和水力压裂作业，只要在钻井时设法降低钻井液对煤层的损害就能满足工程要求。

(4) 单井产量高，经济效益好

采用多分支水平井开发煤层气，单井成本比直井高，在一个相对较大的区块开发，单井可大大减少钻井数量，降低钻井工程、采气工程及地面集输与处理费用，从而降低综合成本。而且单井产量是常规直井的2~10倍，采出程度比常规直井平均高出近2倍，不但提高了经济效益，而且最为重要的是更充分地开发了煤层气资源。

(5) 具有广阔的应用前景

多分支水平井不仅可用于开发煤层气资源，还能应用于开发稠油或低渗透油藏、地下水资源。另外，还可以用于地下储油、储气工程。

第五章　非金属矿产地质勘查

第一节　非金属矿产种类

一、高岭土矿床

（一）高岭土矿床概述

1. 基本概况、化学组成和晶体结构

“高岭土（kaolin）”一词来源于中国江西景德镇高岭村产的、一种可以制瓷的白色黏土。在高岭土作为专门术语出现之前，中国历史上对高岭土还曾有“麻仓土”“东土”“御土”“明砂土”等称呼。其基本组成为“高岭石族”矿物，主要由高岭石、埃洛石组成，含量可达90%以上，另外还有水云母，常混有黄铁矿、褐铁矿、石英、玉髓等，有时还有少量的有机质。高岭土矿是高岭石亚族黏土矿物达到可利用含量的黏土或黏土岩。

高岭土的化学成分主要是SiO_2、Al_2O_3和H_2O，纯净的高岭土成分接近于高岭石或埃洛石的理论成分，受各种杂质的影响，高岭土往往含有害组分Fe_2O_3、TiO_2、CaO、MgO、K_2O、Na_2O、SO_3等。各个产地的高岭土的化学成分互有差异，有的甚至相差甚大，这取决于它们的母岩、形成环境，同时也反映了其矿物组成。有的高岭土中经常含有大量的石英，因而SiO_2的含量有时可高达70%以上。而云母和长石类矿物的混入，则可使K_2O和Na_2O的含量增加。一水硬铝石、一水软铝石和三水铝石的存在是Al_2O_3过量的主要原因。高岭土中的H_2O^+主要是黏土矿物中的结构水（羟基）。矿石中的有机质或炭质、硫化物中的硫与H_2O^+一起构成了化学分析中的烧失量。褐（针）铁矿、黄铁矿、白铁矿、磁铁矿、赤铁矿等杂质是Fe的主要来源。

高岭土类矿物属于1∶1型层状硅酸盐。在它们的晶体结构中，基本组成单元是硅氧四面体和铝氧（或铝氢氧）八面体，硅氧四面体层和铝氧八面体层公用硅氧四面体层的尖顶氧，组成了1∶1型的单位层。

2. 矿物性质、工艺性能、用途

(1) 矿物性质

高岭土的矿物成分由黏土矿物和非黏土矿物组成，前者主要包括高岭石、地开石、珍珠陶土、变高岭石（1.0nm 和 0.7nm 埃洛石）、水云母和蒙脱石；后者主要是石英、长石、云母等碎屑矿物和少量的重矿物及一些自生和次生的矿物，如磁铁矿、金红石、褐（针）铁矿、明矾石、三水铝石、一水硬铝石和一水软铝石等。高岭石亚类矿物常呈疏松鳞片状，致密细粒状和土状集合体。鳞片无色，块体多呈白色，但因含杂质而带不同色调。致密块体无光泽，具滑感。吸水性强，粘舌，润湿时具可塑性，土状者可用手捏成粉状。断口参差不齐或贝壳状，硬度近于 1。鳞片具挠性。

多水高岭石亚类矿物性质与前者类似，常呈块体产出，为带各种色调的白色，无光泽到蜡状光泽。致密块状的集合体可因干裂而呈带棱角的碎块。平坦贝壳状断口。性脆，具滑感。润湿时具高可塑性，吸水性很强，常常因此而在水中崩解成松散状。硬度 1 ~ 2，相对密度 2.0 ~ 2.2，折光率随层间水分子的减少而增大，平均在 1.507 ~ 1.550。

除上述一般矿物学描述特性外，高岭土类矿物还具备以下性质。

① 热学性质

高岭土类矿物在加热过程中，由于发生物理变化和化学变化而产生吸热或放热效应，同时还会失去水等物质而造成失重。

第一，差热分析。差热分析是利用参比物（也称中性体，通常利用热学性质稳定的 α-Al_2O_3）与具有热效应的物质在加热过程中产生的温差，通过温差电偶等记录差热曲线以达到鉴定、分析矿物的方法。

第二，热重分析。热重分析是指在一定的升温速度条件下，用热天平测定随着温度变化样品失重的方法。通过热重曲线，可以测定高岭土类矿物的层间吸附水和结构水的含量。

②X 射线衍射特征

X 射线的特征波长在 0.05 ~ 0.3nm，与晶体中原子之间的距离相当，因此 X 射线穿过晶体时会发生各种方向的衍射线。这些衍射线彼此又会发生干涉，造成有些方向的衍射线强度增强，有些方向的衍射线强度减弱，甚至强度变为零。通过德拜照相机将强度不同的衍射线同时记录下来，或者通过 X 射线衍射仪的计数管和电子装置将各个强度不同的衍射线按一定顺序记录下来。采用前面的方法便得到德拜图，采用后面的方法便得到 X 射线衍射图。由于不同晶体内离子种类不同，排列方式不同，形成各种方向的由离子结点组成的面网间距不同，因此最后形成衍射线的方向、数目、强度也不同。

③ 红外吸收特点

物质（包括矿物）在受到具有连续波长的红外光照射时，该物质的内部质点、基团和分子会因其固有的振动而吸收特定波长的光的能量。若将透过的光进行分光，使其按波长长短顺序排列，并测量在不同波长处的光的辐射强度，便可以得到以波长（μm）或波数（cm^{-1}）为横坐标、以透过百分率为纵坐标的红外吸收光谱图。不同的矿物和物质由于内部组成质点、基团和分子的种类不同以及它们相互键合的方式不同，而表现具有不同特征的红外光谱，即在谱带数目、位置、强度（透过率）等方面不同的红外光谱。因此，红外光谱也是重要的研究手段之一。

对于层状硅酸盐的红外光谱来说，引起红外吸收的振动主要是由于其内部组成单元的振动：羟基（包括层间水）、硅酸盐阴离子、八面体阳离子、层间阳离子。在层状硅酸盐的红外光谱图中，3400 ~ 3700cm^{-1}范围内的一些红外吸收振动是属于OH基团的伸缩振动；600 ~ 900cm^{-1}范围内的一些红外吸收振动，属于OH基团和八面体阳离子耦合的弯曲振动；1600cm^{-1}左右的红外吸收振动是水分子的弯曲振动；700 ~ 1200cm^{-1}的一些红外吸收振动主要是属于Si–O的伸缩振动；150 ~ 600cm^{-1}范围内的红外吸收振动是与Si–O的弯曲振动、八面体阳离子振动、层间阳离子振动、羟基的平动有关的振动。

④ 晶体形态特征

黏土矿物（包括高岭土类矿物）一般非常细小（< 2μm），一般光学显微镜难以观察，需要高分辨率的透射电子显微镜和扫描电子显微镜才能研究其晶体形态特征。透射电子显微镜是将穿透样品的电子束信息，通过反差光阑、电子透镜和荧光屏等，变成眼睛可以直接观察到的、放大很多倍的电子图像，这是一次电子成像。扫描电子显微镜是将入射电子束在样品表面上按一定时间、空间顺序逐点扫描，样品激发出的二次电子经收集极、闪烁体、视频放大器、显像管等变成可以观察到的，表面起伏立体感强的放大电子图像，这是二次电子成像。

此外，高岭石还见有球状、书册状、不规则片状晶形；多水高岭石还有纤维状、板状、棉花球状等晶形。多水高岭石的管状晶形反映了它们晶体结构的特点；多水高岭石亚类的晶体结构是由高岭石单位层与水分子层延c轴轮番堆叠而成。

⑤ 电子衍射性质

电子衍射方法是研究固体表面微区结构的一种重要手段。其基本原理是：将高速电子束射到靶极的样品上，样品对它产生衍射电子束，最后用荧光屏或照相装置记录衍射光斑点或光环。利用这种方法可以对颗粒细小的晶体做表面二维结构分析。

(2) 工艺性能

① 白度、粒度

第一，白度。白度分为自然白度和煅烧白度。自然白度是指105℃烘干后的白度，有机质、Fe、Ti、Mn的氧化物是影响白度的主要因素。煅烧白度是指经1300℃煅烧后的白度，Fe、Ti、Mn的氧化物是影响白度的主要因素。

白度由白度计测定，白度计是测量试样对457nm单色光反射率的装置。在白度计中，将测试样与MgO标准样的反射率进行对比，即白度值，白度90即相当于标准样反射率的90%。

第二，粒度。高岭土的粒度，包括矿物的自然粒度（原矿粒度）和工艺粒度（经加工成产品的细度）。自然粒度指天然高岭土在水中分散后，颗粒在给定的连续的不同粒级范围内各粒径所占的比例（以百分含量表示）。

通常高岭石粒度分布在2～0.25μm，埃洛石2～0.062μm，蒙脱石2～0.25μm和0.125～<0.062μm两级，水云母在各粒级都有分布。高岭土加工后的粒度组成对其可选性、分散性、可塑性、流变性、干燥性，以及胚体的密度、强度、乳浊度和烧结性等都有影响，一般细粒级（小于1μm）越多，可塑性越好，干燥收缩越大，强度高，烧结温度低。粒度分布特征对矿石可选性及工业应用（可塑性、黏结性、成型性）具有重要的意义。

② 可塑性和结合性

第一，可塑性。高岭土与水结合的泥料在外力作用下能够变形，外力除去后仍能保持这种变形的性质，即为可塑性。可塑性大小与高岭石族矿物的种类、形态、结晶度（有序度）、粒径、离子交换性等有关。按可塑性指数，高岭土及其泥料的可塑性分为4级：强塑性>15；中塑性7～15；弱塑性1～7；非塑性<1。

第二，结合性。指高岭土与非塑性原料结合形成可塑性泥团，并且具有一定干燥强度的性能。加入标准石英砂（0.15～0.25mm粒级占70%，0.15～0.09mm粒级占30%）以其仍能保持可塑性泥团时的最高含砂量及干燥后的抗折强度来判断其结合性的高低，参加的砂量越多，结合能力则越强。

③ 黏性、悬浮性和分散性

第一，黏性。是流体内部由于内摩擦力作用而阻碍其相对流动的一种特性，以黏度（作用于单位面积上的内摩擦力）表示大小，单位Pa·s（帕斯卡·秒）。

第二，悬浮性和分散性。指高岭土分散于水中难于沉淀的性能，与黏土矿物种类、含量有关，粒度越细，悬浮性及分散性越好。

④ 触变性

已稠化成凝胶状不再流动的泥浆受外力后变为流体，静止后又逐渐稠化成原状

(凝胶状) 的性质，用流出黏度计测定，用厚化系数表示。

⑤ 离子交换性、吸油率

高岭土吸附性能、离子交换性能比其他黏土弱，一般为 3 ~ 5mmol/100g；膨润土为 50mmol/100g。高岭土的离子交换能力与矿物的种类 (晶体结构) 及有序度有关。有序高岭石阳离子交换能力低，有机分子和杂质离子被吸附在粒子表面而不进入层间，经淘洗就易于提纯。有序度低的高岭石阳离子交换容量较高，因而含铁多、纯度低。埃洛石的阳离子交换能力比高岭石大得多，故由埃洛石组成的高岭土纯度较低。

吸油率——在规定条件下吸附精炼亚麻仁油的质量与试料质量之比。

⑥ 干燥性能

干燥性能包括干燥收缩、干燥强度、干燥灵敏度。

第一，干燥收缩。高岭土泥料在＜ 110℃下干燥脱水至恒重后，用长度和体积上变化的百分率表示，即用 Sid 或 Svd 表示。高岭土干燥线收缩一般在 3% ~ 10%(与细度、含水量、可塑性等有关)。

第二，干燥强度。泥料干燥到恒重后的抗折强度。

第三，干燥灵敏度。泥料制成坯体在干燥时，可能产生变形和开裂倾向的难易程度。灵敏度大，干燥过程中易变形和开裂，易形成缺陷。

⑦ 泥浆性能

用高岭土制成泥浆，要具有稳定性 (悬浮性)，即不易沉淀分离出任何组分，如长石、石英等。它与组成高岭土的黏土矿物种类、粒度、含阳离子的类型及分散度有关。粒度细，悬浮好，触变性越大。工艺上可通过增加可塑性黏土用量，提高原料细度来增大触变性；通过增加或提高稀释电解质和黏土的水分、相对密度、温度来降低触变性，以控制泥浆性能，适应工艺需要。

⑧ 烧结性

第一，烧结温度。成型的高岭土坯体，加热至接近其熔点 (＞ 1000℃) 时，物质能自发地充填粒间空隙而形成致密坚硬块体的性能。气孔率下降到最低值，密度达到最大值的状态，称为烧结状态，相应的温度称为烧结温度。从开始烧结到过烧膨胀之间的温度间隔，即烧结温度与软化温度的间隔，称烧结范围。

第二，烧成收缩。是指已干燥的高岭土坯料在烧成过程中，由于发生一系列物理化学变化，而导致制品收缩的性能。分为线收缩和体收缩两种。物理化学变化：脱水、分解、物相变化、易熔物熔化生成玻璃相充填于质点间的空隙，从而引起坯体收缩或膨胀。

⑨ 耐火性。指高岭土抵抗高温不熔化的能力，用耐火度表示。耐火度与其化学

成分有关：Al_2O_3 含量高，耐火度高；RO 含量高，耐火度低。高岭土的耐火度一般为 1700℃，属于一般耐火黏土。优质高岭土耐火度达 1800℃。

⑩ 其他性能

第一，可选性。指高岭土矿石经手选、机选及机械加工、化学处理，除去有害杂质，使质量能达到工业要求的难易性。

影响因素：有害杂质的矿物成分、粒度、赋存状态。其中，石英、长石、云母，含 Fe、Ti、Mn 矿物均为有害杂质。

第二，化学稳定性。高岭土耐酸不耐碱，用之合成分子筛。

第三，电绝缘性。优质土良好，利用这一性质可用之制作绝缘瓷。

(3) 用途

高岭土因具有分散性、可塑性、烧结性、离子交换性以及物化稳定性等许多优良的工艺性能，广泛用于造纸、陶瓷、橡胶、塑料、耐火材料、化工、农药、医药、纺织、石油、建材及国防等部门。随着工业技术的发展和科技迅速提高，陶瓷制品的种类越来越多，不仅与人们日常生活密切相关，而且在国防尖端技术的应用也很广泛，如电气、原子能、喷气式飞机、火箭、人造卫星、半导体、微波技术、集成电路、广播、电视及雷达等方面都需要陶瓷制品。

3. 矿石类型

高岭土的矿石类型可根据高岭土矿石的质地、可塑性和砂质的含量划分为硬质高岭土、软质高岭土和砂质高岭土三种类型。

硬质高岭土质硬，无可塑性，粉碎、细磨后具可塑性；软质高岭土质软，可塑性一般较强，砂质含量＜ 50%；砂质高岭土质松散，可塑性一般较弱，除砂后较强，砂质含量＞ 50%。

根据影响工业利用的有害杂质种类，冠“含”字（其含量允许小于 5%）划分亚类型。如含黄铁矿硬质高岭土、含有机质软质高岭土以及含褐铁矿砂质高岭土等。

（二）高岭土矿床地质

1. 高岭土的成因及影响因素

(1) 高岭土的成因

根据高岭土矿床地质特征所表现的成矿规律以及人工合成高岭土类矿物的成矿试验所显示的生成条件，认为高岭土类矿物是在较纯的 $Al_2O_3-SiO_2-H_2O$ 体系中，并于偏酸性水介质的环境下生成的。换言之，高岭土类矿物的形成主要决定于物质条件（$SiO_2-Al_2O_3-H_2O$）和偏酸性的水介质环境（$pH < 7$）。对于一定的体系来说，物质条件来源于两个途径：一条途径是含铝的硅酸盐物质（包括中酸性的火成岩、火

山岩、沉积岩、变质岩等）的水分解过程，另一条途径是含铝和硅的胶体水溶液的搬运过程。水介质偏酸性条件的获得也是通过两个过程：一个是腐烂的植物、动物的分解过程，获得有机酸；另一个是黄铁矿氧化溶解过程，或天然雨水溶解 CO_2 的过程，或热液本身的喷溢过程等获得无机酸。酸性水介质主要有两种作用：一种作用是加速溶解作用，将铝硅酸盐物质中的 Al、Si、Na、K、Ca、Mg 等组分溶解下来，并带走 Na^+、K^+、Ca^{2+}、Mg^{2+}；另一种作用是造成高岭土类矿物生成所必需的酸性环境，如果水介质为中性或偏碱性则生成其他层状硅酸盐，如蒙脱石、伊利石等。无机酸和有机酸的作用也不尽相同，例如在溶解过程中和一定 pH 范围内无机酸溶解 Si 的能力强于溶解 Al，而有机酸则相反。

高岭土类矿物通常认为有两种生成过程：一种生成过程是溶解的铝和硅胶体先生成水铝英石（它与高岭土类矿物组分相似，但属于无定形物质），然后进一步生成高岭土类矿物；另一种生成过程是其他矿物（如长石、黑云母、蒙脱石等）在一定水介质作用下转化成高岭土类矿物，这一过程似乎不经过水铝英石阶段。当然，高岭土类矿物的生成过程是非常复杂的，前面所述的过程是其中典型化的过程。

（2）影响高岭土生成的因素

① 温度

高岭土类矿物的生成温度在350℃以下。在这一温度范围内，温度的变化对于高岭土类矿物的生成影响不大，但对于高岭土类各矿物的形成以及高岭土类矿物的生成速度有一定影响。温度增高，容易生成地开石、珍珠石矿物，并加速高岭土类矿物的生成速度。在地表或近地表条件下，高岭土类矿物的生成温度以小于85℃为宜，在中、低温热液环境中则以50～300℃为宜。

② 压力

高岭土类矿物大多产于地表、近地表条件，个别埋藏较深。高岭土类矿物的生成压力为（1～20）$\times 10^5$Pa。较高的压力对高岭土矿层的固结程度有作用。如果压力超过这一范围，将生成少水或无水的其他矿物。

③ 母岩

高岭土的形成与母岩物质的成分、结构、构造关系密切。生成高岭土的母岩种类多种多样，主要有中酸性的火成岩（如白云母花岗岩、花岗闪长岩、白岗岩、花岗斑岩、伟晶岩、细晶岩、钠长岩、石英斑岩等）、中酸性的火山岩（流纹岩、英安岩、流纹质，英安质凝灰岩）、与中酸性火成岩成分类似的变质岩（花岗片麻岩、片岩、混合岩、糜棱岩）、部分沉积岩（长石砂岩）以及某些黏土岩。在这些岩石中，长石是生成高岭土的主要矿物，而含硫矿物（黄铁矿）则是生成某些类型高岭土的必要矿物。不同的母岩生成的高岭土质量不同，由浅色花岗岩生成的高岭土的质量较好，其中

Fe、Ti 有害元素含量较少。

母岩的结构、构造同样也影响高岭土的生成，一方面影响高岭土矿的生成速度和范围，粗粒结构、裂隙构造将加速高岭土矿的形成，并扩大其生成范围；另一方面也影响高岭土类中各矿物生成的种类，粗粒的、裂隙构造发育的伟晶岩、花岗岩生成的高岭土类矿物多以水合多水高岭石为主，而细粒的、具有致密构造的母岩（如石英斑岩）生成的高岭土常以结晶差的高岭石居多，并伴生有伊利石。

④ 地形

地形对于高岭土的形成以及富集成矿是一个重要的影响因素。一方面，地形要有利于水介质的流动造成开放体系的环境，有利于风化作用的进行使原岩中与高岭土生成无关的阳离子被淋滤掉；另一方面，地形要有利于 Al_2O_3-SiO_2-H_2O 体系的保存，不致使其破坏。因此，地形既要有所起伏，使地表水流与地下径流有一落差，也要使之有利于淋滤作用的进行；但地形又不能陡峻，以免 Al_2O_3-SiO_2-H_2O 体系流失。山间盆地、山前凹地、喀斯特溶洞、湖泊等地形地貌条件都是形成高岭土矿床的有利条件。

⑤ 气候和植被

雨量充沛湿热的热带和亚热带气候对于某些高岭土的形成是重要的条件。湿热气候既是造成高岭土生成所必需的 H_2O 的来源，又是造成植被繁盛的原因。而植被也是高岭土生成的有利条件，植被腐烂分解的有机酸易于造成高岭土生成所必需的酸性条件，同时植被也是保护 Al_2O_3-SiO_2-H_2O 体系不受破坏的天然屏障。所以在气候湿热、植被繁盛的我国南方以及埋藏大量植物的煤系地层中，广泛发育有高岭土矿床。

⑥ 围岩

围岩同样对高岭土的形成具有两种作用。坚硬的、耐风化的围岩稳定性对形成的 Al_2O_3-SiO_2-H_2O 体系具有良好的保护作用；而有时透水性比较好的围岩本身又利于发生地下水或热液的蚀变作用。

⑦ 构造

构造运动使岩石的节理、裂隙发育，使岩层发生褶皱、断裂。节理、裂隙的发育提供了地表水、地下水或热液的通道，有利于淋滤作用、蚀变作用、搬运作用的进行。断裂、褶皱作用造成有利成矿的地质条件和围岩条件，控制矿体的产状和规模。

2. 高岭土的主要成因类型及矿床地质特征

(1) 风化型高岭土矿床

形成这一类型矿床的主要地质作用是风化作用。这一类型又分为风化残积型和风化淋积型。残积型高岭土矿床是在发生风化作用的地方聚集形成的；而淋积型高岭土矿床是在风化作用过程中，由酸性水介质溶解围岩的铝硅酸盐矿物，大量的硅、铝组分随水介质迁移到适宜的成矿环境中沉淀、结晶而成。

①风化残积型

本类型高岭土矿床分布很广，主要分布在长江以南，特别是江西、湖南、湖北、广东、福建、浙江等省。形成风化残积型高岭土的原岩可以是各种铝硅酸盐岩石，尤其与中酸性火成岩或具有相应成分的变质岩关系密切。这些风化原岩中的长石、云母类矿物是生成高岭土的物质基础，这些物质在酸性水介质作用下发生生成高岭土类矿物的反应。

湿热的气候和有利的地形是影响本类型高岭土矿床形成的重要因素。湿热的气候加速物质风化、水解；有利的地形既使淋滤作用持续不断，又使风化产物不致流失。当然，构造的因素也与成矿作用有关，它不仅控制原岩的分布，也提供了地表水淋滤的通道。

由于地质条件不同，风化作用的时间不同，所以风化程度各有差别。在这种类型矿床的地质剖面中，具有明显的垂直分带性和特征的矿物组合。从地表向下，一般分带如下。

第一，完全风化带。位于风化带最上部。原岩已完全风化成高岭土，靠近地表的高岭土常常染色成杂色高岭土，向下过渡为白色高岭土。杂色高岭土常常以高岭石为主，往往含有褐铁矿或针铁矿；白色高岭土或以高岭石矿物为主，或者以水合高岭石为主。

第二，不完全风化带。位于风化带的中间部分，由于风化作用不完全，因此高岭土中常常含有长石、云母类的残余矿物。该带的高岭土以栗子状的多水高岭石和水合多水高岭石为主，含少量结晶差的高岭石。

第三，半风化带。位于风化带的下部。在本带，由于风化作用减弱常保留较多原岩中的矿物。该带的高岭土以栗子状的多水高岭石和水合多水高岭石为主，含少量结晶差的高岭石。

第四，原岩。以江西省星子高岭土矿床为例，矿床位于江西省西北部庐山东麓星子县海会乡，有大排岭和温泉两个矿区。大排岭矿区的矿体产于矿区北部的花岗岩岩株面状风化壳上，顶板岩石不连续覆盖，底板岩石为结晶片岩。矿区呈不规则的犬牙状出露。

温泉矿区的矿体为沿结晶片岩断裂充填的伟晶岩岩脉和白云母花岗岩风化而成的。

大排岭矿区矿体呈脉状产出，个别呈袋状、囊状产出。主矿脉有四条，矿体大部分被第四纪覆盖，少数伏于片岩中。矿体产状：走向 NNE，倾向 100°~135°，倾角 20°~45°。长 200～1100m，厚 5～10m。温泉矿区的矿体较规则，长 600m，宽 50～300m（平均 160m），厚度 50～60m。矿体受成矿前断层和节理控制，呈脉状产出，倾角 60°~70°。矿体与成矿原岩为渐变过渡关系。

矿体呈白色、灰黄色，疏松、土块状、粉砂粒结构，风干时手捏可碎，可见石英颗粒和云母片，矿石经淘洗后可得纯高岭土。含矿率受成矿原岩矿物成分、结构构造以及风化程度的控制。例如，成矿原岩中长石含量越高，风化程度越深，则含矿率越高，反之则含矿率低。

主要矿物成分为石英、高岭石；次要矿物为云母、铁质等；重矿物、暗色矿物微量。花岗岩类成矿的高岭石含量 30%～40%，含矿率 19.5%～46.6%（平均 35.8%）。伟晶岩成矿的高岭石含量 20%～30%，含矿率 25%～30%（平均 29.7%）。

② 风化淋积型

风化淋积型的高岭土是我国优质高岭土的主要来源，也是我国特有的成因类型。这种矿床大多分布在我国东部，西南部（包括江苏苏州、湖北均县、四川、云南、贵州交界）以及山西阳泉，陕西白水江等地。

这种高岭土的生成，最主要受原岩类型和下盘岩层种类的控制。当然，还有其他影响这种类型高岭土成矿的因素，如地形、气候、植被、构造等因素。我国最大的风化淋积型高岭土矿床（苏州阳山）就是由逆掩断层造成了风化淋积的成矿条件，使泥盆系五通组、二叠系念桥组和中生代火山岩的黄铁矿化的铝硅酸盐母岩超覆于二叠系栖霞组灰岩之上。

这种类型的高岭土矿床受溶洞形状的影响常呈囊状、鸡窝状产出。本类型高岭土矿床的地质剖面也具有明显分带性和特征的矿物组合。从地表向下，分为以下几种。

第一，残积的杂色高岭土带。本带上部常见由褐色赭石或铁帽团块，有时还见由三水铝石团块。这常是本类型矿床的找矿标志。此带的厚度一般不大。

第二，白色致密块状高岭土带。

第三，黑色与白色高岭土相间的条纹状高岭土带。

第四，劣质高岭土带。本带含有较多的明矾石和水铝英石，偶见膨润土透镜体。

第五，灰岩。在灰岩裂隙中有时见有石膏脉。

以上各带的高岭土类的特征矿物是水合多水高岭石。水合多水高岭石是不稳定的，随着风化作用的延续，早期形成的水合多水高岭石会继续演化成多水高岭石以及高岭石。

以四川省叙永高岭土矿床为例。矿区位于北东向倾伏背斜的倾伏端。矿区出露地层有二叠系茅口组灰岩、二叠系上统乐平煤系中含黄铁矿的黏土页岩，在该层底部有厚约 3 ~ 5m 的含黄铁矿高岭石黏土岩。

高岭土矿床产于茅口组灰岩与乐平煤系地层之间的假整合面上及灰岩裂隙溶洞中，多呈扁豆状和巢状。

矿体的直接顶板是残留黄铁矿晶洞的高岭石黏土岩，或为蜂窝状、炉渣状褐铁矿，或为黄色黏土岩。矿体底板为砂糖状灰岩。矿体形状受溶洞形状的控制，矿体长 870 ~ 1150m，最厚 3.5m，最薄 0.1m，平均 0.2m。

矿石自然类型有四种：白色高岭土（分布于矿层上部）、黑色高岭土（分布于矿层下部）、杂色高岭土（分布于矿层中下部）、绿色高岭土（顶部）。矿石具有泥质结构、致密块状、条纹状、假角砾状构造。

该矿床的矿物成分有水合多水高岭石、多水高岭石、水铝英石、三水铝石、针铁矿、明矾石等以及有机质、锰质等。

（2）沉积型高岭土

本类型高岭土矿床是原生的高岭土或后来形成的高岭土黏土岩，通过地表水的搬运作用，在沉积水盆地（湖泊、河流、滨海）中，经分选、沉积而富集形成的。这一类型的高岭土矿床又分为两种亚类。

一种亚类是地表水携带风化的高岭土类等黏土矿物以及其他碎屑，经过一段近距离搬运、分选后，在河流、湖泊、滨海中沉积形成的。这种亚类高岭土矿床的地质时代常常较为年轻（古、新近纪或第四纪）。该矿床分布较少，以广东省清源县现代沉积的高岭土矿床为代表，该矿床的矿体以似层状、透镜状沿珠江上游北江分布，周围为燕山花岗岩。该矿床是由地表水流和河流冲刷、搬运，分选了风化的花岗岩物质——高岭土类和石英等矿物，然后在河流沿岸的凹地上沉积形成的。矿物组成主要为高岭石，其次为伊利石和多水高岭石亚类以及石英等。

另一种亚类是与煤系地层和铝土矿层伴生的矿床。在我国的主要产煤地层中，这种类型的高岭土常常夹于煤层之间或以煤层的底板形式产出，并常与铝的氢氧化物共生。

这种类型的矿床是通过水流将高岭土碎屑或细质点搬运到平静的沉积水盆地中沉积而成的。本类型高岭土矿床主要分布于我国北方，如山东博山，山西大同，河北唐山、邯郸，内蒙古大青山等地。这种类型的高岭土通常具有一定的硬度，固结较好，有人称为高岭岩。它的主要矿物成分为结晶差的高岭石，有时也称耐火黏土石，多呈细小近椭球形颗粒。此外，尚有石英、一水铝石、伊利石。

本类型矿床可以河北省邯郸市峰峰高岭土矿床为例。矿区位于河北省邯郸市峰峰煤田背斜东翼。高角度断层发育对矿层均有不同程度的破坏。矿层产于石炭系太原组下架煤层中的矸石及底部黏土矿。上距煤层 6 ~ 10m，下距奥陶系地层 20m。底板黏土岩厚度0.05 ~ 0.4m，平均0.2m。顶板为煤层。矿层南北长2400m，东西宽600m。

矿石呈深灰色，或灰黑色，致密块状，层状构造。含细脉状或浸染状黄铁矿和植物化石碎片。

主要矿物成分为高岭石，少量多水高岭石、伊利石、黄铁矿、褐铁矿、煤屑，微量矿物有长石、石英、金红石、榍石、蛭石等。高岭石呈细小鳞片状。

(3) 热液型高岭土

这种类型的矿床是与岩浆侵入、火山喷发活动有关的低温热水溶液作用于各种成矿原岩而形成的高岭土矿床。本类型不能单独成矿，而是与某些多金属矿或非金属矿伴生。除了高岭土化外，热液蚀变还常造成叶蜡石化、硅化、绢云母化以及黄铁矿化、明矾石化等，它们往往具有一定的分带性。例如，在与叶蜡石化有关的高岭土矿床中，沿着蚀变的方向叶蜡石逐渐减少，高岭土类矿物逐渐增多，在最外的蚀变带中，石英、玉髓、绢云母较多。生成的高岭土类矿物常以地开石为特征。

该类型高岭土矿床的形成主要受成矿前的断裂构造和以中酸性或偏碱性喷发为主的岩浆活动控制。在这一类型的高岭土矿床中，尚有与温泉水蚀变作用有关的高岭土矿床，这种矿床在我国仅见于西藏某地。该地的高岭土矿床是含硫温泉水沿着第四纪的砂砾岩的孔隙渗透并产生交代作用，使铝硅酸盐质的砂砾逐渐使变成水铝英石和高岭石、多水高岭石等矿物，同时沿着砂砾的孔隙间析出大量硫黄。

福建省峨眉叶蜡石—高岭土矿床为该类型矿床。矿区位于寿山—峨眉火山沉积盆地之东南缘，区内广泛分布上侏罗统南园组的火山岩，与矿化有关的使南园组的第四岩性段地层内的灰白色流纹质晶屑、玻屑凝灰岩。

上述流纹质凝灰岩岩层普遍遭受热液蚀变，形成了以叶蜡石为主的矿床，矿体多呈脉状和透镜状，主要受成矿前近东西向、北东向和北西向断裂构造的控制。矿区内最发育的围岩蚀变有叶蜡石化、硅化、明矾石化、绢云母化、高岭土化和黄铁矿化。以叶蜡石矿体为中心向两侧依次为水铝英石化、高岭土化、硅化。矿石主要由叶蜡石组成，其次为石英、水铝英石、高岭石、地开石。

3. 中国高岭土矿床的分布

中国高岭土分布广泛，分布在六大区21个省(自治区、直辖市)，成矿时代有70%形成于中、新生代。广东省是探明高岭土储量最多的省，其次为陕西、福建、江西、广西、湖南和江苏，其他高岭土储量的省区有河北、山西、内蒙古、辽宁、吉林、浙江、安徽、山东、河南、湖北、海南、四川、贵州和云南。

二、膨润土矿床

(一) 膨润土矿床概述

膨润土，又名膨土岩或斑脱岩，是以蒙脱石为主要成分的黏土岩——蒙脱石黏土岩。其矿物成分除蒙脱石外，还常含有其他黏土矿物、非黏土矿物及可溶性盐类。

1. 膨润土的矿物及化学组成

由于原岩物质成分、蚀变程度、外来物质掺和的不同，膨润土的矿物成分很复杂，大体上可分为黏土矿物和非黏土矿物两类。黏土矿物主要为蒙脱石族矿物，并以蒙脱石－贝得石系列的矿物为主，此外还伴生有高岭石、埃洛石、水铝英石、绿泥石、水云母等。非黏土矿物有蛋白石、石英、长石、火山玻璃、石膏、方解石、黄铁矿、沸石及有机质等。沸石是膨润土中常见的伴生矿物，有时含量高达10%～20%，它的存在对膨润土的吸附催化等性能起促进作用。

膨润土的主要化学成分是：SiO_2、Al_2O_3、Fe_2O_3、CaO、MgO、H_2O，此外还常含有 Na_2O、K_2O 等。根据 SiO_2、Al_2O_3 和 H_2O 所占矿石总组分的比值可以确定膨润土的质量。膨润土是由含 75% 以上的 $Al_2O_3 \cdot 3SiO_2 \cdot nH_2O$ 或 $2Al_2O_3 \cdot 5SiO_2 \cdot 5H_2O$ 所组成的黏土，含量 75%～40% 的为膨润土质黏土，含量＜ 40% 的为一般黏土。一般 SiO_2/Al_2O_3 的值越低，膨润土质量越好。

蒙脱石是含少量碱和碱土金属的含水铝硅酸盐，单斜晶系。蒙脱石的结构是单位晶胞由两个硅氧［Si-O］四面体层夹一个铝氧［Al-O（OH）］八面体层组成的 2：1 型层状硅酸盐。

晶胞呈平行叠置。八面体中的离子数为 2，四面体中为 4。当八面体（少量四面体）中低价阳离子类质同像置换高价阳离子时，常使原结构增加当量的负电荷，由层间吸附阳离子补偿。因而，蒙脱石具有吸附阳离子和极性有机分子的能力，且其化学成分变化也较大，并形成一些变种。

2. 蒙脱石的阳离子交换和膨润土的属性

在蒙脱石晶体结构中，当 Fe^{3+}、Zn^{2+}、Ni^{2+}、Li^{+}等阳离子取代八面体结构层中的 Al^{3+}时，发生非等价类质同像置换造成电价亏损，经四面体结构层中 Al → Si 及 OH → O 的形成替换补偿后，仍然在单位晶胞中剩余有 0.66 的负电荷，此值则要求层间充填 1 价的阳离子数 0.66，2 价的阳离子数 0.66/2。对于类似 Ca^{2+}的 2 价阳离子，每三个单位晶胞中则要求一个。符合此条件的阳离子有 Ca^{2+}、Na^{+}、K^{+}，Mg^{2+}，H^{+}及 Al^{3+}。这些阳离子充填于结构单元层间，补偿电价的不平衡，无一定配位位置，彼此间可发生相互置换（或被其他相似离子所替换），通常称它们为可交换阳离子。

按蒙脱石中可交换阳离子的种类和数量，膨润土的属性可分为钙质膨润土、钠质膨润土、镁质膨润土，个别矿区还有 H ＋型膨润土，即酸性白土及 Li 基膨润土。天然产出的主要是钙质膨润土，质量好的钠质膨润土较少。

3. 膨润土的物理化学性能及用途

膨润土呈白、浅灰、褐红、杂色等色，油脂、蜡状或土状光泽，多有滑感，具有贝壳状、皂状断口。硬度 1 ~ 2，相对密度 2 ~ 3，一般相对密度越小，矿石质量越好。蒙脱石含量相对较高，致密块状居多，结构复杂，构造种类多，如微层纹状，角砾状、斑杂状、块状和土状构造等，膨润土具有许多优良的物理化学性能。

(1) 吸湿性和吸水膨胀

蒙脱石晶层间能吸附和放出水分子或有机分子，其含量增加则晶层间距 d（001）就加大，变化范围为 0.96 ~ 2.1nm，吸附有机大分子时晶层间距可增大到 4.8nm。蒙脱石晶层间距的增大表现为体积膨胀，即膨润土的膨胀性能。膨润土能吸附相当于本身体积 8 ~ 15 倍的水量，吸水后能膨胀几倍至 30 余倍。

(2) 膨润土在水介质中能分散成胶体悬浮液，具有一定的黏滞性、触变性和润滑性。它和水、泥或砂等细碎屑物质的掺和物具有很高的可塑性和黏结性，高膨胀性的膨润土能在水中形成永久的乳浊或悬浮体。

(3) 有较强的阳离子交换能力

蒙脱石晶格中，由于异价离子置换而产生负电荷，从而具有吸附阳离子和极性有机分子的能力。交换规律一般是在蒙脱石悬浮液中，浓度高的阳离子可以交换浓度低的阳离子。在离子浓度相等的情况下，离子键强的阳离子取代离子键弱的阳离子。它们的交换顺序大致是：$Li^+ < Na^+ < K^+ < Mg^{2+} < Ca^{2+} < Sr^{2+} < Ba^{2+}$，即右边的阳离子可以取代左边的阳离子。因此，膨润土对各种气体、液体、有机物质有一定的吸附能力，最大吸附量为本身重量的 5 倍。具有表面活性的酸性漂白土能吸附有色物质。

钠质膨润土比钙质或镁质膨润土具有更优越的物化性质和工艺性能，所以具有更高的使用价值和经济价值。

膨润土广泛应用于工、农业生产部门。它作为黏结剂、悬浮剂、增强剂、增塑剂、增稠剂、触变剂、絮凝剂、稳定剂、净化脱色剂、充填剂、催化剂以及载体等，可在冶金、机械铸造、钻探、石油化工、轻工、农林牧、建筑工程等领域的 20 多个工业部门广泛应用，被誉为“万能矿物”。

4. 膨润土的改型

由于膨润土吸附性阳离子具有交换性，因此膨润土可以进行自然或人工改型。

蒙脱石晶层中可交换的各类阳离子具有较大的容量，并在一定范围内可以形成稳定的状态。几乎所有的膨润土矿床都存在自然改型现象。如地表为钙基膨润土、而深部为钠质或钠—钙质膨润土，这就是由于地表的 Ca^{2+}交换了膨润土中的 Na^{+}发生自然改型的结果。由于地表气候条件的不同，膨润土的自然改型呈带状分布，我国低纬度区地表部分膨润土改型为铝（氢）基膨润土，而高纬度干旱区则改型为钠基、镁基膨润土，两者之间则大部分形成钙基膨润土。

同理，人们往往为了改善膨润土的工艺技术性能，对天然膨润土进行人工钠化或钙化处理，以调节它们的合理比例满足使用要求，即人工改型。如可以把钙质膨润土改为钠质膨润土或氢质膨润土，还可用有机质交换吸附性阳离子，改造为“有机膨润土”等。

（二）膨润土矿床地质

1. 膨润土的成矿地质条件及成矿规律

（1）成矿原岩

各种富含铝硅酸盐矿物的岩石，在多种地质营力作用下都可能以不同方式生成蒙脱石。但形成具有一定工业规模的膨润土矿床原岩，主要是偏碱性、中酸性火山碎屑岩、熔岩及它们的沉积岩，如粗安质火山凝灰岩、安山质凝灰岩、流纹质凝灰岩、流纹岩、英安岩、粗安岩、安山玢岩和英安玢岩等。与火山岩有关的膨润土矿床都是由火山玻璃物质脱玻形成的。例如，我国浙江平山膨润土原岩是酸性火山碎屑岩，部分是中酸性火山碎屑岩；山东潍县膨润土原岩是酸性火山碎屑岩、流纹岩和珍珠岩；河南信阳上天梯钠质膨润土原岩是玻屑凝灰岩。

（2）成矿时代和含矿层位

国外膨润土矿床主要产于中、新生代，以白垩系最多，古、新近系次之，侏罗系较少。上古生代的矿床，目前仅见有库兹巴斯巴拉洪的上石炭—下二叠统与煤系有关的钠质膨润土矿床一处。我国情况与国外基本一致，除新疆柯尔碱膨润土矿床产于石炭系和甘肃金昌红泉产于二叠系外，其他多产于中、新生代地层中。侏罗系、白垩系是目前已知的最主要含矿层位，其次是古、新近系和第四系。大多数膨润土呈层状、似层状、透镜状或囊状体产出，矿层可以延伸数百千米以上。透镜状矿体直径达几十米。矿床通常与下伏岩层呈突变接触，而与上覆地层则呈渐变关系。第四纪风化型膨润土矿床产状比较复杂。

（3）构造条件

膨润土矿床的生成与火山活动有关，一般产于火山附近的洼地或盆地中。火山活动和盆地的形成受区域构造控制。膨润土矿床形成于构造相对稳定的火山活动间歇期。因为这个时期易于获得生成蒙脱石所必需的元素，易于形成碱性介质条件，粗碎屑物质的渗入量也较少。如平山膨润土矿床就产于两组断裂控制的断陷盆地中，是在火山活动间歇期形成的。局部断裂构造对于热液蚀变和风化型矿床形成起控制作用。

世界上大部分膨润土矿床集中在六大板块及无数小板块的边缘、俯冲消亡带之上、仰冲板块一侧的火山岩带中。板块构造对膨润土的成矿物质起着重要的控制作用，与其有关的岩石主要属于壳源物质和重熔型的岩浆系列。它们主要发育在会聚板块边界或俯冲带附近，即 ① 板块边缘断裂带、岛弧火山带中；② 沿断裂的凹陷中；③ 造山带；④ 构造活化区。

(4) 成矿物理化学条件

人工合成蒙脱石资料及自然界膨润土的产状、矿物组合和深埋条件下的转变证实，碱性介质环境是形成膨润土矿床不可缺少的条件，形成温度小于350℃，压力低－中等。碱性介质条件只有在封闭或半封闭的弱循环系统中才能得到。如干旱气候条件下的风化作用，盆地火山物质底部淤泥（或泥沙）的存在，以及上部由细碎屑沉积物组成的阻隔层，都是形成并保持碱性介质体系的有利环境。因为底部淤泥中的水既是分离硅酸盐矿物的介质，又是提供蒙脱石所需的碱和碱土金属阳离子的源泉。有利成矿的物理条件类似于表生和中低温热液环境，若温度、压力过高，将使蒙脱石转变为伊利石、绿泥石和与其有关的混层矿物，或生成无水、少水的其他铝硅酸盐。

钠质膨润土是在钠元素较丰富的条件下形成的。海盆地的淤泥水属硫酸镁型水，含有 Na^{+}、Mg^{2+}、Cr^{-}等，其中的阳离子以 Na^{+}为主，其次是 Mg^{2+}，它们是生成钠蒙脱石所必需的元素。红黏土中的淤泥水，Na^{+}占阳离子总量的55%。在库兹巴斯巴拉洪钠质膨润土矿床中，介质 pH 为 8.3 ~ 8.5，该水具有显著的重碳酸钠成分；平山钠质膨润土矿床水也为重碳酸钠水，pH 在 8.5 以上；其他钠质膨润土矿床情况类似。因此重碳酸钠型水是钠质膨润土矿生成和保存的必要条件之一。介质不但控制膨润土矿床的形成，而且影响后期变化。

2. 矿床类型及其地质特征

(1) 风化残积型膨润土矿床

地表附近的风化作用使岩石、矿物中的非蒙脱石组分迁移，把蒙脱石组分聚集在风化残积物中，经过蒙脱石化而形成膨润土。因此，风化残积型膨润土矿床赋存于各类岩石的残余风化壳地区，化学元素的迁移是在常温常压条件下进行的。影响风化残积型膨润土形成的因素有原岩成分、结构、构造、气候、水文条件、地形地貌、生物作用等。

矿化母岩大都为酸—中基性火山岩，产在陆相火山构造洼地或破山口附近。成矿母岩上部没有覆盖层，或只有薄且孔隙度较大易于透水的覆盖层。在不整合面附近的火山岩、或在火山岩与沉积岩系互层等处，有利于形成残积型膨润土。成矿作用通常在大陆稳定时期发生，矿体往往发育在地表剥蚀作用较弱的地段。化学风化作用的深度主要取决于氧渗透到地下的深度，一般与潜水面相近，常位于地下百米以下，有时可达数百米，最深可达千米或更深。矿体呈透镜状、似层状、被状、多层状产出，矿体一般厚数米至数十米，长数十米至数百米，甚至长达千米，延深数十米至数百米。矿石常具有残留母岩及其残余结构构造，矿石的矿物组合为蒙脱石、水云母、绿泥石、沸石、高岭石、埃洛石及残存的晶屑和玻屑。由于成矿母岩在风化作用下分解和元素迁移，使含矿剖面在垂直方向上发生矿物成分和化学成分的带状变化。酸性岩风化剖面中的黏土矿物自上而下一般为：高岭石→蒙脱石→水云母。膨润土矿床剖面自上而下一般为：含氧化铁较高的风化带→紫、红、褐等杂色膨润土→灰、青灰、白色膨润土→含母岩残块的膨润土→蒙脱石化母岩。各带之间往往渐变过渡，矿体底界不规则，地表附近常以钙基膨润土为主，较深部位则出现钠基膨润土。

风化残积型膨润土矿床在我国分布较广，吉林、山东、河北、江苏、浙江、江西、湖北和广东等省都有产出。

以吉林九台膨润土矿床为例。矿床矿区位于环太平洋西带松辽平原东侧的一个北东向地垒上，高出侵蚀基准面 40 ~ 60m。成矿母岩为上侏罗统酸性火山玻璃、流纹岩、凝灰岩和珍珠岩、沸石岩，假整合于上侏罗中统煤系地层之上。矿体顺岗地长轴平行排列，一侧受正断层控制。矿床形态复杂，与底板岩石渐变过渡，界面参差不齐。矿体上部为粉红色，中部灰白色，下部浅绿色，底部常有流纹岩、蛋白石碎块和结核。近断裂处矿石质量好，远离断裂矿石变差。近地表以钙基膨润土为主，50m 以下出现钠基膨润土。膨润土的形成系雨水、地表水、潜水沿酸性火山岩的构造裂隙渗透，断层下盘透水性很差而形成一道隔水墙，使原岩充分水解形成风化残积型矿床。

(2) 火山—沉积型膨润土矿床

这类膨润土是构造作用、火山作用和沉积作用三者结合的产物，是火山喷发的火山灰、碎屑物等降落沉积在湖盆、海盆、潟湖等洼地内，经由火山盆地附近的陆源火山碎屑物短距离快速搬运到水盆中，经脱玻作用、水化作用使蒙脱石族矿物围绕许多质点结晶而成。通常见到火山灰与膨润土互层产出。膨润土有一套独特的岩相建造和岩相旋回特征，产于火山沉积岩建造的火山—沉积过渡相内，即从火山熔岩到正常沉积岩的中间部位。往往下部为熔岩、页岩，或页岩—膨润土—煤系建造。

矿体呈层状、似层状，与顶底板围岩同期形成，并多呈过渡关系。沿走向、倾向常过渡为正常的沉积岩，离火山物源的距离越远矿层厚度越薄。蒙脱石化显然是在沉积以后形成的，矿石矿物组合比较简单，常为蒙脱石、石英和沸石（都是火山灰蚀变产物），及晶屑、玻屑等火山残余物。

根据矿床产出位置、形成环境及沉积组合类型，又可进一步分为以下内容。

① 海相火山—沉积亚型，如土库曼斯坦奥格兰雷，日本山形县大江等。

② 陆相火山—沉积亚型，如卡马林、顿巴斯格里耶夫和浙江平山等。但也有同一矿床一部分为海相，另一部分为陆相者，如美国的怀俄明。海相产出的膨润土，矿床规模和工业意义较大。

以浙江平山膨润土矿床为例。浙江平山膨润土矿床是我国著名的钠质膨润土矿，属陆相火山—沉积型矿床。产于北东—南西向燕山期火山断陷盆地中，膨润土的母岩是晚侏罗统寿昌组中酸性火山碎屑沉积岩系，沉积韵律发育，岩、矿层分布稳定。共有膨润土矿七层，分别位于三个一级韵律层的底部，主要是第6、7两层矿，厚1.5～6.0m，分布面积3km^2，矿体最大埋深370m。矿石主要由蒙脱石和共生矿物沸石、石英、碱性长石，以及残留火山晶屑和少量陆源碎屑组成。矿石类型有黏土状、粉砂状、砂状及角砾状等，含矿岩系的蒙脱石化极为普遍。

（3）陆源—沉积型膨润土矿床

这类矿床的剖面中缺乏火山物质，矿床的形成与古气候、古地理条件有关。陆源物质经不同的风化作用，呈碎屑或悬浮物形式被流水搬运迁移，机械沉积于湖泊、沼泽、海洋等水盆中，经改造演变而成膨润土。与煤系地层伴生的膨润土矿层往往时代较老，是温热带气候的产物。干燥气候条件下形成的膨润土矿层，产在具有一定盐度和封闭条件的蓄水盆地的碎屑岩系中。白垩系—古、新近系的沉积膨润土矿床和石膏矿床共生，可能为同一水体不同演化期的产物，如湖南伍家峪矿床产于更新世内陆湖相沉积物中，膨润土与石膏交替沉积，互层产出。矿床往往呈层状、似层状、透镜状产在正常沉积岩系中，并遵循一定的沉积规律。顶底板可以是海相，也可以是陆相的砂页岩和少量泥灰岩层。

以新疆夏子街特大膨润土矿床为例。矿床位于准噶尔盆地西北边缘，产于上白垩统艾里克组砂岩、粉砂质泥岩上部岩系中。膨润土分上、中、下矿层及底部零星矿层，矿层平均厚度：上层7.80m，中层20.48m，下层14.80m，总厚度43.08m，长、宽数百米至3000余米。顶、底板和夹层为砂岩、粉砂岩和粉砂质泥岩。矿石自然类型分为灰白色、棕红色、杂色和砂状膨润土。矿石矿物除蒙脱石外，还有石英及少量长石、伊利石、高岭土等。属钙质膨润土，矿床属内陆湖相沉积型。

(4) 热液蚀变型膨润土矿床

热液蚀变型膨润土矿床分布较广，主要由岩浆侵入、火山喷发旋回晚期产生的中低温酸性气液淋滤出铝硅酸盐中的部分硅、碱、碱土金属，发生蒙脱石化蚀变交代而成，或由含 Mg^{2+} 的碱性溶液对母岩交代而成。矿体通常产于碱性—酸偏碱性的火山岩、次火山岩、火山碎屑岩、浅层侵入岩、火山—沉积岩中，局部蒙脱石化常见于火山口和断裂带附近。母岩的成分、性质及构造环境对矿化程度影响很大。通常构造裂隙发育，岩石呈斑状、斑杂状构造的母岩，以及在火山口区火山断陷盆地内，可形成质量较好、规模较大的膨润土矿床。矿石中主要的伴生矿物有重晶石、沸石、方英石、软锰矿、镁绿泥石等热液蚀变矿物。矿体底部常见硅化，甚至形成玛瑙矿床。发生蒙脱石化的热液温度为 50℃到 150 ~ 200℃，pH 较低，压力较小。这类膨润土矿床既有钠质的，也有钙质的，工业意义较大。

热液蚀变型膨润土矿床，可分为若干亚型。

① 火山、岩浆期后热液自变质亚型

中酸性火山岩受火山后期热液蚀变形成膨润土矿床，大部分产于阿尔卑斯火山活动区。区域性大断裂控制矿带分布，次一级断裂控制矿床分布。矿体的空间形态和成因多与该区的晚白垩世和始新世火山作用、火山活动后期或期后阶段的气、液有关。矿体产状可呈层状、似层状、透镜状、巢状、脉状等，矿石质量一般较好，规模大小不一，是世界重要的膨润土矿床类型之一。阿塞拜疆达什萨拉赫林膨润土呈透镜状和囊状，产于古近纪具有流纹和气孔构造的火山碎屑凝灰岩中，厚度大，主要为酸性膨润土。除蒙脱石化外，其他热液蚀变尚有水云母化、绿泥石化、铁化、硅化、沸石化、石膏和碳酸盐化，具有垂直和水平分带特征。

② 海底火山岩热液蚀变亚型

海底扩张中心，火山喷溢提供成矿的火山物质和大量热能，使附近的海水增温，并使火山物质蚀变，使部分碱、碱土金属和硅发生高温淋滤迁移，有利于形成蒙脱石，因此与成矿有关的火山喷溢、海底沉积物和热液蚀变，在构造、成因和时间上是有机联系的。在红海海底轴心海附近，发现正在形成的暗红色薄层状蒙脱石层，厚 4 ~ 15m。

此外，还有热液矿脉、岩脉的热液蚀变亚型，温泉、地热蚀变亚型等，工业意义不大。

3. 矿床分布

我国的膨润土 90% 为钙基膨润土。膨润土矿产遍布全国 23 省区，大型矿床 20 多个。大多数矿床集中在东北三省、东部沿海各省及新疆、四川、甘肃、河南、广西等省 (自治区)。主要矿区有浙江临安、仇山，四川三台，甘肃酒泉，吉林双阳，福建连城，吉林九台，山东潍县涌泉，河南信阳，河北张家口、宣化，新疆托克逊矿等。

第二节 非金属矿产勘查评价

一、非金属矿产勘查阶段

(一) 矿产勘查阶段的划分

矿产勘查阶段的划分是由勘查对象的性质、特点和勘查实践需要决定的。阶段划分的合理与否，将影响矿产勘查和矿山设计以及矿山建设的效率与效果。

1. 预查

这是通过对区内资料的综合研究、类比及初步野外观测、极少量的工程验证，初步了解预查区内矿产资源远景，提出可供普查的矿化潜力较大地区，并为发展地区经济提供参考资料。

2. 普查

这是通过对矿化潜力较大地区开展地质、物探、化探工作和取样工程，以及可行性评价的概略研究，对已知矿化区做出初步评价，大致查明普查区内地质、构造概况；大致掌握矿体（层）的形态、产状、质量特征；大致了解矿床开采技术条件；对矿产的加工选矿性能进行类比研究。对有详查价值地段圈出详查区范围，为发展地区经济提供基础资料。

3. 详查

这是对普查圈出的详查区通过大比例尺地质填图及各种勘查方法和手段，进行系统的工作和取样，基本查明地质、构造、主要矿体形态、产状、大小和矿石质量，基本确定矿体的连续性，查明矿床开采技术条件，对矿石的加工选矿性能进行类比或实验室流程试验研究，通过预可行性研究做出是否具有工业价值的评价，圈出勘探区范围为勘探提供依据，并为制订矿山总体规划、项目建议书提供资料。

4. 勘探

这是对已知具有工业价值的矿区或经详查圈出的勘探区，通过应用各种勘查手段和有效方法加密各种采样工程，详细查明矿床地质特征，确定矿体的形态、产状、大小和矿石质量特征，详细查明矿床开采技术条件，对矿石的加工选矿性能进行实验室流程试验或实验室扩大连续试验研究，必要时进行半工业试验和可行性研究，为矿山建设在确定矿山生产规模、产品方案、开采方式、开拓方案、矿石加工选矿工艺、矿山总体布置、矿山建设设计等方面提供依据。

(二) 矿产勘查各阶段的要求

1. 矿产预查阶段

预查阶段分为区域矿产资源远景评价和成矿远景区矿产资源评价两种类型。

区域矿产资源远景评价是指对工作程度较低地区在系统收集和综合分析已有资料基础上进行的野外踏勘、地球物理勘查、地球化学勘查、三级异常查证，圈定可供进一步工作的成矿远景区的预查工作。条件具备时，估算经济意义未定的预测资源量 (334_2)。工作内容包括全面收集预查区内各类地质资料，编制综合性基础图件；全面开展区域地质踏勘工作，测制区域性地质构造剖面，实地了解成矿地质条件；全面开展区域矿产踏勘工作，实地了解矿化特征，并开展区域类比工作；择优开展物探、化探异常三级查证工作；运用 GIS 技术开展综合研究工作，对区域矿产资源远景进行预测和总体评估，圈定成矿远景区；条件具备时对矿化地段估算 334_2 资源量；编制区域和矿化地段的各类图件。

成矿远景区矿产资源评价是指对工作程度具有一定基础的地区或工作程度较高地区，运用新理论、新思路、新方法在系统收集和综合分析已有资料基础上，对成矿远景区所进行的野外地质调查、地球物理和地球化学勘查、三级至二级异常查证、重点地段的工程揭露、圈出可供普查的矿化潜力较大地区的预查工作。条件具备时，估算经济意义未定的预测资源量 (334_1)。其工作内容包括全面收集成矿远景区内的各类资料，开展预测工作，初步提出成矿远景地段；全面开展野外踏勘工作，实际调查已知矿点、矿化线索，蚀变带以及物探、化探异常区，了解矿化特征，成矿地质背景，进行分析对比并对成矿远景区资源潜力进行总体评价；在全面开展野外踏勘工作的基础上，择优对物探、化探异常进行三级至二级查证工作，择优对矿化线索开展探矿工程揭露；提出成矿远景区资源潜力的总体评价结论；提出新发现的矿产地或可供普查的矿产地；估算矿产地 334_1 和 334_2 预测资源量；编制远景区及矿产地各类图件。

预查阶段的勘查程度要求全面收集区内的地质、矿产、物探、化探、遥感、重砂、探矿工程等有关信息及研究成果，并运用新理论、新方法进行深入的综合分析研究。对有希望的地区，应选择几条路线进行比例尺为 1 : 5 万或 1 : 2.5 万的路线地质踏勘，辅以有效的物探、化探方法，并选择有代表性的异常进行Ⅱ ~ Ⅲ级查证，圈出可供普查的矿化潜力较大地区。对发现的矿 (化) 点或经类比认定为矿引起的异常及有意义的地质体进行研究，与地质特征相似的已知矿床从基本特征、成矿地质条件等方面进行类比、预测，必要时可投入极少量工程进行追索、验证，采集测试样品。寻找的矿产与地表（下）水关系密切时，应收集、分析区域水文地质、工程地质资料，为开展下一步工作提供设计依据。应圈出预测矿产资源范围，当有估算资源量的必要参数时，可以估算预测的资源量。

2. 矿产普查阶段

矿产普查的目的是对预查阶段提出可供普查的矿化潜力较大地区和地球物理、地球化学异常区，通过开展面上的普查工作、已发现主要矿体（点）的稀疏工程控制、主要地球物理、地球化学异常及推断的含矿部位的工程验证，对普查区的地质特征、含矿性和矿体（点）做出评价，提出是否进一步详查的建议及依据。其任务是在综合分析、系统研究普查区内已有各种资料基础上，进行地质填图，露头检查，大致查明地质、构造概况，圈出矿化地段；对主要矿化地段采用有效的地球物理、地球化学勘查技术方法，用数量有限的取样工程揭露大致控制矿点或矿体的规模、形态、产状，大致查明矿石质量和加工利用可能性，顺便了解开采技术条件，进行概略研究，估算推断的内蕴经济资源量（333）等。必要时圈出详查区范围。

通过 1 : 2.5 万 ~ 1 : 5 万比例尺的地质填图和露头检查，对区内地质特征的查明程度应达到相应比例尺的精度要求，成矿地质条件达到大致查明程度。对矿化明显的局部地段，可填制 1 : 10000 ~ 1 : 2000 比例尺地质简图，并通过有效的物探、化探、重砂等方法手段及数量有限的取样工程，大致控制主要矿体特征，地表要用取样工程稀疏控制，深部要有工程证实，不要求系统工程网度；大致查明矿石的物质组成、矿石质量，并进行相应的综合评价。对物探、化探异常进行 Ⅰ ~ Ⅱ 级验证。

大致了解开采技术条件，包括区域和测区范围内的水文地质、工程地质、环境地质条件，为详查工作提供依据。对开采条件简单的矿床可依据与同类型矿山开采条件的对比，对矿床开采技术条件做出评价；对水文地质条件复杂的矿床应进行适当的水文地质工作，了解地下水埋藏深度、水质、水量以及近矿围岩强度等。

对已发现的矿产，应与邻区同类型已开采矿山从矿石物质组成、主要矿石矿物、脉石矿物、结构构造、嵌布特征、粒度大小、有害组分及影响选矿条件等因素进行全面的对比，并就矿石加工选矿的性能做出概略评述。对无可类比的或新类型矿石应进行选性试验或实验室流程试验，为是否值得进一步工作提供依据。对饰面石材还应做出“试采”检查。

在矿产普查阶段的可行性评价工作要求为开展概略研究，研究有无投资机会、是否值得转入详查，并采用一般工业指标估算资源量对矿床开发意义的概略评价。通常是在收集分析该矿产资源在国内、外市场供需状况的基础上，分析已取得的地质资料，类比已知矿床，推测矿床规模、矿产质量和开采利用的技术条件，结合矿区的自然经济条件、环境保护等，以我国类似企业的技术经济指标或按扩大指标对矿床做出技术经济评价。从而为矿床开发有无投资机会、是否进行详查阶段工作、制订长远规划或为工程建设规划的决策提供依据。

3. 矿产详查阶段

经过普查阶段的勘查工作后，大部分异常和矿点（或矿化区）由于成矿地质条件差、工业远景不大而被否定，只有少数矿点或矿化区被认为成矿远景良好，值得进一步研究。只有通过揭露研究肯定了所勘查的靶区具有工业远景后，才能转入勘探。勘探之前针对普查中发现的少数具有成矿远景的异常、矿点或矿化区进行比较充分的地表工程揭露以及一定程度的深部揭露，并配合一定程度的可行性研究的勘查工作阶段，称为详查。其目的是确认工作区内矿化的工业价值、圈定矿床范围。

详查阶段通过 1∶10000～1∶2000 地质填图，基本查明成矿地质条件，描述矿床的地质模型。通过系统的取样工程、有效的物探、化探工作，控制矿体的总体分布范围，基本控制主矿体的矿体特征、空间分布，基本确定矿体的连续性；基本查明矿石的物质组成、矿石质量；对可供综合利用的共、伴生矿产，进行相应的综合评价。

对矿床开采可能影响的地区（矿山疏排水水位下降区、地面变形破坏区、矿山废弃物堆放场及其可能污染区），开展详细水文地质、工程地质、环境地质调查，基本查明矿床的开采技术条件。选择代表性地段对矿床充水的主要含水层及矿体围岩的物理力学性质进行试验研究，初步确定矿床充水的主（次）要含水层及其水文地质参数、矿体围岩岩体质量及主要不良层位，估算矿坑涌水量，指出影响矿床开采的主要水文地质、工程地质、环境地质问题；对矿床开采技术条件的复杂性做出评价。

对矿石的加工选矿性能进行试验和研究，易选的矿石可与同类矿石进行类比，一般矿石进行可选性试验或实验室流程试验，难选矿石还应做实验室扩大连续试验，饰面石材还应有代表性的试采资料。当直接提供开发利用时，试验程度应达到可供设计的要求。

在详查区内，依据系统工程取样资料、有效的物探、化探资料以及实测的各种参数，用一般工业指标圈定矿体，选择合适的方法估算相应类型的资源量，或经预可行性研究，分别估算相应类型的储量、基础储量、资源量，为是否进行勘探决策、矿山总体设计、矿山建设项目建议书的编制提供依据。

详查阶段应根据矿床特点对矿床开发经济意义进行概略评价或预可行性评价。预可行性评价是对矿床开发经济意义的初步评价。通过国内、外市场调查和预测资料，综合矿区资源条件、工艺技术、建设条件、环境保护以及项目建设的经济效益等因素，从总体上、宏观上对矿山建设的必要性、建设条件的可行性以及经济效益的合理性做出评价，为是否进行勘探阶段地质工作以及推荐项目和编制项目建议书提供依据。预可行性研究需要比较系统地对国内外该种资源、储量、生产、消费进行调查和初步分析，还需对国内外市场的需求量、产品品种、质量要求和价格趋势做出初步预测。根据矿床规模和矿床地质特征以及矿区地形地貌，借鉴类似企业的实践经验，初步研究并提出项目建设规模、产品种类，矿区总体建设轮廓和工艺技术的原则方案；参照价目表或类似企业开采对比所获数据估算的成本，初步提出建设总投资、主要工程量和主要设备等，进行初步经济分析，并估算不同的矿产资源/储量类型。

4. 矿产勘探阶段

通过1：5000～1：1000（必要时可用1：500）比例尺地质填图，加密各种取样工程及相应的工作，详细查明成矿地质条件及内在规律，建立矿床的地质模型。

详细控制主要矿体的特征、空间分布；详细查明矿石物质组成、赋存状态、矿石类型、质量及其分布规律；对破坏矿体或划分井田等有较大影响的断层、破碎带，应有工程控制其产状及断距；对首采地段主矿体上、下盘具工业价值的小矿体一并勘探，以便同时开采；对可供综合利用的共、伴生矿产进行综合评价，共生矿产的勘查程度应视该矿种的特征而定。异体共生的应单独圈定矿体，同体共生的需要分采分选时也应分别圈定矿体或矿石类型。

对影响矿床开采的主要水文地质、工程地质、环境地质问题要详细查明。通过试验获取计算参数，结合矿山工程计算首采区、第一开采水平的矿坑涌水量，预测下一开采水平的涌水量；预测不良工程地段和问题；对矿山排水、开采区的地面变形破坏、矿山废水排放与矿渣堆放可能引起的环境地质问题做出评价；未开发过的新区，应对原生地质环境做出评价；老矿区则应针对已出现的环境地质问题（如有害气体、各种不良自然地质现象的展布及危害性）进行调研，找出产生和形成条件，预测其发展趋势，提出治理措施。

在矿区范围内，针对不同的矿石类型，采集具有代表性的样品，进行加工选矿性能试验。可类比的易选矿石应进行实验室流程试验，一般矿石在实验室流程试验基础上进行实验室扩大连续试验；难选矿石和新类型矿石应进行实验室扩大连续试验，必要时进行半工业试验。

勘探时未进行可行性研究的，可依据系统工程及加密工程的取样资料、有效的物探、化探资料及各种实测的参数用一般工业指标圈定矿体，并选择适合的方法，详细估算相应类型的资源量；进行了预可行性研究或可行性研究的，可根据当时的市场价格论证后所确定的、由地质矿产主管部门下达的正式工业指标圈定矿体，详细估算相应类型的储量、基础储量和资源量，为矿山初步设计和矿山建设提供依据。

探明的可采储量应满足矿山返本付息的需要。

勘探阶段应根据矿床特点对矿床开发经济意义进行概略评价、预可行性评价或可行性研究，可行性评价是对矿床开发经济意义的详细评价。可行性研究首先需要认真对国内外该矿种资源、储量、生产和消费进行调查、统计和分析；对国内外市场的需要量、产品品种、质量要求、价格、竞争能力进行分析研究和预测。工作中对资源（或原料）条件要认真进行分析研究；充分考虑地质、工程、环境、法律和政府的经济政策的影响，对企业生产规模、开采方式、开拓方案、选矿工艺流程、产品方案、主要设备的选择、供水供电、总体布局和环境保护等方面，进行深入细致的调查研究、分析计算和多方案进行比较，并依据评价当时的市场价格、确定投资、生产经营成本、销售收入、利润和现金流入、流出等。项目的技术经济数据能满足投资有关各方审查、评价需要，从而得出拟建工程是否应该建设以及如何建设的基本认识。

二、非金属矿产地质勘查工作的总体部署

（一）矿床勘查类型及划分依据

1. 矿体规模

矿体规模大小是影响矿床勘查类型最主要的因素。一般情况下，矿体规模越大，形态越简单，越容易进行勘查；反之勘查难度越大。规模大、形态简单的矿体（如层状矿体）采用较稀的勘查工程即可控制；而规模小、形态复杂的矿体需要采用较密的勘查工程才能控制。

矿体规模没有明确的划分标准，不同矿种有所不同。一般而言，延长及延深超过1000m，厚度大于10m的矿体可称为大矿体，而延长及延深小于100～200m、厚度为1～2m的矿体称为小矿体。

2. 矿体中有用组分分布的均匀程度

有用组分分布的均匀程度即矿石品位的变化程度，常用品位变化系数（V_C）表示，根据品位变化系数可将有用组分分布的均匀程度分为四类。

① 均匀分布，$V_C < 40\%$。

② 较不均匀分布，$V_C = 40\% \sim 100\%$。

③ 不均匀分布，$V_C = 100\% \sim 150\%$。

④ 很不均匀分布，$V_C > 150\%$。

3. 矿化连续程度

矿化连续程度是指有用组分分布的连续程度。一般情况下，矿化连续性好的矿

体比连续性差的矿体更容易勘查。矿化连续程度可用含矿率（K_p）来度量，根据矿化系数可将矿化连续性分为以下几种。

① 连续矿化，$K_p = 1$。

② 微间断矿化，$K_p = 1 \sim 0.7$。

③ 间断矿化，$K_p = 0.7 \sim 0.4$。

④ 不连续矿化，$K_p < 0.4$。

4. 矿体形态、产状及地质构造复杂程度

形态简单、产状变化小的矿体比较容易勘查，形态复杂、产状变化大的矿体勘查难度较大。此外，矿体的产状还影响勘查方法以及勘查工程间距的确定。

矿区地质构造影响矿体的形状和产状，特别是成矿后的地质构造对矿床勘查有很大影响。例如，成矿后断层往往会破坏矿体的连续性，增大矿床勘查难度。

（二）勘查工程的总体部署

勘查工程的总体部署是指在勘查工程布设原则指导下，将所选择的勘查工程按一定方式在勘查区内进行布置的形式。勘查工程的总体布置形式实际上是由一系列相互平行的剖面构成的勘查系统，目的是要展示矿体的三维形态和产状，满足矿山建设的需要。其基本形式有如下三种。

1. 勘查线形式

勘查工程布置在一组与矿体走向基本垂直的勘查剖面内，从而在地表构成一组相互平行（有时也不平行）的直线形式，称为勘查线形式。这是矿产勘查中最常用的一种工程总体布置形式，一般适用于有明显走向和倾斜的层状、似层状、透镜状以及脉状矿体。

2. 勘查网形式

勘查工程布置在两组不同方向勘查线的交点上，构成网状的工程布置形式，称为勘查网形式。其特点是可以依据工程的资料编制 2 ~ 4 组不同方向的勘查剖面，以便从各个方向了解矿体的特点和变化情况。勘查网有以下几种网形：正方形网、长方形网、菱形网及三角形网。一般正方形和长方形网在实际工作中最常用，后两者应用较少。

3. 水平勘查

主要用水平勘查坑道（有时也配合应用钻探）沿不同深度的平面揭露和圈定矿体，构成若干层不同标高的水平勘查剖面。这种勘查工程的总体布置形式，称为水平勘查。水平勘查主要适用于陡倾斜的层状、脉状、透镜状、筒状或柱状矿体。当平行的水平坑道与钻探配合在铅垂方向也构成成组的勘查剖面时，则成为水平勘查与勘查线相结合的工程布置形式。以水平勘查布置坑道时，其位置、中段高度、底板坡度等均应考虑到开采时利用这些坑道的要求。

水平勘查坑道的布置应随地形而异。当勘查区地形比较平缓时，通常在矿体下盘开拓竖井，然后按不同中段开拓石门、沿脉、穿脉等坑道；当地形陡峭时，可利用山坡一定的中段高度开拓平硐，在平硐中再开拓沿脉和穿脉等坑道以揭露和圈定矿体。

在勘查手段的选择上，一般地表应以槽、井探为主，浅钻工程为辅，配合有效的物探、化探方法，深部应以岩心钻探为主；当地形有利或矿体形态极复杂、物质组分变化大时，应以坑探为主配以钻探；当采集选矿大样时，也可动用坑探工程。若钻探所获地质成果与坑探验证成果相近，则不强求一定要投入较多的坑探工程，可以钻探为主配合坑探进行。坑探应以脉内沿脉为主，当沿脉坑道未能揭露矿体全厚时，应以相应间距的穿脉配合进行。

（三）勘查工程间距的确定

勘查工程间距是指相邻勘查工程控制矿体的实际距离，其间距应根据反映矿床地质条件复杂程度的勘查类型来确定。首先要看矿体的整体规模，并结合其主要因素确定工程间距，即使是分段勘查也要从整体规模入手。不同地质可靠程度、不同勘查类型的勘查工程间距，视实际情况而定，不限于加密或放稀一倍。当矿体沿走向和倾向的变化不一致时，工程间距要适应其变化；矿体出露地表时，地表工程间距应比深部工程间距适当加密。

勘查工程间距通常采用与同类矿床类比的办法确定。一般可参考各矿种勘查规范的要求确定勘查工程间距，也可根据已完工的勘查成果，运用地质统计学的方法确定。由于矿床的形成条件各异，勘查工程间距的确定应充分考虑矿床自身特点，并应在施工过程中进行必要的调整。

三、非金属矿产资源量 / 储量的分类系统

（一）矿产资源 / 储量分类依据

1. 地质可靠程度

地质可靠程度反映了矿产勘查阶段工作成果的不同精度，分为探明的、控制的、推断的和预测的四种。

① 探明的是指在工作区的勘探范围依照勘探的精度详细查明了矿床的地质特征、矿体的形态、产状、规模、矿石质量、品位及开采技术条件，矿体的连续性已经确定，矿产资源 / 储量估算所依据的数据详尽，可信度高。

② 控制的是指对工作区的一定范围依照详查的精度基本查明了矿床的主要地质特征、矿体的形态、产状、规模、矿石质量、品位及开采技术条件，矿体的连续性基本确定，矿产资源/储量估算所依据的数据较多，可信度较高。

③ 推断的是指对普查区按照普查的精度大致查明矿床的地质特征以及矿体（矿点）的展布特征、品位、质量，也包括那些由地质可靠程度较高的基础储量或资源量外推的部分。由于信息有限、不确定因素多，矿体（点）的连续性是推断的，矿产资源量估算所依据的数据有限，可信度较低。

④ 预测的是指对矿化潜力较大地区经过预查得出的结果。只有在有足够的数据并能与地质特征相似的已知矿床类比时，才能估算出预测的矿产资源量。

2. 经济意义

对地质可靠程度不同的查明矿产资源，经过不同阶段的可行性研究，按照评价当时经济上的合理性可以划分为经济的、边际经济的、次边际经济的、内蕴经济的四种。

① 经济的是其数量和质量依据符合市场价格确定的生产指标计算的，在可行性研究或预可行性研究当时的市场条件下开采，技术上可行、经济上合理、环境等其他条件允许，即每年开采矿产品的平均价值能足以满足投资回报的要求，或在政府补贴和（或）其他扶持措施条件下开发是可能的。通常将未来矿山企业的年平均内部收益率大于或等于行业基准内部收益率，按行业基准贴现率计算的净现值大于零的矿产资源划为经济的。

② 边际经济的是在可行性研究或预可行性研究当时，其开采是不经济的，但接近于盈亏边界，只有在将来由于技术、经济、环境等条件的改善或政府给予其他扶持的条件下可变成经济的。通常将未来矿山企业的年平均内部收益率在零至行业基准内部收益率之间，按行业基准贴现率计算的净现值等于零或接近于零的矿产资源划为边际经济的。

③ 次边际经济的是在可行性研究或预可行性研究当时，开采是不经济的或技术上不可行的，需大幅提高矿产品价格或技术进步使成本降低后方能变为经济的。通常将未来矿山企业的年平均内部收益率和按行业基准贴现率计算的净现值小于零的矿产资源划为次边际经济的。

④ 内蕴经济的是仅通过概略研究做了相应的投资机会评价，未做预可行性研究或可行性研究，由于不确定因素多，因此无法区分其是经济的、边际经济的，还是次边际经济的。

（二）矿产资源 / 储量分类

1. 储量

经过详查或勘探，达到了控制的和探明的程度，在预可行性研究、可行性研究或编制年度采掘计划当时，经过了对经济、开采、选矿、环境、法律、市场、社会和政府等诸因素的研究及相应修改，结果表明在当时是经济可采或已经开采的部分。即指基础储量中的经济可采部分，用扣除了设计、采矿损失的可实际开采数量表述，依据地质可靠程度和可行性评价阶段不同，可分为以下三种类型。

（1）可采储量（111）

探明的经济基础储量的可采部分。指已按勘探阶段要求加密工程的地段，在三维空间上详细圈定了矿体，肯定了矿体的连续性，详细查明了矿体地质特征、矿石质量和开采技术条件，并有相应的矿石加工选矿试验成果，已进行了可行性研究，包括对开采、选矿、经济、市场、法律、环境、社会和政府因素的研究及相应的修改，证实其在计算的当时开采是经济的。估算的可采储量及可行性评价结果的可信度高。

（2）探明的预可采储量（121）

探明的经济基础储量的可采部分。指已达到勘探阶段加密工程的地段，在三维空间上详细圈定了矿体，肯定了矿体连续性，详细查明了矿体地质特征、矿石质量和开采技术条件，并有相应的矿石加工选矿试验成果，但只进行了预可行性研究，表明当时开采是经济的。估算的可采储量可信度高，可行性评价结果的可信度一般。

（3）控制的预可采储量（122）

控制的经济基础储量的可采部分。指已达到详查阶段工作程度要求的地段，基本上圈定了矿体的三维形态，能够较有把握地确定矿体连续性的地段，基本查明了矿床地质特征、矿石质量、开采技术条件，提供了矿石加工选矿性能条件试验的成果。对于工艺流程成熟的易选矿石，也可利用同类型矿产的试验成果。预可行性研究结果表明开采是经济的，估算的可采储量可信度较高，可行性评价结果的可信度一般。

2. 基础储量

基础储量是查明矿产资源的一部分。能满足现行采矿和生产所需的指标要求（包括品位、质量、厚度、开采技术条件等），是经详查、勘探所获控制的、探明的并通过可行性研究、预可行性研究认为属于经济的、边际经济的部分，用未扣除设计、采矿损失的数量表述。可分为六种类型。

(1) 探明的 (可研) 经济基础储量 (111b)

所达到的勘查阶段、地质可靠程度、可行性评价阶段及经济意义的分类与可采储量 (111) 描述相同，唯一的差别在于本类型是用未扣除设计、采矿损失的数量表述。

(2) 探明的 (预可研) 经济基础储量 (121b)

所达到的勘查阶段、地质可靠程度、可行性评价阶段及经济意义的分类与预可采储量 (121) 描述相同，唯一的差别在于本类型是用未扣除设计、采矿损失的数量表述。

(3) 控制的经济基础储量 (122b)

所达到的勘查阶段、地质可靠程度、可行性评价阶段及经济意义的分类与预可采储量 (122) 描述相同，唯一的差别在于本类型是用未扣除设计、采矿损失的数量表述。

(4) 探明的 (可研) 边际经济基础储量 (2M11)

指在达到勘探阶段工作程度要求的地段，详细查明了矿床地质特征、矿石质量、开采技术条件，圈定了矿体的三维形态，肯定了矿体的连续性，有相应的加工选矿试验成果。可行性研究结果表明，在确定当时开采是不经济的，但接近盈亏边界，只有当技术、经济等条件改善后才可变成经济的。这部分基础储量可以是覆盖全勘探区的，也可以是勘探区中的一部分，在可采储量周围或在其间分布。估算的基础储量和可行性评价结果的可信度高。

(5) 探明的 (预可研) 边际经济基础储量 (2M21)

指在达到勘探阶段工作程度要求的地段，详细查明了矿床地质特征、矿石质量、开采技术条件，圈定了矿体的三维形态，肯定了矿体的连续性，有相应的矿石加工选矿性能试验成果，预可行性研究结果表明，在确定当时开采是不经济的，但接近盈亏边界，待将来技术经济条件改善后可变成经济的。其分布特征同 (2M11)，估算的基础储量可信度高，可行性评价结果的可信度一般。

(6)(控制的) 边际经济基础储量 (2M22)

指在达到详查阶段工作程度的地段，基本查明了矿床地质特征、矿石质量、开采技术条件，基本圈定了矿体的三维形态，预可行性研究结果表明，在确定当时开采是不经济的，但接近盈亏边界，待将来技术经济条件改善后可变成经济的。其分布特征类似于 (2M11)，估算的基础储量可信度较高，可行性评价结果的可信度一般。

3. 资源量

指查明矿产资源的一部分和潜在矿产资源。包括经可行性研究或预可行性研究证实为次边际经济的矿产资源以及经过勘查而未进行可行性研究或预可行性研究的内蕴经济的矿产资源，以及经过预查后预测的矿产资源。可分为七种类型。

(1) 探明的 (可研) 次边际经济资源量 (2S11)

指在勘查工作程度已达到勘探阶段要求的地段，地质可靠程度为探明的，可行性研究结果表明，在确定当时开采是不经济的，必须大幅度提高矿产品价格或大幅度降低成本后才能变成经济的，估算的资源量和可行性评价结果的可信度高。

(2) 探明的 (预可研) 次边际经济资源量 (2S21)

指在勘查工作程度已达到勘探阶段要求的地段，地质可靠程度为探明的，预可行性研究结果表明，在确定当时开采是不经济的，需要大幅度提高矿产品价格或大幅度降低成本后才能变成经济的。估算的资源量可信度高，可行性评价结果的可信度一般。

(3) 控制的次边际经济资源量 (2S22)

指在勘查工作程度已达到详查阶段要求的地段，地质可靠程度为控制的，预可行性研究结果表明，在确定当时开采是不经济的，需要大幅度提高矿产品价格或大幅度降低成本后才能变成经济的。估算的资源量可信度较高，但可行性评价结果的可信度一般。

(4) 探明的内蕴经济资源量 (331)

指在勘查工作程度已达到勘探阶段要求的地段，地质可靠程度为探明的，但未做可行性研究或预可行性研究，仅做了概略研究，经济意义介于经济的一次边际经济的范围内，估算的资源量可信度高，可行性评价可信度低。

(5) 控制的内蕴经济资源量 (332)

指在勘查工作程度已达到详查阶段要求的地段，地质可靠程度为控制的，可行性评价仅做了概略研究，经济意义介于经济的一次边际经济的范围内，估算的资源量可信度较高，可行性评价可信度低。

(6) 推断的内蕴经济资源量 (333)

指在勘查工作程度只达到普查阶段要求的地段，地质可靠程度为推断的，资源量只根据有限的数据估算的，其可信度低。可行性评价仅做了概略研究，经济意义介于经济的一次边际经济的范围内，可行性评价可信度低。

(7) 预测的资源量 (334)

指依据区域地质研究成果、航空、遥感、地球物理、地球化学等异常或极少量工程资料，确定具有矿化潜力的地区，并和已知矿床类比而估计的资源量，属于潜在矿产资源，有无经济意义尚不确定。

（三）矿产资源 / 储量估算

1. 矿产资源 / 储量估算的工业指标

工业指标是评价矿床的工业价值、圈定矿体和估算矿产资源 / 储量的依据。工业指标由矿石质量指标和矿床开采技术条件两部分组成，包括边界品位、最低工业品位、最低可采厚度、夹石剔除厚度、剥采比和勘查深度等。

工业指标应根据矿山开采技术条件、矿石的加工选矿性能、矿山开发的外部条件及当时的市场情况和国家的经济政策研究确定。在预查和普查阶段，可采用一般工业指标或与相邻地区同类矿床类比。在详查和勘探阶段，一般应在勘查工作基本结束前，通过多方案试圈，经技术经济比较确定，或结合预可行性研究、可行性评价研究和当时的市场及相关因素提出工业指标的推荐方案，按国家规定的程序报批。

2. 矿产资源 / 储量估算的一般原则

① 必须根据矿体赋存规律，严格按工业指标正确的连接圈定矿体。

② 应按矿产资源 / 储量分类及类型条件，按矿体、块段、矿石类型或品级分别估算矿产资源 / 储量。当开采方式不同时，应分别计算露采、坑采地段的矿产资源 / 储量。

③ 对具有工业利用价值的共生和伴生有用组分，应分别估算矿产资源 / 储量。

④ 估算的矿产资源 / 储量应是扣除采空区的实有矿产资源 / 储量。对于埋藏在永久性工程或重要建筑物以下禁采区的矿产资源 / 储量，均应单独估算，并列入次边际经济资源量。

⑤ 参与矿产资源 / 储量估算的各项工程质量应符合有关规范、规程和规定的要求。

3. 矿产资源 / 储量估算参数的要求

① 参与矿产资源 / 储量估算的各项参数，如矿体面积、厚度、品位、体积质量（体重）等，在预查和普查阶段采用实测和类比方法确定，在详查和勘探阶段必须实测，数据要准确、可靠、具有代表性。

② 矿产资源 / 储量的估算方法，要根据矿床赋存特点和勘查工程布置形式合理进行选择，对估算方法及其结果的正确性应进行检验。提倡运用计算机技术，采用地质统计学法、SD 法等新的矿产资源 / 储量计算方法，使用的计算机软件需经有关管理部门认定。

第六章　地质勘查高新技术发展路径

第一节　遥感技术与物探技术的发展目标与路径

一、遥感技术的发展目标与路径

（一）遥感技术的目标与框架

1. 遥感技术总目标

加强自主创新，提高遥感数据的分辨率和精度，使遥感技术在发现矿产资源、应对地质灾害、开展土地调查等方面得到规模化应用，解决我国社会发展新阶段所面临的资源短缺“瓶颈”、生态退化、重大地质灾害防治等问题，同时逐步缩小与世界先进水平之间的差距。该目标主要分为三个阶段。

第一阶段（2015—2016年）：继续构建国产现有卫星在找矿、地质灾害防治、土地资源调查领域的应用模式。

第二阶段（2017—2020年）：自主研发符合国土资源业务领域需求的高分辨率遥感平台的具体参数、有效荷载，提高数据的精度，推出高分辨率遥感平台，并提高数据处理的效率。

第三阶段（2021—2030年）：建立各种业务的遥感应用模式与业务流程，实现遥感技术在国土资源业务领域的规模化应用。

2. 遥感技术发展框架

根据遥感技术发展趋势、国内外技术发展现状以及地质工作需求，至2030年，我国发展遥感技术要着眼以下三个主要方向。

第一，发展具有自主知识产权的卫星系统，实现数据获取精准化、规范化。

第二，建立数据处理自动化技术流程与标准体系，实现空间信息处理和信息提取的定量化、自动化和实时化。

第三，构建国土资源遥感应用系统。

(二) 遥感的关键技术

我国遥感技术的发展应着重于遥感装备系统建设、遥感信息处理、遥感技术应用三个方面的关键性技术。分述如下。

1. 遥感装备系统建设

目标任务：我国需要针对遥感器的性能需求展开调研、论证，定制不同类型、不同频谱、不同波段、不同平台、不同星座的卫星系统，满足国土资源调查、监测和监管工作对空间分辨率、光谱分辨率和时间分辨率的需求。至2030年，逐渐形成自主获取信息源及基于自主信息源的卫星载荷。

(1) 国产卫星遥感信息源

随着国土资源调查的深入与持续，资源卫星应用领域快速拓展，应用水平大幅提高，尤其是面对“双保”工程实施找矿战略突破行动，将导致对资源卫星数据需求量的急速增长，加剧对高质量资源卫星数据的供需矛盾；同时地质资源调查和地质灾害环境监测等属于持久性工作，对资源卫星数据不仅有数量上和质量上的要求，更需要保证数据信息获取的多样性、连续性、稳定性和可靠性。因此，单纯依靠国际资源卫星获取的数据不能完全满足当前及未来国土资源调查对高质量、连续、稳定和可靠的基础信息数据的巨量需求。

(2) 卫星研制的前期论证

需要在卫星研制立项前普遍开展系统性论证工作，有效进行技术创新与应用潜力分析，其中，最重要的是开展大量地面模拟仿真工作，确保卫星在轨的各项技术指标处于最佳状态。

加强影响图像质量及其应用卫星技术指标论证，提高国产遥感卫星数据质量和卫星性能。开展卫星平台稳定性对图像质量影响的分析研究，从图像质量满足土地资源调查以及监测应用的需求出发，论证确定卫星平台稳定性的合理指标。从区域数据覆盖能力出发，提出灵活机动的在轨成像工作模式。分析卫星载荷的空间分辨率、光谱分辨率、辐射分辨率、波段间配准误差、内部几何畸变、图像压缩算法和压缩比等技术指标对国土资源业务如土地资源调查监测、地质灾害监测与预警等应用的影响，提出合理的卫星载荷技术指标。

通过设计分析和仿真研究，实现卫星平台的最优化设计；基于优化的指标参数和卫星平台，进行卫星和航空高光谱成像仪的方案设计论证，并针对其核心关键技术进行攻关，并进一步开展载荷研制工作。

(3) 星上数据实时处理技术

星上数据实时处理是智能卫星最突出的特点之一，处理后的信息产品数据量大大减少，在减少数据传输压力的同时也使得遥感信息能够直接被终端用户接收。星上数据实时处理可以实现从现有遥感卫星“给什么—要什么”的模式向“要什么—给什么”的模式转变，提高遥感成像效率和数据利用效率。

(4) 数据的时效性

将单星模式工作的卫星按照一定的相位要求布放，形成多星工作模式的卫星星座，可以有效地提高时间分辨率。卫星星座主要分为两类：一类是同一轨道面内卫星以等间隔相位布放的星座；另一类是不同轨道面内卫星以等间隔相位布放的星座。

(5) 数据定标精度

数据质量通常是指数据的可靠性和精度。数据质量的优劣是一个相对概念，并具有一定的针对性。分析数据质量不仅要根据技术规程衡量，还要从数据使用角度分析。通常数据的质量问题包括以下内容：位置精度、属性精度、时间精度、逻辑一致性、数据完整性等。

(6) 星—空—地联合作业仪器的研制

我国需要全面系统地发展快速、灵活、机动性强的高、中、低空飞行平台技术，特别是要注重 POS 和惯性导航技术的集成以及发展自动传输技术等。主要目的是进一步增强地质灾害监测和矿山环境监测等遥感应急数据快速获取的能力，保障大面积、高分辨率和高质量航空遥感数据快速获取能力。

2. 遥感信息处理

目标任务：针对目前存在的问题和遥感地质调查技术发展与地质应用的实际需求，建立遥感地质调查技术标准体系，制定遥感地质应用相关技术规定、规范和标准。通过从数据库构建、辐射定标及归一化、并行处理、三维地质填图、多源数据融合、深空探测等方面取得突破来实现地质遥感几何与物理方程的整体反演求解。

(1) 高光谱遥感岩矿多维数据库构建技术

传统的关系型数据库（Relational Database，RDB）以其坚实的理论依据和出色的实际应用堪称主流数据库。在这种关系型数据库中，数据库表遵循严格的二维结构，即元组为表中的最小不可分解单位，表中不能再有表。这样的结构曾经大力推动了关系型数据库的发展和应用。但随着面向对象（Object Oriented，OO）技术的发展和成熟，越来越要求数据库能有效地实现对对象的存储管理，而关系型数据库这种严格的二维结构已经限制了这一存储管理要求的实现。面向对象存储技术的发展，强烈要求突破现有的二维关系型数据库的结构模式，进而实现多维数据库的结构模式。

多维数据库可以简单地理解为，将数据存放在一个 n 维数组中，而不是像关系型数据库那样以记录的形式存放。因此它存在大量稀疏矩阵，人们可以通过多维视图来对数据进行多角度观察。多维数据库中超立方结构的性能将直接影响多维分析中对海量数据的处理。建立岩矿多维数据库，并通过多维数据库分析查询功能，可以满足人们对不同空间分辨率、不同光谱分辨率和光谱信息的有效利用，从而推动高光谱遥感技术在地矿领域的跨越式发展和应用。

(2) 光谱及辐射量的定量化和归一化技术

作为遥感定量化研究的基础，必须进行传感器在轨绝对辐射定标，需要有相应的地面定标场来同步测量。目前，国内虽然有青海定标场和敦煌定标场用于辐射定标，但由于天气等因素无法满足全天候定标。同时就科学实验角度而言，也有必要采取多场测试、多方法测试，便于相互验证获取最佳定标精度。

(3) 海量遥感数据自动化并行处理

遥感所带来的信息和数据所呈现出的海量程度和复杂程度都是空前的，随着地质应用需求不断扩大和计算机技术飞速发展，数字图像处理面临复杂化和高速化的挑战，借助于计算机并行处理机制可以为这一问题解决提供必要的技术手段。研究海量遥感数据并行处理机制，改造串行算法，可直接提高海量遥感数据处理的效率和自动化程度。多用户、多任务、多线程、高稳定性、高可靠性是设计算法和模型重点需要考虑的特性。

(4) 高光谱地质三维填图技术

高光谱遥感技术在油气探测、资源普查与固体矿床探测中发挥了重要作用。世界各国非常重视高光谱遥感技术在找矿、精细采矿与矿产综合利用中的应用价值，高光谱地质三维填图技术已经大范围推广应用。矿物填图不仅可以直接识别与成矿作用密切相关的蚀变矿物、圈定找矿靶区、指导和帮助找矿，还可以根据矿物的空间分带、典型矿物或标志矿物成分及结构变化，推断成岩、成矿作用的温压条件、热动力过程、热液运移和岩浆分异的时空演化，恢复成岩、成矿历史，建立不同矿床的成矿模型和找矿模型。

目前，钻探是各种固体矿床探测和能源探测的直接手段，通过钻探岩心的采样分析，可以对矿床的种类、品位和储量进行精确估计。用高光谱岩心扫描技术进行岩心矿物含量测定，形成数字编录库指导深部找矿作业，可以大大提高作业效率，节省大量资金。利用地表、地下岩心数据，结合其他地球物理、地球化学数据，可以构建地下立体三维模型，进行立体矿物填图。

(5) 多源遥感数据与地学数据融合技术

随着地质勘查技术的发展信息的来源和种类越来越多，在信息的实际应用中单一信息源所提供的信息往往是片面的，通过对多源数据融合处理，可以有效消除数据中信息的不确定因素，减少解释的多解性，从而大大提高目标识别的精度。多源数据的融合是高度集成和有效获取目标信息的手段，采用恰当的数据融合技术可以对多源数据进行优化，达到减少冗余信息、综合互补信息、捕捉协同信息的目的。

遥感数据与地学数据多源融合是基于它们之间的相关性进行的。不同类型空间数据之间存在两种相关关系，即套合和耦合。所谓套合是指两者之间空间上相关但成因关系不明显；而耦合则是空间上和成因上均相关。对于多源数据综合分析模型的建立，也是基于数据之间内在关系来考虑是套合还是耦合。数据融合处理是多源遥感数据和地学数据综合处理、分析和应用的重要手段。

(6) 遥感地质深空探测技术

开展以月球探测为主的遥感深空探测技术研究，重点开展月球影像制图研究、遥感月球地质填图与资源评价预研究。月球探测是人类进行太阳系空间探测的历史性开端，大大促进了人类对月球、地球和太阳系的认识，带动了一系列基础科学创新，促进了应用科学的新发展。

月球的主要岩石类型为玄武岩、斜长岩、(超) 基性岩、角砾岩和克里普岩。月球的岩石和土壤中已发现100多种矿物，与地球矿物的成分、结构和特征几乎相同，但月球矿物不含水，在强还原环境中形成。月球有开发利用前景的矿产资源尚需进一步探测，对人类社会可持续发展的意义需作出经济技术评估。

3. 遥感技术应用

目标任务：发展支撑国土资源业务的关键技术，加强遥感技术的应用力度，形成较完整的基于自主信息源的遥感应用体系，实现地质工作现代化。主要包括：矿产资源与能源探测技术，高光谱定量化信息提取技术，高精度干涉雷达监测技术，地质灾害与矿山环境遥感快速应急响应调查、监测与评价技术，海洋及近海域遥感探测技术，深空探测技术等前沿技术，以及相关业务应用系统需要研制的关键技术。

(1) 建立规模化、业务化运行的星—空—地联合遥感地质勘查系统

由于地质调查的多层次性与多要素性，需要不同遥感数据和遥感技术手段的综合。在目前多源数据并行和多技术研发的情况下，择机开展地质调查遥感技术方法综合研究，可以充分发挥地质调查遥感的综合效益。加强遥感高技术工作指南编写以及技术流程与应用体系等综合研究，以推进遥感技术的业务应用。将航天、航空、地面、地下的遥感数据采集、处理、应用集成在一起，建设地质勘查遥感系统，形成星载、机载技术系统与航空物探技术系统、地面和地下物探技术系统、地球化学立体地质勘查技术体系的相互融合。

(2) 系统性开展地物波谱研究，深度挖掘利用遥感数据的地质信息

遥感地质找矿是遥感信息获取、含矿信息提取以及含矿信息成矿分析与应用的过程。遥感技术在地质找矿中的应用主要表现在遥感岩性识别、矿化蚀变信息提取、地质构造信息提取和植被波谱特征等方面。岩性识别主要是应用图像增强、图像变

换和图像分析方法，增强图像的色调、颜色以及纹理的差异，以便能最大限度地区分不同岩相、划分不同岩石类型或岩性组合。矿化蚀变信息提取主要是基于特定蚀变岩石在特定光谱波段形成的光谱异常，可以用来圈定矿化蚀变异常区和确定找矿靶区。野外地质观察表明，矿化蚀变带总是沿着一定地质构造分布，构造是成矿的重要控制因素，对内生矿床尤为重要。地质构造信息提取主要是线形影像和环形影像的解译，不同的成矿构造环境条件可以提取不同的成矿构造信息。为了解决植被覆盖区的隐伏矿找矿问题，遥感生物地球化学技术应运而生，运用遥感生物地球化学方法在植被覆盖区寻找隐伏矿和优选远景区能取得较好的效果。在遥感图像上，植物对金属元素的吸收和积聚作用表现为异常植被与正常植被在灰度值和色彩上具有的明显差异，为此需要寻求更为成熟的多光谱和高光谱岩性信息提取方法。

加强遥感信息的提取研究，如高光谱与岩石光谱对应关系与内在联系的研究。遥感蚀变信息的准确度、识别的可靠性、定量化程度有待提高遥感蚀变信息的异常分级与成矿地质意义上的异常关系问题等还有待深入研究与探讨，需要根据遥感信息对沉积岩和变质岩的岩性识别进行研究。

(3) 将遥感技术与地学理论有机衔接，提升遥感地质找矿的理论水平

遥感找矿要以遥感地质为主，认真总结各种矿床的遥感地质标志特征建立找矿模式，重点是遥感信息的矿床地质“纯量”和特色，然后逐步上升到矿群、矿带及其地质环境背景，才能建立遥感地质找矿的坚实理论基础。

(4) 发展多源遥感地质信息反演技术，研究遥感找矿机理及其与成矿机理的有机协同模式

为了满足地下矿产资源发现、土地资源查明对遥感技术的需求，需要加大遥感应用的深度和广度。目前可用的遥感数据有几十种类型，涉及不同空间分辨率、光谱分辨率以及成像雷达数据、地面和钻孔等实测光谱数据。海量数据提供了丰富的蚀变异常信息、岩石矿物以及组成成分信息、地质构造信息等，如何有效地进行地质找矿遥感信息的反演以及这些信息的综合应用，需要结合成矿机理大力发展遥感协同分析技术及应用模式，并从异常信息提取迈向异常信息与成矿机理相结合的高度。

(5) 拓展遥感技术在地质灾害调查中的应用范围

地质灾害研究中的关键遥感技术包括光学遥感（高光谱分辨率遥感和高空间分辨率遥感）和微波遥感技术。在灾害预警阶段，主要应用的是高分辨率遥感解译和工程地质相结合的方法和多光谱遥感地物识别技术；地质灾害发生后，进行实时调查及时了解灾害造成的破坏情况，为救援及防灾工作提供参考依据。高分辨率遥感数据对地质灾害实时调查，尤其是周期短、精度高的遥感数据获得与应用越来越受

到重视。灾害评估和灾后恢复重建评估两个阶段非常重要，利用未受灾和成灾后的影像数据，准确地查明灾区受损情况，主要应用的是遥感影像变化区域监测技术。

拓展和深化遥感技术的应用领域，如在丘陵、平原、海岸带、干旱区开展高水平的遥感调查，提高我国突发性地质灾害应急监测技术水平，增强应急响应能力。充分利用航天遥感、差分干涉雷达和全球定位系统及集成技术进行地质灾害监测，建立实用性全国重大自然灾害遥感实时监测评价技术系统。

(6) 加强雷达遥感应用研究

土地资源调查监测工作涉及领域众多，任何单一类型资源卫星数据都难以满足规模化应用的需求，综合利用来自不同资源卫星系列、不同传感器类型的遥感数据是土地资源调查监测卫星遥感技术应用的长期策略和方针，还可以有效发挥各种遥感技术的优势，弥补单一数据信息量不足给实际应用带来的困难。雷达遥感不受天气影响，具有全天候、全天时的观测能力，可作为中国多云、多雨、多雾的西南等地区难以获取光学影像的有效数据源。

(7) 建立遥感应用模型，大力推进卫星数据区域应用

从国土资源工作的需求角度来看，更好地理解利用不同遥感数据所提取的地质信息，更好地进行地质找矿等应用，是提高遥感地质应用效率、水平与能力的关键。因此，要基于不同地质学科发展遥感地质信息诠释模式，从传感器谱段设置和工作业务种类特点出发，综合考虑数据的适用性、现有产品体系的可延续性以及技术方法的可靠性与扩展性，结合业务卫星的数据特点、获取方式，加强综合产品与指标体系研究，指导业务卫星的应用。建立遥感地质找矿模型、地质演化时空模型以及地质灾害预警模型等，深度解决遥感信息在地学中的应用问题。

(8) 建立标准体系，推动遥感技术的自动化、工程化水平

随着国土资源管理对遥感技术业务化应用的迫切需求，遥感技术的自动化、工程化程度亟待提高。

首先，统一我国已有的应用卫星存在标准、软件、平台接口，解决集成难的问题。为了实现遥感数据的共享及信息化批量处理，保障不同部门、不同应用领域中数据的连续性和一致性，必须对遥感数据产品进行规范化和标准化，包括数据格式、数码转换、质量控制、数据分类等。其次，随着遥感地质数据库、干涉雷达遥感监测、干涉雷达与热红外遥感、高光谱数据处理技术、数字遥感等新技术方法日趋成熟，上述技术领域应该成为标准化发展的方向。最后，遥感应用标准的研制始终是一项制约我国遥感技术发展的薄弱环节，需要加强基础地质调查、油气调查、地质灾害调查、城市地质调查等应用领域遥感技术标准的研制。

(9) 从顶层设计角度推动遥感应用的综合化、产业化、业务化

面对遥感技术应用领域的不断扩展，我国遥感应用与产业化从发展规模、技术水平、运作方式等方面存在许多问题。遥感调查与监测研究部门分散，技术集成度较差，缺乏遥感应用基础能力建设的统筹，没有形成从数据接收到信息集成的业务化流程与应用系统；调查结果相对分散，制约了国土资源调查与监测的规模化应用，难以集成宏观有重大影响的成果，也难以解决遥感技术应用领域不断扩展与遥感技术工程化能力不足之间的矛盾；遥感技术的自动化、工程化程度亟待提高，没有形成以遥感地质勘查技术为核心的标准体系，严重影响到调查与监测水平及效率的提升，也无法保障国土资源遥感调查与监测制度化、监管日益程序化以及调查法制化的实现。

从顶层设计角度来看，应建立有效空间数据的公益型应用模式，整合国产空间数据资源，建立合理灵活的数据与知识共享机制。完善数据接收、数据处理、建设遥感基础库、野外调查系统、建设专题产品库、服务系统和系统集成这七大业务流程，实现遥感业务流程信息化；建设矿产资源开发调查监测系统；开发一个遥感服务与管理平台；建立起一个星—空—地协同发展的集遥感数据获取、数据处理、信息提取和成果服务于一体的国土资源遥感业务体系。

二、物探技术的发展目标与路径

(一) 物探技术的目标与框架

针对国家对矿产资源、油气勘查、工程勘查及地质灾害评价等的战略需求和物探学科发展形势，应开展物探方法技术与仪器创新研究，使我国的物探理论与技术达到国际先进或领先水平；通过多学科联合攻关与示范，集成和发展一批亟需的区域地球物理调查与评价关键技术体系，引领和推动地球物理立体地质填图、油气及天然气水合物勘查、深部地质结构探测项目的实施，促进地质找矿与环境建设重大突破的实现。

1. 物探技术总目标

加强自主创新，逐步实现国内航空、地面物探仪器特别是高精尖仪器设备（航空重力梯度仪、航空张量测量系统、海洋重力和海洋磁测仪器、多功能大功率电法仪器等）的国产化，实现软件处理技术的自主化，使我国物探技术达到国际先进水平。同时，提升物探高新技术在矿产资源勘查、油气勘查、工程勘查及地质灾害评价等领域的应用水平。该目标主要分为三个阶段。

第一阶段（2015—2016年）：继续攻克航空磁力、电磁、重力等核心技术和装备

研制关键技术，基本实现物探技术系统国产化。

第二阶段（2017—2020年）：自主研发符合国土资源业务领域需求的航空重力仪、无人机航空磁力仪、大功率电法仪、海洋深部探测仪器等硬件设备，以及重、磁、电、震数据处理与解释软件，开展广泛应用的示范研究，使我国物探技术总体达到国际先进水平，满足国家资源和环境勘查对物探技术的需求。

第三阶段（2021—2030年）：全面建立物探技术的应用模式与业务流程，实现勘查地球物理技术在国土资源业务领域规模化、成熟化应用。到2030年，我国物探技术及应用水平要达到国际领先。

2. 物探技术发展框架

根据对勘查地球物理技术发展趋势、需求等方面的分析，至2030年，我国发展勘查地球物理技术的主要方向有以下三个方面：① 开展硬件设备的研制工作，包括重力仪、重力梯度仪、电磁仪器、伽马能谱仪等。② 开展软件系统的自主创新项目，包括海量数据处理软件、多参数联合反演、三维地质建模、数据异常识别及提取等的研发。③ 加大高新技术在国土资源调查、监测领域的推广应用力度，针对具体业务形成高新技术的成熟性应用体系。

3. 物探技术重点领域

(1) 重力勘查技术

重力勘查技术包括以下几个方面。

① 加强我国重力仪的自主研发，提高重力仪，尤其是重力梯度仪的研发水平。

② 加强重力数据处理与资料解释软件的开发，尽早研发出一套完善的实用化重力数据处理与解释软件。

③ 我国航空重力测量的主要任务是测定难以实施的地面重力测量地区、陆海交界地区和海洋区域的重力测量，快速填补我国重力测量的空白区。

④ 为了发展我国的航空重力测量事业，必须引进、消化、吸收国外先进技术与仪器，同时加大先进仪器的自主开发力度，研发具有我国自主知识产权的重力测量系统。

(2) 磁法勘查技术

包括以下几个方面。

① 自主研究和开发地球物理卫星，深入开展卫星重、磁测量技术研究。

② 研制无人机化磁法勘查系统。

③ 发展我国的全张量梯度测量技术。

④ 研发综合资料解释软件，发展简便快速的自动反演方法，提高综合卫星、航空（海洋）与地面重磁资料研究地球结构的能力。

⑤ 开拓应用新领域，充分发挥磁法在环境污染调查中的作用。

(3) 电法勘查技术

该技术包括以下几个方面。

① 加快我国电磁法仪器研究的步伐，提高电磁法仪器的探测精度与效果。

② 设计和完善电磁法处理与资料解释系统，增加针对时间域航空电磁法数据预处理技术的研究。

③ 针对航空电磁探测系统，设计特定目标服务、适合小型或轻型飞机的专用航空电磁系统，如矿产勘查、浅海测深、海冰厚度探测、环境监测、土地管理、水资源评价等。

(4) 地震勘查技术

该技术包括以下几个方面。

① 加大我国地震仪器自主研发力度，提高地震勘探仪器的研发水平。

② 加强地震反演方法研究，加强地震数据处理与资料解释软件的开发，研制开发完善实用化的地震数据处理与解释软件。

③ 进一步完善多参数采集的层析成像方法与技术。

④ 进一步开展深部地震探测工作，加大地震台站建设，扩大地震台站对全国的覆盖。

⑤ 加大对我国领海海域的海洋深部地震勘查。

(二) 物探关键技术

1. 技术研发

(1) 无人机航磁测量技术

目前，轻型化、小型化、智能化无人机航空磁力测量系统是国际研究的热点。由于无人机航空磁力测量系统具有灵活机动、高效快速、精细准确、作业成本低等特点，可广泛应用于地形地质复杂地区和地面作业困难地区的矿产勘查，对国家资源保障具有极其重要的意义。此外，具有更高精度的航空全张量磁力测量系统在军事上有着极其重要的应用。为此，大力发展我国无人机航空磁力测量系统，尤其是航空全张量磁力测量系统，不仅对我国西部地区、青藏高原等自然环境恶劣地区的矿产勘查具有现实意义，对我国国防建设也具有极其重要的意义。

(2) 重力测量技术

借鉴国外高精度重力仪、重力梯度仪研发的先进经验，通过技术引进或技术合作，提升我国的高精度重力仪研发水平。

(3) 直升机吊舱式时间域航空电磁勘查系统

主要开展低噪声稳流发射技术研究、二次场高灵敏度接收技术研究、直升机时间域航空电磁数据处理解释实用化软件研制和直升机时间域航空电磁系统集成与应用示范研究；在适当时机开展时间域航空电磁测量技术规范的研究与编制工作。

(4) 航磁三分量矢量勘查系统与航磁全张量技术

主要开展航磁三分量（矢量）测量和航磁全张量测量关键技术研究、航磁三分量测量仪研制和高精度姿态测量方法研究；进行航磁三分量（矢量）测量系统集成和性能飞行测试、航空超导全张量磁梯度测量系统样机研制和航磁三分量与航磁全张量梯度测量数据处理解释软件系统研发。

(5) 无人值守航空物探检测技术

研究在无人值守情况下航空物探仪器自动检测技术、故障自动报警技术和“一键恢复”正常工作状态技术；并在飞行驾驶舱控制面板上增加显示设备，以便飞行员随时直观了解和掌握航空物探仪器的工作状态。

(6) 航空地球物理勘查辅助测量技术

重点发展基于国产北斗卫星定位系统的导航定位技术、智能化高速扫描航空物探数据收录技术、数据实时传输技术和安全防控技术；研制出智能化收录系统和航空物探飞行实时监控系统。

2. 仪器装备研制

(1) 基于我国核心技术的高精度重力仪器设备

主要研究高精度捷联式航空重力传感器技术、高精度稳定平台航空重力技术以及微弱重力异常信号提取技术；并研制出航空重力测量仪样机和开展航空重力测量勘查系统集成与示范生产。

(2) 固定翼时间域航空电磁勘查系统

主要开展基于 Y12IV 飞机的时间域电磁勘查系统飞机改装的优化改进研究；开展原理样机的集成调试、性能试飞和适航试飞，以及大磁矩发射技术、宽带低噪声三分量接收技术和实时数据收录 / 预处理技术的优化改进；开展数据预处理 / 质量监控技术研究和固定翼时间域航空电磁勘查系统 3000km 试生产示范。

(3) 智能重载涵道无人机探测搭载平台

主要开展大直径涵道推进器设计、多涵道联合控制技术研究、可调式搭载机构研制和重载涵道无人机时间域航空电磁系统集成与应用示范研究。

(4) 飞行平台技术研究

重点发展适合于航空地球物理勘查的无人机、直升机、飞艇、滑翔机等飞行平台的研制、改装、集成技术，为开展航空地球物理勘查提供性能优良的、形式多样的飞行器，以满足不同地形条件和不同勘查目的的需求。

(5) 航空物探仪器校准基地与试验场建设

包括航空物探仪器野外试验基地、航空磁力标准试验场、航空电磁法标准试验场和航空重力标准试验场。在已选定的航空物探试验场进行空—地多方法航空物探测量和立体地质填图等技术方法研究；研发试验场航空地球物理综合解释模型；建立试验场高精度磁、重、电、遥及综合解释成果等立体探测数据库；形成航空物探仪器和方法技术试验、检定和效果验证的标准场。

(6) 大功率、多能电法仪器装备

我国应在未来一段时间内，加紧研制和发展具有自主知识产权的大功率、多功能化电法仪器，为我国深部金属矿勘查、地下水、能源等资源勘查提供有力支撑。

3. 数据解释、软件攻关

研发海量数据处理软件、多参数联合反演软件、三维地质建模及立体定量预测软件、航空物探异常识别及提取软件。

(1) 航磁全轴梯度地质找矿解释方法技术

针对航磁全轴梯度测量系统，开展梯度数据处理和解释方法技术研究，航磁多参量方法技术实用化应用研究。通过研究测量面在起伏条件下大数据量航磁及梯度多参量数据处理和反演方法的实用化等关键技术，努力提升航空物探数据处理能力和反演解释方法技术水平；研发和集成一套实用的航磁及梯度多参量处理解释软件系统，并开展系统的示范性应用。开展航空物探高精度姿态测量平台集成与校正方法研究；为了提高航空物探数据处理解释精度，开展差分 GPS 数据解算技术研究、新型 GPS 导航器研制以及不同区域地理坐标系的转换方法研究。

(2) 航空地球物理解释处理技术

重点发展航空地球物理数据和海量数据处理技术、定量解释技术、三维反演技术、立体填图技术等，研发出功能强大的软件平台。开展航磁多参量方法技术实用化应用，航空电磁法带地形二维正反演方法技术与应用，航空物探高精度姿态测量平台集成与校正方法，重、磁、电联合解释方法，复杂地形航空伽马能谱测量数据校正方法研究；以及复杂地形起伏飞行条件下的航空物探数据、以钻孔或其他地质地球物理资料作为约束条件进行三维约束反演，获得地形面以下的三维物性分布；提取物性边界面建立不同成矿地质条件地球物理解释模型，开展航空物探动态试验场立体填图等工作。

(3) 重、磁、电、震数据处理与解释软件

我国深部探测专项已研发了以三维地质目标模型为中心的综合研究一体化集成分析平台，将多类勘探方法、海量数据、多种处理和解释技术融为一体，建立高效

率的工作流程，实现深部数据融合与共享管理。应进一步大力发展和推广我国自主开发的多类勘探方法数据处理与解释软件，提升我国深部勘查能力。针对整装勘查区研制集成磁、重、电、放不同方法组合的高分辨直升机综合勘查系统，研究完善高分辨率航空物探资料解释技术；开展高分辨率航空物探数据干扰信息消除、弱缓异常提取、剩余异常提取、2.5 维 /3 维精细反演解释技术研究。在此基础上，研究整装勘查区三维立体预测技术，圈定重点成矿区段深部及外围勘查方向，并综合提出一套适合高分辨率航空物探深部矿产勘查解释方法技术。

(4) 油气资源航空重磁解释方法技术

开展塔里木盆地及周缘地区、准噶尔盆地及周缘地区、四川盆地及周缘地区等油气资源重要勘探区块的航空重力资料和航磁资料综合研究，确定含油气二级构造带及与油气有关的局部构造，预测含油气远景区（带）。开展中国南方碳酸盐岩地区油气资源战略选区重磁技术评价。

4. 针对重大需求的综合物探技术研究与应用

针对我国的需求，重点发展地球物理用于固体矿产勘查应用技术、油气勘查应用技术、地质环境调查评价技术等，研发出地球物理应用于固体矿产勘查、油气勘查、环境监测等领域的技术体系，并通过制定相应的技术标准显著提高航空地球物理的应用能力与效果。

(1) 冻土地带天然气水合物地球物理探测技术

研究永久冻土地理景观条件下高分辨率地震数据采集技术，高分辨率、高信噪比、高保真（三高）地震波处理技术，复杂地震波场分离、精细速度分析技术；研究冻土地区天然气水合物地震属性特征等，建立冻土地带天然气水合物地震学识别标志；研究冻土地区天然气水合物电磁波测井响应特征、随钻测井装置。

(2) 深部金属矿抗干扰地震方法技术

选取金属矿区，继续深入开展抗干扰深部金属矿地震方法技术研究，形成一套比较适合于深部金属矿勘查中的抗干扰地震方法技术，以有效探测试验区内中、深部精细结构；确定主要控矿构造的空间形态，圈定深部隐伏岩体，为我国矿区和外围及新区深部找矿提供技术支撑。

(3) 海洋天然气水合物资源综合勘探技术系统

重点开展高精度立体地球物理勘探、地球化学勘探、测井解释技术研究，初步形成针对天然气水合物目标靶区进行高精度勘探的技术体系，并通过对天然气水合物勘探平台支撑技术的研发，搭建工程化应用平台，实现研发技术的工程化应用。

(4) 海相碳酸盐岩油气综合地球物理勘探技术

开发针对浅水区气枪震源子波特征模拟技术。研究基于复杂构造、高速屏蔽层条件下的拖缆地震和海底地震（OBC）资料采集技术，基于复杂构造、低信噪比地震资料的精确成像处理技术，海底地震仪（OBS）的折射与广角反射信息成像技术，海洋可控源大地电磁数据采集与处理技术，三维重力、磁力、地震联合反演技术，实现地震资料采集与处理技术的创新和突破。开展海底地震仪（OBS）探测与成像技术开发与应用和大地电磁等非震技术方法的进步与应用，提高海洋综合地球物理探测技术的应用效果，为完成我国海域海相碳酸盐岩油气普查目标任务提供技术保障。

(5) 重点地区干热岩地球物理勘查及潜力评价技术

筛选已知干热岩地区，进行可控源音频大地电磁法（CSAMT）和大地电磁法（MT）方法试验。应用 CSAMT 法研究地表以下 1500m 的地质结构和干热岩的顶界面；应用 MT 法研究地下 500 ~ 4000m 的地质结构和干热岩的顶界面。通过试验研究出适用于不同深度的地球物理勘查方法技术；正确划分隐伏干热岩体的地质构造及其含水性；在研究干热岩的物性参数的基础上，结合地质资料综合地质解释多种物探成果，推断断裂位置、产状和热储构造，指导靶区干热岩钻孔布设。

(6) 火山岩覆盖区综合地球物理探测技术

开展火山岩分布区找矿关键地球物理方法技术应用研究。试验研究探测火山岩厚度、盆地结构及基底填图的地球物理方法技术；研究火山岩盆地及其基底含矿信息的获取与矿床定位技术，提出火山岩覆盖区深部找矿方法技术组合及技术方案。

(7) 隐伏矿综合地球物理探测技术集成

通过已知矿区试验，研究 2 ~ 3 种主要类型隐伏矿典型矿区有效的地球物理方法技术组合及有效技术指标；结合新区示范验证和完善，集成重要类型隐伏矿空间定位及资源量预测的综合地球物理探测技术体系。

(8) 复杂地形地质条件下深部地球物理电磁探测技术

在地形深切割、起伏较大等复杂地质地形条件下，开展大深度、高分辨率地面及地下电磁勘探技术研究，重点研究超大功率时频双域电磁测深技术系统、超导磁偶极 TEM 技术系统、磁激发极化技术与超导磁偶极 TEM 技术组合等。

(9) 复杂地形地质条件下地面高精度重磁探测技术

在地形起伏较大等复杂地质地形条件下，开展重力近区地形改正方法技术研究，提高地形改正精度。研究重力近、中区地形改正方法技术系统；研究探测目标叠加场重磁提取、分离方法技术，提高重磁勘探垂向分辨率和探测目标物精细定位水平。

(10) 找矿覆盖区综合地球物理方法三维地质填图

面向深部找矿，开展重点找矿覆盖区综合地球物理三维地质填图试验与示范，构建试验区 1500m 以浅的主要地质控矿因素及地质体的空间分布结构。圈定试验区深部找矿有利部位；研究综合地球物理解释技术、三维地质建模技术及三维可视化技术；提出三维地质填图的有效地球物理方法技术组合方案，为我国开展三维地质填图工作提供技术支撑。

第二节　化探技术与钻探技术的发展目标与路径

一、化探技术的发展目标与路径

(一) 化探技术的目标与框架

1. 化探技术总目标

创新化探技术的理论基础和方法技术，形成具有中国特色的地球化学勘查基础理论和方法技术体系；提高对重要成矿区 (带) 和整装勘查区的矿产勘查地球化学方法技术水平，推广应用一批地球化学勘查新理论和新方法；全面推升地质找矿、地球化学填图、矿产勘查一体化、环境监控与环境调控中地球化学科技应用水平。主要分为三个阶段。

第一阶段 (2015—2016 年)：围绕地质工作的重大科技问题开展地球化学勘查科技攻关，提高我国化探技术的基础理论水平，提升全国层面、区域层面、重要成矿区 (带) 和整装勘查区的地球化学勘查方法技术水平，初步形成具有中国特色的化探基础理论和方法技术体系。

第二阶段 (2017—2020 年)：根据业务特点，加强化探的基础理论研究，系统开展地球化学勘查方法技术创新研究，创新和推广一批勘查地球化学基础理论和方法技术，全面推升地质找矿地球化学科技的应用水平，建立并完善我国化探基础理论和方法技术体系。

第三阶段 (2021—2030 年)：逐步建立化探技术的应用模式，实现化探技术在地质业务领域规模化、成熟化应用，使化探技术及应用水平达到国际领先。

2. 化探技术发展框架

根据对化探技术发展趋势、需求的分析，至 2030 年，我国化探技术的主要发展方向具有以下三个方面。

(1) 根据我国紧缺和优势矿产资源特征和地球化学勘查方法技术特点，加强化探基础理论研究。

(2) 系统开展化探技术方法创新研究，对于成熟的技术制定相应标准，创新和推广一批化探方法技术。

（3）全面推升高新技术在地质矿产调查、环境监测领域的推广应用程度，针对具体业务形成化探高新技术的成熟性应用体系。

（二）化探关键技术

提高我国勘查地球化学技术水平的关键性技术，主要在于基础理论研究和化探技术方法突破两个方面。

1. 化探关键技术基础理论

（1）加强表生作用、内生作用地球化学应用基础理论

针对化探领域面临的理论难题，开展不同地球化学景观中地表疏松盖层元素迁移规律研究和实验室模拟研究；探索和建立元素表生迁移模型，为土壤活动态、地电化学、地气等新方法新技术研究提供基础理论支持。

（2）建立重要成矿类型典型矿床（FU）地球化学勘查模型

以紧缺矿种主要成矿类型典型矿床（田）为研究对象，研究热液作用成矿过程中与成矿作用有关元素在三维空间迁移、演化规律；建立三维空间元素分带模型，为矿床资源潜力定量评价和预测技术研究提供理论支撑。

（3）开展地壳地球化学特征研究

开展全国尺度的地壳中76种元素地球化学分布特征研究，建立中国大陆表层地壳地球化学基准网；依托万米科学超深钻探工程，研究我国不同深度地壳的物质组成；发展多层次地壳物质成分探测与实验研究技术，初步建立中国大陆地壳三维地球化学模型；开展数字地壳与数据研究平台建设，构建数字地壳系统地球化学数据库，实现海量地壳探测地球化学数据的开放性共享；构建应用于资源、环境、灾害领域的超级地球模拟器平台，实现地壳探测地球化学数据集成、解释、多尺度地球化学动力学数值模拟与三维可视化；编制与更新中国大陆三维地球化学基础图件，实现新一代国家基础地球化学产品的三维可视化表达与共享服务，为政府的国土资源社会化管理和社会公众提供服务。

（4）建设全国及全球地球化学标准网

在全国和全球尺度上，致力于国家和全球地球化学基准建立，建立覆盖全国的地球化学基准网，为了解过去地球化学演化和预测未来全球化学变化制定定量评价标准。

2013—2030年，要重点发展千米深度物质组成和时空分布的精确探测技术，按照全球地球化学基准网格，建立中国地壳76种元素基准值；建立全球地球化学基准，建立并完善一个覆盖全球的地球化学基准网；在中国以1：200000图幅为基准网格单元，继续在全国系统采集有代表性岩石组合样品以及疏松沉积物样品，精确分析涵盖元素周期表上除惰性气体以外几乎所有元素的含量，编制化学元素时空分

布基准地球化学图件，提供衡量中国大陆化学元素演化和未来变化的标尺；以不同时代岩石代表性样品建立原生岩石圈地球化学基准。

加快疏松沉积物地球化学基准值的建立。按照全球地球化学基准网格，每个网格大小 160km × 160km，在每个网格内部署 4 个采样点，每个采样点采集疏松沉积物（土壤、河漫滩沉积物、泛滥平原沉积物、三角洲沉积物）的表层和深层样品。

(5) 研制具有我国特色的地球化学标准物质

建立全国地球化学基准值，迫切需要不同类型岩石、疏松沉积物的地球化学标准物质来严格监控分析质量。以往研制的岩石、土壤和水系沉积物地球化学标准物质在介质类型的选择上和定值的元素种类上，还不能完全满足建立全国地球化学基准值在监控元素分析质量方面的要求，因此需要补充 9 个岩石地球化学标准物质（GSR-1 ~ CSR-6，GSR-10 ~ GSR-12），16 个土壤地球化学标准物质（GSS-1 ~ GSS-16），14 个水系沉积物地球化学标准物质（GSD-1 ~ GSD-14）未定值元素的定值。

(6) 重建中国热液矿床原生晕分带序列

研究热液矿床中元素分布分配规律，筛选构成热液矿床原生分带序列的指标；以矿体空间分布状态为核心，探讨矿床周围元素浓度及组分分带规律；总结不同成因、不同矿种的矿床原生晕分带规律，构建中国热液矿床原生晕分带序列；探讨利用原生晕分带序列预测评价深部矿化的地球化学勘查方法；开展方法技术示范应用研究。

(7) 研究稀土元素（REE）在地球化学异常评价中的作用

在地质背景复杂区，开展岩石、土壤和水系沉积物中稀土元素组成特征研究，确定不同采样介质中稀土元素的继承性；研究已知矿致异常和非致矿异常与源区基岩中稀土元素组成的区别，确定矿致异常稀土元素的评价指标；开展稀土元素评价地球化学异常含矿性示范研究，为矿产勘查提供新的地球化学方法技术支撑。

(8) 加大力度研制与构建具有我国特色的数字化“化学地球”

进一步加强对中国大陆化学元素时空演化的综合研究，编制反映不同时代地层、侵入岩的基准地球化学图件；研究元素在不同大地构造单元的时空分布和演化历史以及重大地质事件所表现的化学成分变化特点，研究化学元素在表生介质和在原生介质的分布特点以及它们之间的继承转化关系和对资源评价的意义；对“地壳全元素探测技术与试验示范”项目的 5 个课题进行集成和综合研究，揭示中国不同大地构造单元元素时空分布与演化历史、大型矿集区成矿的物质背景，元素的次生分布与原生分布的关系；将这些信息以数字化和图形化形式展示在地球上，构建数字化“化学地球”。

(9) 研制具有中国自主知识产权的地球化学信息化平台与地图技术

选择穿越不同大地构造单元和重要成矿区（带）的地球化学走廊带进行综合试验

与示范，精确探测走廊带内元素含量和变化，构建地壳地球化学模型，揭示大型矿集区形成的物质背景和地球化学标志。实现地壳全元素探测技术与实验示范项目进行成果化表达，重点研发海量、多尺度地球化学数据空间快速检索与图形化显示技术，开发相应的化学地球软件，为开展全元素探测成果表达提供技术支撑。建设一个统一的地球化学信息化平台，类似于谷歌地球数据与图形管理；提供数据库和图形化工具，对整个数据库进行多种方式的查询统计，如对不同尺度地球化学图的显示、图形与数据交互查询以及采样信息查询等，便于各类用户获得自己需要的信息；将地壳全元素探测其他课题获得的数据输入该数据库中，提供给用户使用。

提高各种庞大地球化学特征数据的存储和图形管理技术，利用互联网实现对海量地球化学数据和图形管理，需要解决以下技术问题：地球化学数据的管理和共享(输入、输出、保存、组织、共享、查询等) 技术，地球化学数据库二维和三维的高级空间可视化、空间—属性组合查询、空间和属性统计、空间和属性分析、专业分析等技术。

开展中庞大的地球化学数据成图技术和化学地球软件平台建设，主要目标是利用关系型数据库的数据管理功能和 GIS 技术的空间可视化功能、空间分析功能，合理、高效地管理各类地球化学数据，将地球化学研究和工作中所涉及的海量地球化学数据统一存储于一个关系型数据库中，研发通过 Web 浏览器进行数据查询并根据用户需求进行不同图件的可视化技术。

庞大的不同尺度的地球化学数据和图形快速检索与显示技术需要一套检索软件，开发基于 GIS 的海量地球化学数据和图形显示与查询系统，管理不同层次地球化学数据和图库服务，对地球化学成分信息 (图像、海量数据、空间坐标等) 在全球不同尺度的分布进行快速检索和图形化显示。

2. 化探技术方法

(1) 隐伏矿地球化学勘查方法技术

以岩浆热液作用元素地球化学分带理论为指导，开展重要成矿类型典型矿床岩石、土壤、水系沉积物测量，以及深穿透、磁性组分、综合气体测量方法技术研究；测试不同形式元素分量，研究紧缺资源主要类型矿床中元素分布形式、组合特征、矿床剥蚀程度与资源量的关系，建立紧缺矿种主要类型隐伏矿床地球化学勘查方法技术和资源潜力预测方法。

(2) 特殊矿种地球化学勘查方法技术

选择稀有 (锂、铷、铯、铍、铌、钽、锆) 矿床、稀散矿床 (镓、锗、硒、镉、钢、碲、铼)、稀土矿床、铂钯矿床、钴矿床和铬铁矿床，开展地球化学勘查方法技术研究；以元素表生地球化学基础理论为指导，针对表生环境下稀有、稀土和稀散元素在不同介质中的存在形式及迁移途径，研究不同介质中稀有、稀土和稀散元素的地球化学背景与元素空间分布的耦合关系；建立稀有、稀土和稀散元素矿致异常识别的地球化学指标，研究从区域到矿区稀有、稀土和稀散元素地球化学异常筛选评价方法技术，开展示范测量；完善铂钯矿床地球化学勘查方法技术，以西藏和新疆主要铬铁矿床为研究对象，研究确定岩石、土壤、水系沉积物中铬铁矿床地球化学特征指示元素或元素对比值；研究制定铬铁矿床地球化学勘查方法技术规范，填补“三稀”矿床、钴矿床和铬铁矿床的地球化学勘查技术研究空白，初步确定这些矿床的地球化学勘查方法。

(3) 开展页岩气资源调查和化探方法技术

开展中国主要页岩气田地球化学异常形成机理、典型异常模式等页岩气地球化学勘查基础理论研究，建立我国不同类型页岩气地球化学异常模式和页岩气资源调查及选区评价地球化学技术体系；确定不同页岩气资源评价的地球化学方法技术，为页岩气资源调查和勘查提供地球化学勘查理论和方法技术支撑。

(4) 发展“第二找矿空间”的立体地球化学探测体系

发展探测盆地矿产资源的穿透性地球化学勘查系列技术，使探测深度达到500～1000m（第二找矿空间）；将地表采样与钻探取样相结合，建立盆地立体地球化学分散模式和探测技术体系，为盆地及周边覆盖区地球化学调查与评价提供有效方法；进一步将物理分离技术与化学提取技术相结合，开展盆地深穿透地球化学区域调查技术研究，并针对不同矿种设计深部矿化信息的分离提取技术，研制符合矿区详查要求的地球化学勘查技术；将地球化学探测技术与快速钻探地球化学取样技术相结合，建立盆地不同矿种的地球化学立体分散模式；进一步将地表地球化学探测技术、异常源识别技术与异常查证技术、区域地质研究相结合，发展适用于盆地及周边的立体地球化学探测体系。

(5) 植物地球化学测量技术

在浅层覆盖区找矿中，加强植物地球化学测量方法与其他找矿方法比较评价，确定出最有效的适用条件；加强植物地球化学测量关键方法技术研究，逐步形成植物地球化学测量方法技术规范；加强矿产勘查中植物地球化学异常解释评价和异常形成机理研究，提高找矿预测的准确度；加强遥感生物地球化学技术的应用研究，发挥植物地球化学测量在区域找矿中的作用；融合相关学科最新研究成果，深化和扩大植物地球化学测量的研究领域。

(6) 重点地区干热岩地球化学勘查方法

收集全国主要沉积盆地、近代火山和高热流花岗岩地区的基础地质、地热地质等资料和国外相关研究成果；以我国重要干热岩分布区为研究对象，开展干热岩资源地球化学评价方法技术研究，确定干热岩地球化学勘查的有效方法技术，建立不同类型干热岩地球化学勘查模型。

(7) 陆上天然气水合物地球化学勘查方法技术

以我国现有的青海木里已知天然气水合物矿床为研究对象，系统研究木里天然气水合物矿区岩石、土壤、壤中气等天然介质的地球化学特征；确定天然气水合物地球化学指示指标，揭示天然气水合物地球化学异常分布规律，以此确定我国陆上天然气水合物特征地球化学指示指标。

(8) 海域重要成矿区天然气水合物地球化学探测评价技术

以东海钓鱼岛、南沙北康或中建南等敏感海区为研究对象，开展海域天然气水合物和冷泉资源地球化学探测评价研究；重点进行天然气水合物原态微生物地球化学探测评价技术研究。

(9) 海洋油气地球化学勘查方法技术

以已知的南黄海、渤海湾、东海和南海含油气盆地为试验研究区，研制适合我国海洋及其沉积物和海水特点的地球化学采样装置，以及样品封装保真装置；建立专业的海洋油气地球化学勘查实验室，研究制定适合海洋沉积物和海水特点的快速有效地球化学指标分析测试方法技术；进行地球化学指标有效性和适用性研究，建立海洋油气地球化学勘查指标体系；分析海底沉积物、海水油气地球化学异常特征及其与海上油气田的成因联系，建立海洋油气地球化学异常综合评价方法技术。

(10) 隐伏矿产资源地球化学探测与定量评价技术

以我国紧缺矿种、已知主要热液型多金属及金属隐伏矿床为研究对象，开展地表信息的地球化学勘查方法技术研究和示范工作；以矿床原生分带理论为指导，开展区域化探数据中隐伏矿信息提取方法技术研究，探索区域化探异常定量评价和隐伏矿预测方法技术研究。

(11) 近海区域地球化学调查方法技术

系统开展中国近海不同海域地球化学调查的方法技术研究，开展样品分析与质量监控系统研究，建立中国近海不同海域 1：25000 区域地球化学调查的方法技术体系；制定近海地球化学调查规范，为全面开展我国近海海域的地球化学调查提供技术支撑。

二、钻探技术的发展目标与路径

(一) 钻探技术的目标与框架

面向国家对矿产资源、油气勘查、工程勘查及地质灾害评价等的战略需求和钻探技术发展的需求，开展钻探方法技术与仪器创新研究，使我国的钻探技术达到国际先进或领先水平，促进地质找矿、能源探测与环境建设重大突破的实现。

总体目标：围绕地质勘查工作发展需要、针对钻探关键技术问题，全面开展现代化深孔地质岩心钻探、反循环取样钻探、深水井钻探、定向钻探、浅层取样钻探等领域施工设备、器具及钻进工艺技术的系统研究；完成5000m以内地质钻探装备及工艺技术体系建立，形成我国钻探装备的工业化与多样化发展格局，建立现代化的钻探装备设计研发和生产体系。以高科技为核心带动工艺及装备的发展，实现钻探装备的智能化；大幅提高先进、高效钻探技术的应用水平，全面提升我国钻探装备与施工技术水平，总体技术水平达到国际先进；增强钻探技术为地质、矿产勘查的服务能力。该目标分为三个阶段。

第一阶段（2015—2016年）：完成3500m以内地质钻探装备及工艺技术体系建立，形成我国钻探装备的专业化与多样化发展格局。

在深孔钻探技术、复杂地层钻探技术、空气钻探技术、定向钻探技术、浅层取样技术等方面取得重大进展；初步实现钻探装备的机械化和自动化，大幅提高我国钻探装备与施工技术水平，实现产品国际市场占有率的提高。

第二阶段（2017—2020年）：完成5000m以内地质钻探装备及工艺技术体系建立；完善我国专业化与多样化钻探装备系列，实现钻探装备的机械化和自动化，基本完成钻探技术研究基础平台、计算机技术和信息系统建设；建立完整的行业规范及标准体系；装备及施工技术与国际先进水平同步，成为钻探装备制造与出口大国。

第三阶段（2021—2030年）：建立现代化的钻探装备设计研发和生产体系；以高科技为核心带动工艺及装备的发展，实现钻探装备的智能化，总体技术水平达到国际先进。

（二）钻探关键技术

制约我国钻探技术发展的关键性技术较为分散，发展路径需要分阶段、多目标予以实施。现分述如下。

1. 钻探技术第一阶段

① 完成3500m全液压地质岩心钻机的研制，钻深能力400m自动化全液压岩心钻机的研究实现突破；完成600m全液压坑道钻机与水平绳索取心钻具的研究与应用，完成300m以浅新型轻便取心取样钻机的研究。针对国内需求，加强对传统机械钻机的改进与提高。

② 完成3500m深孔绳索取心钻探用新型钻探管材、铝合金钻杆、各类孔底动力钻具（液动锤、螺杆钻、涡轮钻、水力脉冲发生器等）、长寿命钻具和钻头的研发，

通过生产试验使其具备实用能力；建立相关研究测试平台，完善配套装备、施工工艺及标准；完成超深孔钻探技术方案预研究，为深部地质找矿提供技术支撑。

③ 开展特殊地质样品的采集技术研究。结合不同资源（天然气水合物、油页岩及干热岩等）及地质环境（松散、破碎、水下等）需求，采用多种技术手段研究复杂地层的取心工具，开展特殊地质样品的采集技术研究；结合公益性勘查工作，开展工程示范，提高复杂地层取心质量；开展各种复杂地层钻进用泥浆处理剂研制、“广谱”型堵漏技术研究、膨胀套管理论及应用技术研究、套管钻进技术研究，完成200～240℃耐高温钻井液研究；明显提高复杂地层的钻探施工能力；建立我国地质岩心钻探事故处理工具实物库和数据库，编制事故处理规范及手册，开展相关专业服务队伍的建设。

④ 完成600m反循环取样钻探装备及配套钻杆、钻具及施工工艺研究，重点突破小直径反循环中空潜孔锤技术；通过工艺及技术配套，完成5000m以上反循环取样钻探对比试验，编制反循环钻进技术规程。

⑤ 完成1500m、2500m车装全液压水井钻机的研制任务，结合生产实际完成样机的生产试验及性能测试；研制一种用于地质灾害应急抢险的轻便、高效履带式多功能钻进设备，形成一套完善的设备和工艺技术方法；开展多种用途、大口径快速钻进工艺技术的配套研究。

⑥ 完成适合地质勘探纠斜用的小直径泥浆脉冲式MWD的研制、定向取心器具及工艺研究；开展电磁波双向传输随钻测斜仪的研制及初级导向钻进试验，初步形成地质勘探小直径滑动导向钻进技术；在固体矿产水溶开采领域和煤层气开采领域，推广“慧磁”定向钻进中靶系统，进一步完善产品系列。

⑦ 开展直升机吊装搬迁钻探设备和机具方法技术的国内外调研。

⑧ 开展钻探技术专业研究平台及相关的仪器研究建设，完成钻探装备检测平台建设、孔底动力钻具测试平台建设；完成钻探施工设计与决策软件系统的开发，总体方案设计和软件系统开发及组织应用；搭建行业网络平台，基本实现基础信息和文献资源共享。

2. 钻探技术第二阶段

① 完成5000m全液压地质岩心钻机研制，开展提高效率、防尘、降噪、降耗等技术研究与应用，形成一套成熟的自动化岩心钻探装备技术体系；通过大量示范工程推广先进的钻探装备，使先进的钻探装备市场占有率超过20%。

② 完成5000m大深度、高强度绳索取心轻合金钻杆研究；推广完善井底动力钻具，优化完善深孔绳索取心钻探器具、辅助工具及工艺参数。

③ 完成国内钻头与地层对应体系建立，使我国深部地质找矿绳索取心钻探技术

钻深能力超越4000m；完成超深孔钻探工艺技术关键问题研究，提高我国深部地质找矿钻探技术水平。

④ 完成浅层取样钻探技术在地质调查领域的普及应用，建立相关标准和规范。

⑤ 对多种复杂地层取心钻具及工艺进行完善和综合规范化，简化类型提高对各类复杂地层和样品采集的适应性；结合重点工程进行示范和改进，加强推广和普及，初步建立特种资源钻探技术示范基地，充分支撑地质勘查的技术需求。

⑥ 开展破碎地层孔壁强化技术、膨胀地层用强抑制性冲洗液技术、堵漏技术成果集成研究，以及膨胀套管及尾管技术、套管钻进技术的完善与推广；开展250℃耐高温钻井液研究、耐温 −20℃以下的钻井液探索性研究；规范岩心钻探各种孔内事故处理方法，建立孔内事故处理技术服务体系。

⑦ 实现600RC钻机及配套工艺技术的完善与改进，进行系列化研发，完成配套规程的制定；完成10000m以上进尺工程示范推广应用，为技术工艺产业化应用奠定基础。

⑧ 开展全液压水井钻机生产试验，完善、拓展钻机性能，提高钻机自动化和智能化程度，争取在技术上达到国外全液压钻机的水平；结合工程实践，对地质灾害应急抢险需要的轻便、高效履带式多功能钻进设备进行改进和完善，同时开展系列化装备研究；提高大口径反循环及多介质冲击钻进工艺的普及程度，实现总体工艺技术水平与国际同步。

⑨ 完善与推广定向取心设备及工艺方法，完成对小直径旋转导向执行机构研究，实现小直径钻进随钻测斜；在多领域推广“慧磁”定向钻进中靶系统，完成中靶系统的套管模式、双水平井对接模式、煤矿通风井对接模式等研究；定向钻进勘探及采矿技术得到广泛推广应用。

⑩ 研发直升机吊装搬迁钻探设备的技术和装备，并做野外试验。

⑪ 开展钻探技术专业研究平台及相关的仪器研究建设，完成各类专业测试平台(高压釜、无磁平台)的搭建；完善钻探施工设计及决策软件功能，软件功能达到实用性，能够满足现场技术上的要求；施工设计系统普及率达到20%，钻探施工决策专家系统完成开发并开始应用；建成科研成果和技术经验信息系统，对科技成果进行合理评价和实时推广。

3. 钻探技术第三阶段

① 完成5000m以内全液压岩心钻机生产的系列化、产业化和自动化，在地质岩心钻探领域大量推广应用，总体技术能力达到国际先进水平；结合工程实践及不懈研究，进一步优化深孔钻进工艺参数，完善钻具结构，使我国深孔绳索取心钻探技术钻深能力接近5000m；结合超深孔钻探的实施，完成万米超深孔施工，钻探施

工整体达到国际先进水平，部分工艺技术达到国际领先。

② 针对各类地质需求，实现配套取心技术的快速开发、配套应用能力，在各类钻探工程中实现在陆地、水域等环境下各类深部地质样品的采集能力，完成天然气水合物钻采等技术的示范研究基地建设，整体能力达到国际先进水平；开展强破碎地层综合孔壁稳定技术研究、强分散地层孔壁稳定技术研究及冲洗液流变性控制、恶性漏失地层综合堵漏技术研究、300℃耐高温钻井液研究；建立覆盖全国的钻探事故应急响应机制和处理机制，建立专家技术咨询服务网络，大幅提高钻探施工的效益。

③ 实现系列化多种装载形式 RC 钻机的成功研制，推广应用进尺 10×10^4m 以上。

④ 根据市场需求及全液压钻机技术发展情况，进行特殊工艺技术配套的工具及装备创新研究，提高钻进效率，引领全液压钻机的技术发展；形成一系列的地质灾害应急抢险快速成孔设备及相应的钻进工艺技术方法，满足各类地质灾害应急抢险工作的需要。

⑤ 形成成熟的定向取心工艺，实现系列化定向取心设备和器具的生产能力，最终实现地质钻探自动导向钻进；定向钻探技术走向成熟，钻探靶区深度可达 3000m 以上，小口径孔（小于 120mm）可实现 600m 以上水平位置，并编制相应的技术标准，推动该技术的规模应用。

⑥ 研发直升机吊装搬迁钻探设备和机具技术和装备，在特殊困难地区实现应用。

第三节　地质信息技术的发展目标与路径

一、地质信息技术的目标与框架

信息技术将继续向高性能、低成本、普适计算和智能化等方向发展，寻找新的计算与处理方式和物理实现是未来信息技术领域面临的重大挑战。随着云计算、大数据及移动 GIS 技术等一系列新兴技术的发展，由遥感、地理信息技术及数据库等传统地质信息技术构成的地质信息技术体系不断融入新兴的高新技术，从而促进地质调查、矿产勘查及地质灾害预警等行业的发展，形成新的地质信息技术体系，新的地质信息技术体系又指导和规范地质相关行业的发展和应用，进而形成良性发展机制。

（一）地质信息技术总体目标

结合国际技术发展趋势和我国的技术现状与需求，展望 2030 年，我国地质信息技术发展的总体目标是：突破国土资源信息化应用方法和技术，融合大数据等高新技术，结合传统地质信息技术，组成新的地质信息技术体系，实现地质信息共享服务。地质信息技术基本满足地质工作的需求，从而提高国土资源管理和服务水平。通过发展地质信息高新技术，构建地质信息技术标准体系，打造地质信息共享服务平台。

（二）阶段目标

第一阶段（2015—2016年）：对地质信息技术的应用趋势进行分析。包括智慧地球、智慧勘探，"一张图"对云计算、大数据等高新技术在地质信息行业中的应用进行可行性分析，对大数据、云计算等高新技术的概念、原理、应用有一个深层次的认识，深化地质信息技术发展与应用的顶层设计研究。

第二阶段（2017—2020年）：对三维 GIS、大数据等为代表的高新技术进行深入研究，融合新兴高新技术和地质信息传统技术，使我国的地质信息技术体系及其标准规范与国际接轨。通过关键技术的深度集成，为全国四级"横向整合，纵向贯通"的国土资源信息化总体格局提供技术保障。

第三阶段（2021—2030年）：整体推进，全面提升地质信息共享，完善服务体系。深入研究与突破与地质信息相关的关键技术，实现高新技术在行业中的全面应用。通过对核心技术的研究，打造基于大数据的地质信息服务平台等一系列具有现代高技术含量的服务与信息共享平台，全面提升地质信息技术对地质各行业的指导和促进作用，大幅提高我国地质信息化水平。

二、地质信息关键技术

（一）地质信息技术第一阶段

对三维空间信息处理与数据建模技术进行重点研究，将野外数字填图资料与地球物理、地球化学和遥感等多源地学数据建模并进行综合的分析、解译和表达，将三维空间信息技术融入区域地质工作流程中，实现地质调查等地质行业从野外地质编录、数据编辑、成图处理、地质建模及成果展示一体化处理与多元立体化表达。

大力发展研究移动 GIS 的标准与规范。面向资源调查的移动 GIS 应用涉及各种海量异构数据存储和兼容性管理、行业数据的一致性、业务服务的规范性等内容，更要面对移动端业务操作流程规范和后台服务端应用规范，以及行业间差异的规范工作。

突破大数据存储、管理技术，整合我国油气资源地理空间信息，实现跨平台、跨部门分布的多源、多专业、多时相、多类型、海量异构（大数据）地理空间信息数据一体化组织和管理；有效支持电子政务系统和社会需求的规模化、标准化和可持续更新维护的基础性、战略性油气资源调查地理空间信息基础平台，如油气资源调查地理空间综合信息库建设和油气资源调查信息社会化服务建设等。整合现有的油气资源地理空间信息，建成油气资源调查的地理空间信息目录体系和交换体系、油气资源调查地理空间信息共享服务平台和综合信息库。

借助云计算虚拟化技术，云 GIS 可以在同一物理集群（或机群）同时创建 MPI 和 Map Reduce 两种类型的地理计算虚拟集群，但这两种集群各自独立，分别创建和管理；在虚拟集群进行伸缩时，为了减少网络 I/O，虚拟集群的组织和管理需要考虑地理数据分布和网络拓扑结构，使虚拟计算节点尽可能靠近存储节点，以减少网络开销；另外，地理计算虚拟集群同地理数据具有紧密的耦合关系，具有明确的应用逻辑，通过专门描述信息来刻画虚拟集群的应用逻辑，并将这些应用逻辑维护到地理计算虚拟集群目录中。

公有云与私有云是目前云计算部署的两种主要模式，为了保证数据的安全性与为公众服务的有效性，应对保密级别较高的数据采用私有云模式，将与地质信息相关的国家政府、事业单位的硬件设备进行共享，数据资源池放在单位内部，仅供内部人员使用。

以分布式文件系统和分布式内存对象系统为基础，研发高可靠、高吞吐和可伸缩的分块、多副本栅格数据存储技术，研究“云环境”下结构化栅格数据的分块方法，实现大文件的分布式存储；研究海量栅格数据的多副本存储策略，提供数据的冗余备份；开发栅格数据的均衡分布存储方法，消除分布式文件中单一文件高访问量的文件读写“瓶颈”；基于分布式内存对象存储的栅格数据全局信息（如属性表、颜色表等）存储技术，实现栅格数据全局信息的多副本高效一致性维护和网络快速数据交换。

（二）地质信息技术第二阶段

1. 完善地质信息技术体系及其标准规范

根据前期的技术应用可行性分析，以及制定的地质信息技术未来发展路线，对以三维 GIS、大数据等为代表的高新技术进行研究，融合高新技术和地质信息传统技术，使我国的地质信息技术体系与国际接轨。从国家地质调查信息化建设总体需求来看，我国地质信息化工作尚处在起步阶段，应大力加强数据编码标准、数据质量评价方法研制、数据访问协议、数据分发标准以及支持这些标准规范实施的软件工具研究和发布及其在重点数据库空间集成中的试验或系统模拟。

2. 攻克互联网技术与物联网技术融合技术，实现设备与设备的信息交换

通过融合技术、应用互联网技术实现信息通信传输到后台服务器端，从而实现地质信息的智慧监控、智慧管理及智慧指挥等。提高我国的地质信息化水平，有利于提高地质信息资料管理水平，实现成果资料一体化集成与统一管理，提升地质资料的可继承性与可利用性；有利于提高地质勘查质量和勘探精度，提供项目设计施工的最优方案；有利于提高地质找矿能力，提升矿权评估效率，为国际化矿业开发提供强大技术支撑。

3. 重点解决地质三维可视化技术和局部动态更新技术

(1) 地质三维局部动态更新技术

基于钻孔、钻孔剖面、等值线、断层、地质图等数据源资料，实现更新数据所在的平面区域位置和深度地层范围自动和辅助判断；实现更新数据源和已有三维地质结构模型的布尔运算，获得局部重构的三维地质曲面，并利用多约束三维地质曲面建模技术，实现地质面三角网的局部重构。

基于空间模型布尔运算或曲面相交算法，实现三维地质局部重构模型地质体曲面相交的检查、相交三维地质体模型编辑与修改处理；基于三角网重构技术对存在不一致的地质体边界进行一致性重构，实现地质体模型封闭性检查，保证模型的封闭性与拓扑一致性。

(2) 地质三维可视化技术

空间信息的三维可视化已经成为行业服务的一个共有趋势。在资源调查领域，三维的空间信息表达和可视化是为行业应用分析和服务的基础，因此二维、三维可视化技术已成为移动 GIS 在行业信息化服务中的一大“瓶颈”。应致力于解决移动 G1S 软件开发效率提高的问题，解决面向地质信息的移动 GIS 快速构建环境开发技术。

由于移动终端的多样性和硬件架构的差异性，常规开发方法往往只能解决一个平台或某个体系的操作系统，应用开发语言和环境的巨大差异严重影响了移动 GIS 在行业中的快速应用，常规软件的开发方法已经无法解决快速出现的各类移动 GIS 应用需求，软件在不同设备和环境下的重复开发使移动 GIS 应用软件在稳定性和通用性上受到极大影响。因此，针对移动 GIS 的软件开发，能够适用于多种操作系统和硬件架构的快速软件开发方法将是解决这一问题的重要手段。

4. 云计算技术

解决一系列云计算发展的“瓶颈”，为我国早日进入云时代做贡献，具体包括以下两个方面。

（1）地理空间信息计算自动并行化技术

栅格数据并行计算建立在地理计算虚拟集群和可伸缩栅格数据存储基础上，相对于传统静态集群和存储形式，地理计算虚拟集群可伸缩性和栅格数据存储分布和多副本性，既给栅格数据高效并行化提供了有利的资源条件，又带来了更高的复杂性。栅格数据计算自动并行化技术综合运用栅格数据分布和栅格计算资源分布的协同优化和多层次并行化等技术手段，并以软件框架的形式屏蔽并行化的复杂性，为栅格数据计算提供简洁的扩展接口。同时，由于栅格数据计算的分类相似性，栅格数据计算可以归并为几种计算模式，同一种计算模式下的自动并行化算法具有高度的相似性，可以通过软件框架的形式进行复用，从而简化了栅格数据自动并行化开发的难度。

（2）多虚拟集群地理计算任务流协同调度技术

云 G1S 应用定义的地理计算可转化为多个虚拟集群之间协同执行的地理计算任务流。由于 G1S 计算的多样性，多个虚拟集群的计算模式可能存在差异，可以是 Map Reduce 模式和 MPI 模式虚拟集群的协同调度。由于虚拟集群的可伸缩性，地理计算任务调度时不但要考虑地理计算执行的代价，还需要考虑当需要集群进行动态伸缩，特别是进行计算资源扩展时的集群伸缩代价。同时，在进行协同调度时还需要考虑数据驱动逻辑和空间数据访问代价。

在解决遇到的技术难题的同时，也要探索和部署地质信息云计算模式，从原来的私有云模式逐步向公有云模式发展，最终形成两者兼有模式。对于无须保密的数据采用共有云的模式，充分利用社会 IT 硬件资源，减轻政府、企事业单位的硬件投资。从而在最大化的利用社会资源的同时满足了数据的保密性。

（三）地质信息技术第三阶段

整体推进，实现地质信息共享服务。深入研究、突破与地质信息相关的关键技术，如三维 GIS、云计算、大数据等关键技术，通过对核心技术的研究打造基于大数据的地质信息服务平台等一系列基于核心技术的现代高技术含量的服务与信息共享平台，实现高新技术在行业中的全面应用，从而全面提升地质信息技术对地质各行业的指导和促进作用，大幅提升我国地质信息化水平。

突破基于互联网与物联网的地质信息综合应用服务技术，积极开展信息时实获取、智能分析、云计算、智慧地球、物联网、海量信息存储、数据交换等关键技术在地质勘查中的研究和应用，深化信息化顶层设计研究，并通过关键技术的深度集成，为全国四级“横向整合，纵向贯通”的国土资源信息化总体格局提供技术保障。

解决基于地质二维、三维一体化空间分析应用技术，通过将传统的二维 CIS 技术与最新研究突破的三维 GIS 技术相结合，实现地质信息的应用服务。

移动 GIS 有重大技术突破，主要表现在面向地质信息的跨平台高性能可视化引擎技术及应用服务技术满足行业需求。随着移动互联网的发展和智能移动终端的发展，众多行业信息化程度也得到了相应的促进和提高，但基于移动互联网的地理信息服务和位置服务在移动终端的普及和行业信息化过程中发展非常缓慢。在国土资源管理的移动信息服务中，土地调查等常规业务开展中的移动端对海量数据需求是所有工作开展的基础；在资源调查中，实时定位服务和二维、三维可视化技术与时空数据的管理、分析服务是资源勘查业务分析和应用的重要基础。

广泛推广大数据在各行业的应用，实现基于大数据的地质信息智能挖掘与主动推送服务技术，提高我国地质信息的服务水平。包括三个方面：① 基于大数据的油气资源信息社会化服务建设，建设云环境下的油气资源调查地理空间基础信息库及数据集成处理系统，构建油气资源调查地理空间数据和服务云，提供公有云服务。② 基于大数据的油气资源调查远程监管平台建设，确保油气资源调查基金投入取得有效成果并实现滚动发展，及时掌握油气资源调查的发展动向，为油气资源调查监督管理提供即时化、标准化和自动化的信息平台。③ 基于数据的信息共享平台建设等。

解决基于云环境的地质信息智能服务技术。将三维 GIS、移动 GIS、大数据和智慧地球等技术在云环境下实现智能传输与信息交流，从而大大提高我国地质信息化水平，解放地质信息设备。在云部署模式上，形成私有云、公有云、混合云等多种部署方式，从而灵活地利用社会资源，保障数据安全。

第七章　矿产资源开采的环境伦理

第一节　矿产资源开采的环境伦理蕴含

一、矿产资源的含义及其属性

(一) 矿产资源的含义

矿产资源是社会发展必不可少的一种自然资源，它不是天然存在的，而是通过成千上万年前的复杂地质作用形成的，因此矿产资源是指天然赋存于地壳内部或地表，由地质作用形成呈固态、液态或气态的，具有经济价值或潜在经济价值的富集物。

矿产资源的含义包括五个方面：第一，矿产资源是经自然作用生成的，是自然生成物，土壤肥力、地壳矿藏、地球表面积、水等全都是天然生成物。矿产资源与其他资源的本质差别便是天然性，但现代矿产资源的含义里又融入了人类的劳动结晶。第二，任何自然物要成为矿产资源，必须具备两个基本条件，一是人类的需要，二是人类的开发利用潜力，不然自然物充其量就是个中性原料，在人类社会生产中不可作为初始原料投入。第三，人类社会不断前进、科学技术迅猛发展，矿产资源的领域在不停变化，自然资源的种类、规模以及人类对自然资源的认识都在不停地变化。人类已不再是一味地索取矿产资源，保护、节约、治理等新观念渐渐出现在人类生产活动中。第四，自然环境的概念与矿产资源的概念不同，但二者的具体对象又是同一客体。自然环境是在人们周围客观的、全部的自然存在物，而矿产资源是站在人类需要的角度理解、认识这些要素的存在价值。可以把自然环境和矿产资源比作硬币的正反面，如果社会经济是棱镜，矿产资源就是自然环境透过这个棱镜的反映。第五，矿产资源是一个自然地质科学概念，同时也是一个经济概念、环境概念，涉及文化、价值观、伦理等方面。

(二) 矿产资源的地质属性

矿产资源是经过漫长的、复杂的地质作用而形成的，它的地质属性是有别于其他自然资源最根本最显著的特征。

1. 不均衡性

因为地壳的地质构造运动不是平衡的、多期的，所以在地下或地表上分布的各类岩石也是不均衡、不均匀的，这就造成了各类矿产资源在全球地理上不平均的散布结构。

2. 长期性、不可再生性

矿物元素堆积、富集形成一个矿床往往要经历成百上千甚至上亿年的漫长历史过程。据地质勘查研究，全球储藏量和开采量最大的铁矿形成于太古代迁西纪和元古代时期，距今已有2500～3850百万年、1800百万年。坐落于乌拉尔卡姆克斯的盐矿厚度达350～400米，形成于古生代的二叠纪时期，成矿期长达1.6万年左右；分布在西伯利亚的厚度为1～15米的铁矿床，成矿期长达1000～1500万年。聚集于大洋底部的锰结核，以每万年仅一毫米的速度增长；人们离不开的石油的也要经历至少一百万年左右才能形成。因此，对于人类世界来说，矿产资源具有不可再生性。矿产资源的形成是一个长久过程，而人类对矿产资源的开采使用速度是非常快的，慢的长达百年，快的仅几年就可以完成对一个矿区的矿产开采。所以，在人类世纪内再创造出已被耗损掉的矿产资源是不现实的，这也决定了我们必须护卫矿产资源，确保矿产资源得到合理的开采和利用。

3. 耗竭性

不可再生性就注定了矿产资源的可耗竭性和相对有限性，可耗竭性是矿产资源有别于其他的可再生自然资源的典型特性。在人类生产过程中，它主要表现在两个方面：在微观上，矿山的服务年限是有限的，矿产储量逐年减少，生产能力也在渐渐消逝；在宏观上，现有的矿产资源储量不能满足人类不断增长的需求，这就导致矿产资源的数量随着逐渐递增的开采量而慢慢耗竭，矿产勘探、开采的条件也在不停地恶化，社会成本与日俱增。人类社会为了维持再生产需要从自然界不断获取矿物原料，以适应社会生产力的发展水平。

4. 复杂性和多样性

矿产资源只有少部分出露在地表，绝大部分隐藏在地下，矿床的形态、产状及与围岩关系等赋存因素千变万化，不是任何简单模式可以概括的。寻找、探明矿床需要进行大量的地质调查和矿床勘探工作。开采过程中，也经常因对尚未揭露部分的矿体了解不够而遇到意想不到的情况，探矿采矿工作具有很大风险性。此外，随着生产不断发展、采矿速度的加快，近地表的矿产资源日益减少，找矿任务日益艰巨，开采、冶炼的条件日益困难和复杂。

5. 多组分共生的特点

矿产资源是由矿物和岩石等组成的，主要以矿床的形式存在于地壳之中。不少成矿元素的化学性质存在近似性和地壳构造运动、成矿活动的复杂多期性，自然界单一组分的矿床很少，绝大多数矿床具有多种可利用组分共生和伴生的特点。此外，同一地质体或同一地质建造内，也可能蕴藏着两种或更多的矿体。

(三) 矿产资源的经济属性

矿产资源的经济属性指的是在社会经济方面，人类对矿产资源开采和利用过程中所展现的特征。矿产资源作为一种天然的生产要素，是组成社会经济系统的一部分。矿产资源的经济属性首先体现在它为人类生活和社会生产提供必要的资料，是维系人类发展的基本源泉。其次各种矿产资源在全球地理上不均匀的分布结构、合理配置资源以及合理布局生产力，对全球矿产市场经济形势，甚至国际政治关系都有着重大的影响。最后矿产资源具有长期性、不可再生性，是相对有限的、稀缺的，决定了在社会生产活动中我们必须保护矿产资源，确保矿产资源得到合理开采和利用。矿产资源不但受到地质条件的制约，还受到经济和技术条件的限制呈动态变化。目前，矿产的勘探情况只能反映当前阶段人们对大自然的了解程度，随着生产力的发展和地质勘探工作的逐渐深入，人们对矿产资源开采利用的广度、深度会得到更大拓展和提升。一些主要常见矿产资源的经济属性如下。

1. 铁

铁是人类世界上最早发现的黑色金属矿产，利用最广，也是当前钢铁行业最基本的原料。在所有被利用的金属中，若按重量计算，铁占90%。铁经加工冶炼后可用于制造铁合金、熟铁及生铁等。铁的化合物还可用于制造各种机器、药物、颜料、墨水等。

2. 汞

在常温下，汞是独一的液态金属，被普遍应用于众多范围。如在仪器、电气方面可制作温度计、反光镜、紫外光灯、交通信号灯的自动控制器；在医学中，汞可用于制作各种药膏、甘汞、升汞，以及医学仪器。

3. 金

人类发现最早的贵金属便是黄金，由于它的性能特殊，在工业方面应用越来越广泛，如宇宙航空业、半导体及原子能等工业中都有着特殊的功能，但用来制造金器、货币、首饰、储备是黄金的主要用途。

4. 煤、石油

煤号称工业粮食，不仅是动力燃料还是炼铁、制焦的原料。根据煤化程度，煤可分为三种：烟煤、无烟煤、褐煤。由于无烟煤在燃烧时不冒烟、挥发性低，常被用于民用，有些合成氨的原料也是用无烟煤来制造的，车辆的马达也可用优质的无烟煤来保温。当今，全世界最重要的资源要数石油，它是工业的“血液”以及化工有机合成的重要原料。我们常用的汽油、润滑油、柴油、沥青等都是石油经过加工炼制得到的。

（四）矿产资源的环境属性

矿产资源是环境的重要构成部分，与环境之间的关系是：一方面，在矿产资源开采过程中会改变自然界原本的面貌，地质环境发生变化，产生大量的废渣、废水、废气，对人类的居住生存造成恶劣影响，毁坏天然生态景观和生态均衡，造成各种有害后果。另一方面，随着社会的发展矿产资源经济也在不断提升，这对改善环境起着积极的推动作用，矿产资源的供给量增大以及经济实力不断增强，可以为治理环境提供技术保障和资金支持，促进环境得到改善。

在矿产资源开采过程时干扰、破坏自然生态环境是不可避免的，且这种影响又是相当复杂的。矿山周边的地理特征、矿物种类、采掘机器选取、采矿方法步骤甚至社会文化环境等要素都会对自然环境产生作用，且这种作用不是孤立的。

二、环境伦理的内涵

随着环境问题日益严重，人类生存受到威胁，人类开始对自身行为进行反思。正确认识人与自然的关系，协调处理人地关系，对环境伦理进行研究十分必要。

（一）环境伦理的界定

伦理指处理人与人之间关系的道理和规则，既包括处理人与人之间关系的应然之理，又包括理当遵照的道德原则和规范。环境伦理是伦理的一个部分。目前学术界对环境伦理的界定主要有两种观点：一种是关系说，认为环境伦理应该把关注对象确立为人与自然环境的关系，这就显现了与传统认识的人际伦理的本质差异，缺陷是过于强调人与自然环境之间关系，忽略了环境伦理的重点是如何用规范和原则来调节二者之间的关系。另一种是义务说，认为环境伦理研究的是行为的规范和态度，包括人们对待植物、动物、生态系统、自然资源等各种事物的态度。此观点割裂了人对人、人对自然的义务的整体性，也是有所欠缺的，人与自然环境的关系不能离开人与人的关系来谈，二者是密切相关联的。据此，笔者认为，环境伦理是伦理学研究的新领域，是一门研究生态环境领域中各种道德现象和协调处理人与自然关系的科学。人与自然的关系是环境伦理的焦点问题，但不能把人与人之间的关系排除在外。环境伦理是将人类的伦理关怀和道德视野进行扩展，将传统伦理道德进行升华，以环境价值观为基础、以自然环境为中间媒介，当人与自然环境二者发生直接关系时，人类应当遵守的环境伦理原则和环境道德行为规范。

(二) 环境伦理的核心问题

环境污染严重影响了人类的身体健康，破坏了生物的栖息地，甚至导致物种灭绝，从而引起地球维持生命的能力降低，极度威胁着地球生命的存在。人类与自然关系的活动以及人类对待大自然的态度，面临着严重的道德冲突。自然环境对人类有着巨大的价值，人类与自然是一种生存依赖关系，所以环境伦理的核心问题是人与自然的关系问题。当前，在人与自然关系问题上基本分为两种看法：一是人类中心主义；二是非人类中心主义。

人类中心主义的核心观点是：第一，人是以自在为目的，理性给了人特权，使他能把非理性存在物当作实现目的的工具。他们认为，人是高级存在物，因而人的一切需求均是合理的，为了满足自己的需求对任何自然存在物进行毁灭都是可以的，只要对他人利益不造成损害就可以。第二，人是价值的源泉，除了人以外的其他自然存在物是没有价值的。而只有在满足人类需要时才具有工具价值，而不具有客观价值。第三，道德规范、是调节人与人之间的行为准则，只适用于人，只关心人的利益。道德规范最理想的状况是这样的：能在目前或将来促进作为个人之集合的人类群体的福利，有助于社会的和谐发展，又能给个人提供最大限度的自由使他们的需要得到满足，使他们的自我得到实现。人类伦理体系的成员不包括自然存在物，道德只和人类这样的理性存在物有关系。获得道德权利的基础是拥有道德的自律能力，非人类存在不可能具备道德自律能力，所以不能享有道德权利。

非人类中心主义的主张有：第一，非人类存在物本身具有价值，这种价值不依赖于人而单独存在可以成为目的，能够作为道德主体，因为主体具有主动性、目的性、能动性。道德共同体是包括动物、植物、无生命物的非人类存在物，自然存在物和人一样具有道德权利，因此人类也需要对自然存在物承担相应的道德义务。非人类存在物和人类可能在主体性的程度上有所不同，因而所拥有的道德权利和义务也有所不同。但是，权利和义务的关系是对等的，拥有多少权利就要承担多少义务。如果人类享有了最高的道德权利，相应地，也要对道德义务承担得最多。第二，人类是整个大自然环境系统中的一部分或一个成员，应与自然中的其他成员平等地相处、休戚与共。人类要保护自身生存其中的生态环境，不只是为了自身的福利或利益，也是在尽自身对环境的道德义务，尊重自然环境中其他成员拥有的权利、价值、利益，身体力行地保护生态环境。人类拥有的理性能力是有限的，有些问题人类是没有能力解决的，所以要及时悬崖勒马，否则人类迟早会毁灭。第三，人类急需要进行一场道德革命来彻底突破人类中心主义观点，重新建立新的人类与自然的道德关系，将道德共同体进行扩大，人类和整个自然系统都是道德共同体。把仅对人得到的关怀扩展到包括人在内的所有自然存在物。根据道德关怀对象的差异，非人类中心主义包括了生物中心主义、生态中心主义和动物解放论。

（三）环境伦理的价值取向

1. 尊重自然

人是自然界的一部分，自然界各个部分都是紧密联系的，人的生命与自然界的命运是息息相关的，人类依赖自然存在。人对自然界的伤害、不尊重其实就是对自己的伤害、不尊重。尊重自然，就是要求人类应当爱护自然环境并尊重自然规律、与自然和谐相处，人类与自然界万物一律平等，都享有生存发展的权利。由尊重生命扩展到尊重自然，坚持人与自然和谐统一的整体价值观，坚持尊重自然的价值观，有助于我们在生活中提高道德水平，展现人类善良的品质。

2. 追求环境正义

权利与义务的对等、平衡就是正义，它要求人们在享受权利的同时也要履行相应的义务。例如，在某一种社会制度下，一些人在履行相应义务的同时又获得应该得到的报酬，可以说这种社会制度是正义的。环境正义价值观，就是要在处理人与人、人与自然的问题中体现正义。环境正义从形式上分为两种：一种是分配的环境正义；另一种是参与的环境正义。分配的环境正义是指和环境相关的收益、成本进行平等平衡地分配。我们理当享受公共环境带来益处的，同时，也应一起担负起经济发展给环境带来的危害。对环境造成破坏的个人或集体需为治理污染提供资金支持，同时也要对那些受环境污染迫害的人进行合理补偿。参与的环境正义是指个人或集体享有平等机会直接或间接地拟定环境的相关法律和法令。我们应当充分发挥我国听证会这一制度的优势，使个人或集体的利益得到合理的实现，他们的思想观点得到充分的表达，进而保证分配正义程序的顺利实施。

3. 主张代际平等

代际平等是人人平等的延伸，是当代人与子孙后代之间的平等，平等地享有生存的基本权利。当代人应当加强对子孙后代负责的自律意识，培养对后代人的责任感。因为后代人不能将自己的意愿直截了当地表达出来，不能阻止当代人把生产中产生的废弃物质留给他们、毁坏环境，也不能阻止对自然资源耗尽。因此，关心子孙后代，把当代人与后代人的发展联系在一起，给他们留下一个优良的生存空间，并以此作为我们的一项基本义务。

4. 保护可持续性

可持续性指的是各个要素的可持续性发展，包括自然、人类社会、经济等，它要求人类生活与自然界的联系是持续的、同伴的关系。自然界中的资源是有限的，人类不能无限制地使用，要控制在一定的限度之内，这是由自然本身的性质决定的。自然界是人类生存的家园，如今这个家园已被人类破坏得面目全非、濒临危机，严重威胁到人类的生存。为了改变现状，做到全面可持续发展，保证自然界的可持续性至关重要。改变人类的生产、生活方式，用道德规范、用法律约束人的行为，把人类的发展控制在自然可接受的承载范畴之内，调和人与自然界的关系，建立良性循环发展，从而保证自然可以提供给人类发展所需的资源与环境。同时，要提高自然生态系统的承载能力，为后代人发展留下足够的资源与良好的环境，最后实现人类的全面、协调、可持续发展。

三、矿产资源开采的环境伦理意义

研究矿产资源合理开采的环境伦理，根本目的就是要使人们把环境伦理学的立场、观点和方法运用到实际矿产开采中，使之成为矿产开采主体的信念和行动准则，从心底改变当前那种急功近利的观念，让环境伦理观念深入人心。

（一）矿产资源开采对协调各种利益关系的意义

道德与利益的关系是伦理学的基本问题，也是环境伦理的基本问题。矿产资源开采的环境伦理意义主要是指在矿产资源开发过程中，实现资源的可持续发展，使中央政府与地方政府、政府与矿产资源开发者、政府与地方居民、矿产资源开发者与地方居民之间的利益关系达到和谐共赢。矿产资源开采的利益关系，即指矿产资源在开采过程中产生的利益在社会利益主体之间的分配关系。一般来说，这种分配有着固定的格局，矿产资源归国家所有，矿产资源的开发行为既是所有者权益的变现方式，也是开采投资人、探矿权人、采矿权人等资源开发者分享资源利益的方式。由于矿产资源开发行为必然带来环境的损害，所以开发区域的居民必须取得相应的利益补偿。概言之，在矿产资源开发中，涉及的利益关系主体主要有三方，即政府（包括中央政府和资源所在的地方政府）、资源开发者和当地居民，三者之间有着各自的利益和责任。政府主要通过税收获取利益，同时有着保护矿山资源环境的责任；矿产资源开发者的最终目标是最大利益，同时也有责任保护矿山环境。当地居民虽然得到些许的利益补偿，但他们不仅生活环境受到矿产开发的不利影响，甚至有时身体健康也会受到威胁，同时客观上他们还有着保护当地环境的责任，是三者中人数最多却又最弱势的群体。只有处理好这三者之间的利益关系，才能使矿产资源开采的环境伦理价值得以实现，最终实现人与自然、人与人、人与社会的和谐相处。

（二）矿产资源开采对环境资源合理利用的意义

矿产资源是地表人类生存环境中地质时期太阳能量积累的载体，和其他环境要素最大的区别就是不可再生性和有限性。人类为了自身生存发展需要的开发利用是不可逆的，即采一点就会少一点。矿产资源是耗竭性资源，开采得合理、保护好，人类开发利用的时间就能延长；开采得不得当，保护得不好，开发利用的时间就会缩短。矿产资源关乎全民利益，目前人们对矿产资源紧缺状况的认识还不够，节约资源还没有成为一种自觉的行为。要树立合理开采利用矿产资源的行为标准，用正确的价值观念指导矿产资源开采，让这种道德规范成为人类生活中每个人的行为准则。

（三）矿产资源开采对环境保护的意义

保护人类赖以生存的家园是全世界每个人都应尽的义务，也是道德对全世界每个人的要求，上世纪中后期这一观点已渐渐被人们认可。人类有权在尊严和福利的生活环境中，享有自由、平等和充足的生活条件和基本权利，并且担负着保护和改善现在和将来环境的庄严责任。在国际性重要会议所制定的宣言、公约、法规以及国际性生态环保组织的纲领中，都将保护环境作为具有普遍价值的道德规范加以倡导，各国政府也将保护环境列为公民道德的基本要求。本世纪初，我国也将保护环境纳入了道德准则之一，要求公民自觉遵守。

我国是矿产资源大国，生产量与消费量数目都巨大，有利地促进了经济的成长。但是长期以来不合理开采导致了环境的严重破坏和污染，多数影响不会立马表现出来，存在一定的效应滞后规律。今后应及时对矿山环境采取必要的措施，扩大伦理关怀对象，提升道德境界，自觉承担对环境保护的责任和义务，真正意义上实现矿产资源合理有序的开采。

（四）矿产资源开采对生态文明建设的意义

生态文明是在人类历史发展过程中形成的人与自然、人与社会环境和谐统一、可持续发展的文化成果的总和，是人与自然、人与社会、人与人交往的文明形式。建设生态文明在一定意义上，是建立物质文明和精神文明等其他文明的前提与基础。没有良好的生态环境条件，经济发展不可能得到持续良好的发展，其他文明建设就失去了最基本的基础，人类文明也会陷入危机。人类生存需要一个良好的生态环境，扭转简单、粗放、破坏环境的矿产资源开采模式，发挥道德的社会力量，促进生态文明建设、维护社会和谐稳定具有积极意义。

第二节　目前我国矿产资源开采面临的环境伦理问题

一、我国矿产资源开采面临的环境伦理困境

(一) 矿产资源开采与保护生态环境的矛盾

矿产资源是组成环境的一部分。一方面，人类在开采矿产资源时，会破坏原始的生态环境，同时伴有大量废弃物产生，污染了生态环境，引起一系列的有害后果；另一方面，矿产资源开采、矿产经济发展，可以为环境治理提供资金支持，推动生态环境的改善。因此，矿产资源开采与保护生态环境存在矛盾。

矿产开采过程中，干扰了自然环境、破坏了自然生态系统，这种危害始终存在。建设一个矿山，需要占用土地、开山整地、大兴土木、建造厂房、构筑交通网，尤其是露天采矿，要大量占用土地、剥离地表覆盖层、排放大量废矿石，这是矿产行业普遍存在的一个严重问题，矿区的生态平衡因土地破坏而受到了影响。土地被破坏，土壤、土壤上的植物以及土壤里的微生物也一起被消灭，土地失去了稳定性，进而引起水土流失、泥石流、滑坡等一系列灾害事故。被破坏的地表、尾矿池、废石堆更是造成土壤、水体以及大气的污染。

矿产开采分为两种，一是露天开采，二是地下开采。二者相比较，露天开采的优点要多一些：开采效率高、经济效率高、安全、操作灵敏、适合大规模开采等等。对于露天开采来说，尾矿库、住宅、厂房、排土场，这些附属设施往往是采矿场破坏土地面积的好几倍，不仅破坏了自然景观，还破坏了生态环境，造成了工业和农业对土地相争的矛盾。对于地下开采来说，常引发地面塌陷。在井下开采中，矿体被采出留下空洞，导致上部岩体应力平衡被打破，引起岩体上地表断裂，地面塌陷。塌陷较深地面长期积水形成池塘；塌陷较浅地面出现裂缝，原地面水流入裂缝，地面土壤水分因日照易蒸发，造成土壤干燥影响地面植物生长。在丘陵、山地的矿产开采区会发生山坡坍塌、泥石流，严重阻碍了生态环境的保护，破坏了土地资源。

(二) 矿产资源开采与各种利益冲突的矛盾

矿产资源开采首先损害了一些贫困阶层的利益。在现实生活中，收入差距日益增大，生活消费不平等，资源消费也存在问题。矿产资源开采者无须对其所消耗的资源付费，这样因矿产资源而受益的人不但不需要付费，而且被认为是促进经济发展的贡献者，无形中鼓励多消耗矿产资源。矿产资源被大量消耗，而且消耗后又得不到补偿。矿产资源消费很高的人得到鼓励而且无须付费，低消费的人是矿产资源

遭到破坏的受害者且得不到相应的补偿，这样对双方是不公平的，双方的利益是有冲突的。

当代人类在开采利用矿产资源时无形中与子孙后代的利益也形成了冲突。在地球资源分配中，另一部分利益受到损害的就是子孙后代，如今的消费政策常常使人们忽略子孙后代同样享有资源的利益。不顾长远发展、只顾眼前利益，不合理开采利用矿产资源导致了生态环境严重恶化和矿产资源短缺等一系列问题。我们在开采利用矿产资源时，要尽量避免损害后代的利益。

人类对地球矿产资源利益进行分配，自然界和所有生命也是利益受损的重要部分。从经济理论角度来看，只有劳动产品才具有经济价值，自然资源因为不是劳动产品，所以不具有价值，因而在开采矿产资源中无须对自然界付费，不计入成本。于是，矿产开采行业采用了非循环的线性生产方式，向环境排放了大量的资源废弃物，通过牺牲环境实现经济增长，这也是环境遭到破坏的根本原因。因此，人类经济社会发展不能损害大自然生态系统的利益，矿产资源开采与自然界和生命之间的利益冲突需要人为进行补偿和修复，以此来化解矛盾。

（三）矿产资源开采与全面可持续发展的矛盾

矿产资源是人类社会发展的物质基础之一，发展离不开矿产资源，而矿产资源又是有限的、不可再生的，这与我国要求经济、社会全面可持续发展相矛盾，也是摆在我们面前的一个难题。

就整个宇宙而言，自然资源是无限的，但可供人类使用的却是有限的，继而提出了可持续发展问题。从根本上看，可持续发展主要就是指人类对资源的持续利用。人是自然系统中的一部分，人要生存发展，需要自然生态系统中的自然资源维持，自然资源是财富增长的物质基础，也是人类生存的物质基础，社会经济要发展就不能离开自然资源。人口、资源、环境作为可持续发展的三要素，资源是根本，核心是人口，离开人就无须再谈可持续发展了。人的发展问题又依赖资源环境条件，所以广义的环境概念也可以认为是自然资源的组成部分。人类创造的很多物质财富，实质上是由自然资源转化而来的，尤其是矿产资源，因此矿产等资源情况决定了经济发展状况，制约了人类发展水平。通过过度开采矿产资源取得经济快速发展是不可能长久的，资源紧缺的地区如此，资源丰富的地区也不例外。70年代的发达国家曾发生过两次石油危机，从此以后才更深刻地认识到了矿产资源对国家持续发展的无比重要性。我国长期饱受贫困困扰，也慢慢认识到合理开采矿产资源才是振兴经济、脱离贫困的关键。

二、我国矿产资源开采存在的主要环境伦理问题

(一) 矿产资源开采中人的道德行为失范

人是财富的直接创造者，矿产资源开采离不开人，人起着至关重要的作用，因此不得不考虑在矿产资源开采的整个过程中，人应秉着何种价值观或价值取向去实施开采行为。矿产资源的开采过程需要以一定的价值观为指导，而伦理观念作为开采过程的某种思想准则是价值观的外在表现。

从伦理视角来分析，一些人在矿产资源开采中存在伦理失范行为。

1. 道德人格和责任意识缺失

道德人格是一个人道德完整性的表现，高尚的人格对社会有示范作用，还能激励和塑造矿产资源开采者自身的行为。一些矿产开采者道德人格不健全，进而引发了缺乏服务意识、法制观念淡薄、乱采滥伐、破坏环境、片面追求经济利益等问题。责任意识是人们主观上对自身行为主动承担责任的意识，不仅社会发展前进需要这种意识，矿产开采人也需要这种意识。然而一些矿产开采者却在发生环境事故时，推卸责任，在开采过程中，也没有主动保护矿山环境、合理开采资源的责任意识。

2. 矿产企业的从业人员文化水平较低、素质不高，缺乏保护资源环境的责任意识

以煤炭企业为例，很多工作在一线的煤矿工人大多是农民，他们来自农村，踏实肯干、能吃苦不怕累、服从管理，这是他们本身具有的优点，但是他们身上也存在不足之处。农民工进入煤矿企业就是为了挣钱养家糊口，一般没有经过岗前培训，难免环境意识淡薄，不注意在开采过程中保护环境、合理开采。另外，农民工长期待生活农村，思想上比较松懈、意识相对落后、作风散漫，与现代的生态环境要求不相适应。他们来自不同的地区，拥有不同的风俗习惯，知识水平和素质参差不齐，没有树立节约资源、合理开采矿产资源的环境意识，一般只是听从老职工的话，很难适应新时代生态环境保障的需求。我国的矿产企业都有经济能力，但却不注重对开采人员的培训，在环保技术上投入很少，抱着在最短周期内投资少回报高的心理，只关注经济效益的好坏，不注重生存环境。这些矿产开采人员意识不到环境遭到破坏后的严重后果，没有承担起对环境肩负的责任。

(二) 矿产资源开采中企业文化缺失

现代中国，企业文化对一个企业的经营理念、经营方式等有很大影响，一个好的企业文化理念可以提升企业活力，凝聚员工的“战斗力”；一个不好的企业文化理念，或者根本没有文化理念的企业，如同一盘散沙，更别提生产效率，矿产开采行

业也是如此。文化是一种意识形态，是人们长期形成的一种思维方式、行为习惯、价值理念等等。矿产行业的生态文化是存在于企业当中的保护生态环境、合理开采矿产资源的一种价值观。这种文化理念不是天生就有的，而是企业在后天刻意培养塑造的，并且在矿产企业的生产经营中会长久存在。然而，在当今片面追求经济利益的时代，生态环境保护文化已在企业中消失，人们关注的只有利益。

在当下社会，利润似乎成了很多企业寻求的独一目标，在人们心底认为企业的生产运行就是以营利为目的，早已将环境意识抛到九霄云外。英国杰里米·边沁作为功利主义的代表，他认为善就是大多数人的利益，即大多数人的最大幸福。在现实中，货币是扮演着衡量利益和评价幸福的标准，凡是能给企业带来利润的就是对企业有益处的。实用主义认为有用就是真理，强调效果，把真理归结为行动的成功、效用。这里的效果包括两种意思：一种是直接的效果；另一种是企业所寻求的利润。无论是功利主义也好，还是实用主义也罢，从本质上来讲，他们都是以追求效益为目的，也就是说，企业在生产过程中，可以不受其他条件的束缚和限制，完全追求企业经济效益，企业的存在就是为了利益。然而，当今社会的发展是全方位的，企业是社会的重要组成部分，是社会这个大家族中的一个成员。社会在成长过程中，不只需要和谐的环境，还离不开各种矿产资源。一些矿产企业在利润第一错误思想指导下，片面追求经济利益，想方设法对没有经济效益的部分降低投资，因此对环境保护的投入自然是第一个被忽略的对象。企业的管理者认为矿产的市场风险要远大于环境风险，所以他们往往会忽视对环境意识的教育，不及时恢复对矿山环境造成的污染和破坏，在开采中也不注意保护矿山环境。越是开采管理紊乱，就越不能顾及到环境的保护工作，再加上乱采滥伐，就会呈现很多严重的环境问题。

除了利润第一的固定企业文化外，企业对生态文化的建设又太过于形式。虽然矿产企业强调环境的重要性，施行生态文化建设工作，但在现实的开采行为中，这些企业生态文化建设并没有起到作用，只是一种形式。矿产企业的生态文化建设只是浮于表层生态文化，如标语、口号、图片等比较健全，但在矿产开采的一线工作中落实不到位，采矿工人并没有将保护环境内化为他们的行为准则，大部分环保制度和规范仅仅是贴在墙上的一张纸，对采矿者的一些行为并没有起到约束规范的作用，内在的环保意识、生态文化比较薄弱。

（三）环境伦理意识缺失

矿产资源开采者缺乏环境伦理意识，见利忘义。环境伦理意识是对环境和环境问题的价值取向和态度，代表了人们的环境问题能动性以及自身对此问题的觉悟程度。如果说环境问题是人与自然矛盾关系的反映，环境伦理意识则是解决这种矛盾关系或者引导这种矛盾向着良性方面发展而对人提出的价值要求。正是由于人们环境意识大多还处于弱势和中势的历史演变阶段，没有将人与自然之间的伦理道德关系纳入人类发展的视野，没有给予自然界其他物种固有的内在价值和权利充分尊重，更没有以“道德代理人”的身份来保护和促进自然界这种价值和权利的实现。大部分人因意识不到环境问题的严重性而不以为然，归根结底在于人们的世界观和环境道德观出现了问题，导致其见利忘义、良心泯灭。

三、矿产资源问题的应对措施

(一) 矿山地质环境保护的对策建议

1. 矿山环境保护工作贯穿于矿产资源开发的全过程

坚持科学的开发方法和工艺是有效保护矿山环境的重要手段。

2. 矿产开发要兼顾矿区居民的利益

调动当地群众的积极性是提高矿产开发经济效益、保护矿山环境的科学选择。

3. 发挥新闻媒体及公众的监督作用

不合理的矿业活动毁损矿区资源，诱发地质灾害，导致环境污染等问题，单纯依靠科学技术手段和企业的自觉行为不能完全遏制矿业活动引发的不良环境影响。随着社会进步，公众的环境保护意识在加强，参与环境保护工作的积极性在提高。而矿山地质环境的恶化造成人居生态环境的破坏，危及居民健康，因此有必要发挥新闻媒体及公众的监督作用，健全矿业管理体系。

4. 探索多渠道矿山环境恢复治理筹资机制

矿山环境的恢复治理工作任务繁重，老矿区由于历史遗留问题等，仅靠自净能力难以消除矿产开发引发的消极影响。对历史遗留的矿区进行治理，要探索多渠道矿山环境恢复治理筹资机制，包括国家和地方征收的税费、社会捐助资金、国际援助资金等。多方筹集资金和积极采用市场机制，对历史上遗留的矿山环境问题进行治理是实现矿山环境良性发展的必由之路。

5. 建立完善的矿山环境影响评价制度

解决矿山环境问题要预防为主、防治结合，完善矿山环境影响评价制度。颁布矿山环境影响评价报告编写指南，提出各类项目开展矿山环境评价的主要内容和具体要求。大中型矿山或位于环境敏感区的矿山需要制定矿山环境影响评价报告制度，小矿山或对环境影响不大的矿山实行比较简单的矿山环境审查制度。此外，公民参与也是矿山环境影响评价制度的重要组成部分。

（二）矿山地质环境恢复治理的措施

1. 切实做好矿山生态环境保护与恢复治理工作规划

全面认真地调查矿山生态环境现状，根据具体情况制订规划。突出重点，合理部署，优先安排投资少、见效快的项目。

2. 加强矿山生态环境保护与恢复治理的监督管理

首先，从生态环境保护角度确定矿产资源开采的准入条件，严格执行矿山地质环境影响评价和矿山地质环境治理恢复基金制度，严把新建立矿山立项的审批发证关，避免产生矿产资源开发与环境保护效率不对称现象，避免造成新的生态破坏和环境污染。其次，加大对现有矿山的监督管理力度，对违反法律、法规和有关规定的矿产企业要依法查处、责令限期整改，逾期不能达标的实行限产或关闭。最后，对矿产企业的土地复垦和生态环境恢复治理状况进行监督。

3. 加强地质灾害监测预警

各级自然资源主管部门应依据地质环境管理条例和法规，督促矿产企业对矿区内各类地质灾害点布设监测点进行监测，建立地质环境监测网络，预测其发展趋势及时预警。对危及矿区和周围地区居民生产和生活的地质灾害进行及时治理，避免或减少地质灾害可能产生的危害。

4. 加强矿产资源综合利用研究

加大科技研发力度，提高矿产品的附加值以及企业的经济效益，并减少矿及废渣中的矿物或有害元素，从而降低环境的污染程度。

5. 加强矿山生态环境治理与保护工作的研究

督促和引导矿产企业在矿山生态环境治理与保护方面加大研究与技术改造的资金投入，采用先进适用的生产工艺、技术和设备，改进管理措施；提高“三废”排放达标率和综合利用率，实现废石、尾矿的资源化利用，避免或尽可能地减少对矿山生态环境的破坏和环境污染，使矿山生态环境呈良性发展。

6. 积极推进矿山生态环境恢复治理与土地复垦工程

坚持“谁破坏，谁治理”原则，对矿山生态环境恢复治理与土地复垦工作适当给予优惠、资助，鼓励矿产企业开展生态环境恢复治理工作，调动其积极性，推动治理工作的顺利实施。

（三）矿山地质环境恢复治理的对策建议

1. 以化学污染为主要环境问题的矿山

化学污染较严重的主要是有色金属矿山，含有色金属成分的其他金属矿山；含有非金属物质如磷砷、硫铁、煤等矿山的化学污染问题也较为严重。对于此类矿山，建议通过以下途径开展矿山地质环境的恢复治理。

(1) 加强矿山环境恢复治理的宣传和管理

要加强矿山环境保护的宣传教育，使广大矿产企业职工及其他矿产地居民，尤其是各级管理人员，要全面认识矿山可持续发展与环境保护的关系，处理得当将促进经济发展，处理不当必然会阻碍经济发展。矿业的迅猛发展，意味着取自自然的矿产资源增加，相应地会导致矿山环境的破坏和污染加剧。如果盲目发展矿业，滥采滥挖，不加强矿山环境的保护与治理，势必导致资源枯竭；环境破坏与污染加剧，使资源、环境与发展之间的矛盾变得尖锐，不仅矿业产业不能健康发展，还严重影响国民经济全面协调发展。要处理好资源、环境与发展之间的关系，必须树立可持续发展的观点，即在发展矿业的同时加强矿山环境的保护和治理，使矿业开发不超过自然的承载力。加强环境保护教育，增强公众参与意识，调动当地公众参与矿区环境治理与保护的积极性。

(2) 加强科学研究

推广采选与环保一体的新技术、新工艺，加强矿山的地质环境调查，综合研究节能、环保、节约资源的新技术，尽可能地采用生态清洁的采选新技术、新工艺。如发展无废生产工艺、再生资源化新技术、废石内低品位金属资源回收新工艺，尾矿利用新技术、矿区废地生态生物工程技术，以及矿区排土场、废石堆复垦新工艺等。

(3) 物理性修复

矿区地表土常常会遭到破坏引发水土流失，可以采用粉碎、压实、剥离、分级、排放等技术改进矿区退化土地的物理特性，实际操作还包括开垦梯田、设置排流水道和稳定塘、采用覆盖物及施用有机肥等。可采用植物残体余物（如稻草或大麦草）覆盖表土，增加土壤的保水量，减少地表径流对土壤造成的侵蚀。施用有机肥可显著改善土壤结构。

(4) 化学性修复

多数矿区的土壤退化，缺乏有机质及营养元素，如果计划将修复后的土地用于农业生产，就必须恢复土壤的肥力及提高土壤生产力。有机废弃物如污泥、熟堆肥等可作为土壤添加剂，并在某种程度上充当营养源，同时整合有效态的有毒金属从而降低其毒性。除采用有机添加剂以外，还可以采用无机添加剂改善土壤特性，如采石废弃物、粉碎的垃圾、煤灰、石灰、氯化钙等。在有毒的尾矿废弃物上覆盖一层惰性材料，如煤渣等，可防止有毒金属元素向表土迁移，起到化学稳定修复作用。

(5) 绿色植物的稳定和提取修复

①利用重金属耐受型植物的稳定修复。植物稳定修复是利用重金属耐受型植物来固定矿区土壤中的重金属。原位稳定是修复重金属污染土地最有效和最经济的方式之一，涉及使用适当的有机添加剂和无机添加剂及选用适宜的植物物种。在重金属污染土地上种植重金属耐受型植物可以降低重金属元素的流动性，从而可以减少进入食物链的重金属元素。有毒金属元素被固定在生态系统中，减少了风蚀所引起的迁移，也减少了有毒金属因淋溶作用而进入地下水所引起的水污染。因此，选择适宜的、可以在重金属污染土地上生存的植物，对于矿区土地的修复起着至关重要的作用。

②利用重金属超积累型植物的提取修复。植物提取又称为植物积累，包括超积累型植物根部对重金属元素的吸收以及重金属元素向地上部分的转移和分配。超积累型植物可以富集大量重金属，部分植物能够从土壤中去除一定量的重金属，净化低污染水平的土壤。重金属污染土壤可以通过播种超积累型植物种子来净化，经过几季收割后，重金属会随植物一起从土壤中分离出来。在实践中，一方面要加快筛选具备忍耐和富集重金属能力的植物；另一方面也要重视可以提高植物地上部分生物量或植物根系重金属生物有效性的农艺措施的应用。通常，植物修复可与其他净化方案联合使用。

2. 以物理灾害为主要环境问题的矿山

矿产资源的形成是地应力长期、复杂作用，物质再分配的过程，矿产资源的开发必然会改变生态地质环境，并带来一些不利的影响。开发矿产资源，无论是地下开采还是露天开采，都不可避免地要连续、长期、大量地改变地形、地貌和岩层的构造，破坏其原有的状态，从而影响地应力的均衡和水均衡，并引发水土流失、地面塌陷、山体开裂、滑坡、泥石流、水源破坏和污染等一系列矿山环境问题。同时，开采和冶炼产生的废石、废渣、尾矿、废水、废液和废气，也会造成环境污染。在这类矿山地质环境问题治理上，除加强矿山环境保护的宣传与管理，推广采选与环保一体化的新技术、新工艺，以及采用植物修复技术等治理对策外，还应根据实际地质环境情况采取如下措施。

(1) 开展调查，做好矿山环境保护规划

开展矿山地质环境问题的调查与评价工作，掌握矿山地质环境问题的基本情况。根据矿山地质环境的特点，环境问题的危害程度和分布规律，结合矿区的地理、地质背景和社会经济及人口分布状况，制订矿山地质环境的恢复治理规划。

(2) 加强山体开裂、崩塌、滑坡、地面塌陷、沉降、地震、透水、泥石流、尾矿库溃坝等方面的防治工作对主要发生于山地的矿山地质环境问题，治理措施分为防止崩塌、滑坡、泥石流发生的主动措施和避免造成危害的被动措施。

① 防崩塌的措施主要是削坡卸载，消除临空危岩体，避免产生高陡边坡。对因地下采空诱发的山体开裂等进行严密监测。

② 泥石流的防治主要在于预防，要合理选择废渣堆放场地，谨慎采用高台阶排土方法，减轻地表水对废渣的不利影响，有计划地安排岩土堆置、复垦等。同时，开展植树种草工程，并采取拦渣、排导工程措施。

③ 对于地面塌陷、沉降、地震、透水等井下开采引起的矿山地质环境问题，应积极研究矿体的边界地质和力学条件以及水文地质特征，正确预测采矿诱发的塌陷区及地裂缝范围，改进采矿工艺、充填塌陷区，因地制宜地充分利用塌陷区等。

④ 防治尾矿库溃坝的重要措施是消除危库、险库。按照国家有关尾矿库的建库标准，建立符合安全规范的尾矿库，坚决避免依山傍河、在河漫滩上修建尾矿库，因为这类尾矿库易造成洪水漫库。

⑤ 水源枯竭、土地流失的治理措施。综合治理措施包括保水固土工程、土地利用工程和脱贫致富工程。具体措施包括合理堆放采矿废渣，配套采用工程技术措施，如建截水沟、拦水沟、排水沟、沉沙池、蓄水塘等，种植适合当地生长的树种形成防护林等。

第三节　矿产资源合理有序开采的环境伦理路径

一、坚持矿产资源开采的环境伦理原则

(一) 公平公正原则

矿产资源的开采利用，已不单纯只是经济问题，还是伦理问题。矿产资源是人类共同的财富，地球上的每个人都公平享有，因此矿产资源的开采利用要坚持公正原则。公平公正原则强调的是：在矿产开采利用的过程中，要坚持代际公平原则和代内公平原则。

1. 代际公平原则

代际公平原则要求后代人的发展享有与当代人平等的机会，因此就要保证后代人与当代人公平的享有一样多的资源财富。这里的代际公平实际上就是矿产资源的代际分配问题。假定当前决策的后果将影响好几代人的利益，那么应该如何在有关

的各代人之间就上述后果进行公平的分配。就自然资源而言，给未来后代留下的不应比人们损耗这些资源前留下的更差。矿产资源的代际公平包括三个方面：规则公正、各代人之间的分配公正以及补偿行为公正。

规则公正，强调的是在界定矿产资源产权问题时要规则公正。必须充分界定产权的权利和义务，建立一个清晰的产权权利义务关系。这种关系通过经济上实现，矿产资源所有者通过所有权获得经济效益，矿产资源的使用者需要向矿产资源所有者支付一定的使用金。这样，矿产资源不仅作为生产原料，其开采地也可作为排放废弃物的场所。

各代人之间的分配公正，并不是要求在矿产资源总量上完全相等，而要在分配的比例上公平。这种公正原则包含两层意思：第一，当代人对矿产资源的消费活动是否影响了后代人对矿产资源的需要；第二，当代人对矿产资源的耗损量与投资量是否匹配，对矿产资源的投资指的是对矿山生态环境和条件的改善、修复的投资以及对科技部门的投资等等。

补偿行为公正包括当代人在矿产开采后，对资源基础和后代人的补偿行为是否公正、能否实现。补偿行为的实现不只局限于补偿矿产资源领域，还可以是其他领域的财富形式，开采者的补偿行为大多是通过技术、货币财富等形式来完成的。

当某项决策涉及若干代人的利益时，应该由这若干代人中的多数来做出选择。相对于当代人来说，子孙后代永远是多数，因而可以从代际多数原则中得出结论，如果某项决策事关子孙后代的利益，那么不管当代人对此持何种态度，都必须按照子孙后代的选择去办，在资源利用问题上就是要保证资源基础完好无损。

为后代人多着想，这既是本代人的责任，也是本代人超越前代人的表现。作为当代人，在开采使用矿产资源时要秉着代际公平原则，不能无限制地过度开采，要节约使用资源，树立自觉保护资源环境的榜样，这样也起到了道德示范的作用。摒弃过去那些吃祖宗饭断子孙路、先污染后治理、消耗资源发展经济的错误观念。这些错误观念实际上是要求人们最大化资源的价值，而对未来后代的价值进行打折。我们不能损害后代人开采矿产资源的宝贵权利，尊重和保护后代人矿产资源的权利和利益，给后代留下良好的资源环境和生态秩序。当代人在开采矿产资源时，要承担起当代与后代合理分配矿产资源的任务和职责，为子孙后代的生活生存、健康发展、生命健康留下足够的矿产资源，保持良好的生态秩序。我们只有确立了代际公平的环境伦理原则并坚持这种道德品行，才能实现人类的长久利益和发展。

2. 代内公平原则

代内公平，是指地球上代内的所有人都平等地享有开采利用矿产等自然资源和良好环境的权利。既包括现代国家之间的公平，又包括同一国家内部当代人的公平，环境和资源在代内公平就是代内公平的原则。该原则主张的是不管哪个区域，都不得侵害其他区域的发展，特别是不能侵害那些发展相对落后的地区或国家。人类不能只顾眼前那些局部暂时的利益，应长远考虑整体的利益。

世界各国在矿产资源的开采利用上存在很大的差别，同一国家的不同群体、集团也是如此。城市居民比农村居民的生活条件优越，所以对矿产资源的种类消耗要多；农村居民受条件限制，可能对某些矿产资源过量消耗；产业的类型不同，对矿产资源的消耗也是不同的。造成矿产资源利益分配不公平的原因，最主要是经济贸易关系的不平等。人类对矿产资源的肆意掠夺，主观上是因为对资源有限性的无知和狭隘的利己主义、享乐主义。

坚持代内公平原则，在开采矿产资源时要顾及每一个国家、地区、民族的利益，在利益分配中要兼顾公平，避免贫富分化，尊重他们平等享有开采、利用矿产资源的权利。只有坚持资源代内公平分配原则才能缩小贫富差距，保证整个人类世界持续健康的发展。

（二）尊重自然原则

一个存在物如果在自身之外没有自己的自然界，就不是自然存在物，就不能参加自然界的生活。人类生存发展的必要条件是自然界，人作用于自然，自然又对人有约束作用。人类社会的持续性依赖人与自然的和谐统一，试图分裂人与自然的关系都是违背自然规律、违背环境伦理原则的。

矿产资源开采必然影响生态环境，我们应树立尊重自然原则的理念，合理开采、善待自然，遵守资源开发的道德规范，不能向自然盲目索取，生态的恶化和矿产资源的逐渐减少正是自然在向人类敲响警钟。人类对自然的尊重，就是对人类自己的尊重。凡事都讲个“度”，矿产资源的开采也不例外，对自然界的矿产资源要坚持适可而止的理念，一味地盲目追求量变，超过一定限度定会引起坏的质的变化。大自然为人类提供了生存环境，人类从中获取了财富，所以不能贪婪地、无限制地向自然索取，要懂得保护自然节约资源。如果人类不节约资源，就不能持久地使用自然资源，所以应尊重自然的限度，在限度内实行可行的方式发展。坚持尊重自然的原则，要让矿产开采者认识到人是自然界的组成部分，对自然界的破坏最终也会作用到人的身上影响生活，人类对自然的伤害实际上就是对自己的伤害。要善待和尊重自然，做到与自然和谐相处，不伤害自然，爱护矿产资源，反对掠夺式开发。

大自然给人类的最重要的启示就是：只有适应了地球才能够分享地球上的一切，只有适应地球的人才能其乐融融地生存。因此，人类的发展需要以一种人与自然和谐相处的方式存在，不可以危及自然生态系统的完整。我们在开采矿产资源时要充分思量自然承载力，保证自然矿产资源的持续利用。矿产开采者有义务护卫自然环境，保证资源永续利用，合理有序地实施开采活动。

（三）可持续发展原则

20世纪40年代后期，出现了一些片面、不成熟的经济理论，在此指导下经济得到飞速发展，主要依靠对自然资源进行疯狂式掠夺开采，根本不在乎是否破坏环境。虽然人类对矿产资源的开采使用可以追溯到前石器时代、铜器时代以及农耕时代，但是人类真正开始大量使用矿产资源还是在工业革命后。工业生产把人的类的衣食住行与矿产资源紧密联系到一起，人们的工作、生活方方面面都离不开矿产资源，因此人们开始加大对矿产资源的开采量。不到二百年时间，矿产资源已取代了其他资源的作用，成为现代生活的重要自然要素，也是可持续发展的基础。

矿产资源是不可再生资源、可耗竭资源，矿产资源的开采利用会对环境造成严重的破坏。从一定意义上来讲，矿产资源开采不具有可持续发展的可能原因有四个方面：一是矿产资源开采利用对象是可耗竭的自然资源，耗竭后不可再生。二是在开采矿产资源时需要对地下岩体挖掘，这样难免会破坏地壳表层的应力平衡系统，引发地壳运动和地表变形，破坏了土地资源，损坏了森林植被，打破了地面生态系统的平衡。三是矿产资源在开采过程中，对环境造成了严重的污染，生态系统恶化，给经济、社会各个方面都带来了负效应。四是矿产企业长期以来对建设基础设施的投入不多、债务负担重，大部分企业没有扩大再生产的能力，矿产企业资金不足，因此自身不具备可持续发展的条件。

矿产资源开采与全面可持续发展是一个相对的概念。矿产资源是不可再生资源、不能持续的，但它受各因素的影响总量是不能完全确定的，并且有些矿产资源是可以被其他资源代替，难以确定耗竭时间。关键是在开采过程中，对环境的破坏程度以及对资源的浪费程度是可以控制的，取决于政府的管理行为、企业的能力和矿产开采者的观念。

人类社会的发展和延续与可持续发展有直接的关系。矿产资源的开采要求坚持可持续发展原则，合理开采矿产资源，提高资源开采率，坚决避免资源浪费和环境污染破坏，减轻资源环境压力，摒弃过去矿产资源粗放式开采换取经济发展的做法，取而代之的是集约型开采模式。

可持续发展包括多方面的蕴涵，资源是其中心问题，矿产资源又是人类生存发展的基础资源。目前，产生了一些不持续现象，这些现象就是由于矿产资源的不合理开采引起的，这也导致了资源生态系统的退化。为此，我们在开采矿产资源时必须保护矿产资源，坚持可持续发展原则，对矿产资源的开采要控制在资源的承载限度内。对可更新矿产资源进行人为措施的再生产，维持基本矿产资源支持系统以利于矿产资源的持续利用；对于不可更新的矿产资源，关键是提高开采利用率，积极探究新的矿产资源途径，尽量用储量丰富或可更新资源替代，以降低损耗。

二、明确矿产资源开采主体的权利和责任

(一) 矿产资源开采者的权利和责任

矿产资源开采者对矿产资源的开采和保护既是相互联系的，又是相互制约和促进的。采矿人依法拥有开采利用权利，同时还要承担保护矿产资源和环境的义务责任。只有明确开采者的权利和责任，二者统一，才能实现对矿山环境和矿产资源的保护，避免自然生态系统的破坏。

在我国的相关法律中，对开采者的责任也作出规定。例如，对产生环境污染或其他危害的单位，《环境保护法》中规定，要求开采者必须把环境保护列入开采规划，创立环境保护的责任制度；同时要实行有用的措施，预防并治理在开采活动中产生的粉尘、三废、电磁波辐射、噪声等对环境的危害和污染。关闭矿山时，《矿产资源法》要求采矿权人必须向主管部门提交闭坑报告，包括安全隐患资料、环境保护资料、土地复垦利用情况、采掘工程，按国家规定程序审查批准。《水污染防治法实施细则》在防治地下水污染方面规定，在开采多层地下水时，对受到污染的含水层岩石不允许混合开采，要分层开采；对矿坑、矿井释放的有毒有害废水，必须采取措施，防治地下水污染，应当在矿床外建设集水工程。对煤炭资源的开采，《煤炭法》规定，开采者必须遵守有关环境保护的法律规定，防治污染，保护生态环境，坚持煤矿开采与环境保护同时进行。煤炭项目保护环境的设备设施及措施要与煤炭开采工作同步进行，同时设计、同时投产、同时施工、同时验收。

明确矿产开采者的责任是合理开采矿产资源的关键，是减少和治理环境损害的主要工作，矿产资源开采者在依法享有权利、获取经济利益的同时，必须对预防和治理环境污染、保护矿产资源持续发展履行一定的义务。采取有效措施，筹集相应资金，投入整个矿产开采活动中来治理环境工作，决不允许为了眼前的经济利益，牺牲人类公共环境。

(二) 矿产资源开采中企业的权利和责任

如今，在经济全球化的浪潮影响下，矿产资源显得日益重要，矿产企业的管理和经营也逐渐受到大家的重视。建立一个受伦理道德约束和规范的企业关乎企业的形象以及未来的发展。

矿产的开采主体是矿产开采活动的直接执行者（主要指矿业企业）是矿产开采的主要受益人。在矿产开采中，获取资源开采的收益是其享有的主要权利，然而责任和权利往往是相互的，任何权利的实现前提都是需要履行一定的责任，强化社会责任也是时代发展的需要。矿产开采主体如何履行环境伦理中的道德责任是不容忽视的问题。

简单地说，责任是在社会中根据个人地位或职位应对社会履行的义务，如果没有尽到相应的义务或是义务履行得不好就应该承担必要的责任。由此我们可以看出责任包含应当做和不应当做两方面的含义，如在开采中应当遵章守法，按流程操作，不应当违规开采。伦理责任就是人对社会关系的应然认识而自觉承担的责任。无论是政府、企业还是，都应该对责任范围内的任何事情负责，不能失信他人，否则是不负责任的，也有损诚信的形象。我们都是社会的一员，是社会的一个组成部分，无论我们身处何种地位都有义务为社会作出贡献，并主动承担应负的责任。不负责任既损人又不利己，会受到谴责、成为失信者，严重者将会受到法律制裁。因此，我们也可将伦理责任理解为各社会成员为了维持某种社会关系健康持续发展而必须遵循的一些伦理道德规范。例如，作为矿产开采者的一员，在开采过程中就要承担按企业规定完成工作任务和保护环境的伦理责任。

企业往往都是只追求利润，如果社会不对其进行制约，企业就会把环境保护扔到一边成为产业公害。相较于其他各社会主体，企业在环境保护方面要承担更多的责任，因为环境遭到损害就是在各种经济活动中引起的。如今，随着经济发展，环境日益恶化，国民的环境意识正在日益高涨，企业也应为了减轻环境负荷实行绿色经营，从长远来看企业的利益与绿色经营是相挂钩的。企业有责任成立环保部门，设立环境负责人，对环境实施全面管理，减少资源消耗，绿色开采；时常对全体员工开展环境教育，公布环境报告，达成双向交流，以环境视角贯穿企业绿色经营的全过程。企业要建立完善的企业社会责任自律机制，教育矿产资源开采者自觉履行保护环境的责任，完善企业内部的道德调控机制，增强环境保护意识。

（三）矿产资源开采中政府的权力和责任

国家政府对矿产资源拥有绝对的所有权，他们既是政策的制定者，又是政策的执行者，拥有最大的权利。权利和义务是相关的，没有无权利的义务，也没有无义务的权利，享受权利的同时就要承担责任。政府在处理各种人与人、人与自然的矛盾关系时，肩负着极大的社会道德责任，而且对地球的保护也担负了最大的道德责任，政府有义务保护地球生态系统的平衡。政府要立党为公，执政为民，积极履行自己的职责，工作中出现问题要敢于承担，并立即采取措施弥补。权为民所用，利为民所谋，情为民所系，这是政府在工作中应坚持的道德底线。

在矿产资源开采过程中，政府要加强管理，建立规范的开采秩序，维护良好的矿业环境。抓好年检，严格发证，监督管理保证采矿权人履行义务。对发证和换证的工作必须严肃认真把关，对那些不合理开采矿产资源、破坏环境的企业拒绝发证、换证，从源头上杜绝矿产资源的低效开采。同时，政府也要采取一定的措施，如做好占用储量登记工作，实行储量分段管理；积极探寻新的方法经验，加强对矿业权人履行保护环境和合理开采矿产资源义务的监督。对无证开采的矿产企业要坚决取缔；对越界开采情况要依法制止并予以处罚；对非法转让矿业权、破坏环境的行为都要依法处理。巩固矿产资源开采秩序，防治混乱现象反复发生。

加强政府对矿产资源开采的监督，关键是要做好事前的监督管理工作。积极探寻事前更为有效的监督管理内容和措施。认真审核矿产资源开发方案，做好占用储量登记。如果开发方案不合理，就不可能做到合理开采利用矿产资源和保护环境，开发方案的不合理是造成矿产资源粗放式开采利用的根源，同时也导致了政府监督工作无济于事。事前监督，首先要做到审查开发方案是否符合合理开采利用矿产资源的要求，禁止大矿小开是审查最关键的一环。政府要从源头抓起，对审核方案不符合国家矿产产业政策标准的，坚决不能通过审核发证。另外，政府也要对自己实行监督，实行发证责任制，谁负责审批发证谁负责任。监督工作能否有效取决于这项工作是否做好，也为政府的后续监督打下了牢固的基础。

建立一个完整的矿产资源开采监管体系，既是政府的权力，又是政府的责任。依据法律法规，进一步完善探矿权审批、采矿权审批、环评审查、生产许可、企业设立、项目核准、安全许可等各项管理制度；切实加强政府在开采每个环节中监管，并承担相应责任；遵循任务到矿、责任到人的原则，维护正常的开采秩序。同时，政府的勤政廉洁，离不开内部的监督。政府在面对糖衣炮弹时，要拒绝腐败，铭记自己肩负的权利责任，确保矿产资源合理有序的开采。

三、健全矿产资源合理开采的制度保障

(一) 鼓励科技创新机制，提高矿产资源综合利用水平

提高矿产资源综合利用水平实现生态化开采，不仅需要良好的政策保护机制和完善的法律体系，还需要成熟的先进科学技术做支撑。

依靠科技创新，提高矿产资源开采的命中率。加强对地质的基础理论研究，探寻矿产资源形成规律，将基础地质科学与矿床地质科学进行联合交叉研究，建立一个客观的、实际的新成矿理论体系，这样才能更有效地指导找矿工作。积极探索发

展新的找矿技术，利用遥感全球定位系统技术、计算机地理信息系统技术，研究开发新的物探化探找矿技术方法，发展应用能够快速准确分析的测试方法，提高找矿命中率。例如，利用微生物进行选矿，此项技术原理就是利用各种元素的氧化细菌从矿物中分离出各类元素矿物。这是一种新的工艺技术，投入资金少、成本低，几乎无污染，而且对资源的综合利用率较高，发展前景广阔。

加强在矿山环境方面的技术创新研发投入，提高矿产资源综合开采利用的水平。科技创新中，新方法的应用能够提升保护矿山环境的科技含量，使环境负面影响降到最低、伴生资源得到最充分开发、资源损失率极低的生态开采技术。如保水开采技术。这项技术针对的是地面水源枯竭、采场突水、地下水位下降问题，关于此技术的要领就是：第一，通过利用先进的探测技术，掌握开采区内的地质水文状况，科学安排生产作业，尽量减少开采活动对地下水系统的破坏；第二，利用注浆技术改变地下水的径流，减少地下水涌出，然后在特殊区域采用充填技术控制含水层的下沉。在此基础上，建立井下水处理及回灌系统，对已在井下污染的矿井水进行无害化处理后用于工业循环用水，清水经地面回灌系统又返回到地下含水层。该技术扭转了将井下水进行简单外排的传统开采方式，既可以有效保护水资源，又可以避免污染的矿井水对土地和植被造成损害。

鼓励科技创新，加快技术设备改造工作，增强设备机械化程度，从而提高矿产资源综合利用的效率，挖掘已开采矿山的资源利用潜力。建设科技推动型与资源集约型的开采活动，扩大资源开采的深度和广度。依靠科技创新和集约经营，增加对资源的供给。发展采选新技术、新工艺，使质量较差资源也能得到充分利用。

（二）建立环境保护监管机制，确保矿产资源所在地的利益不受侵害

通过对宣传教育方式创新，更新观念，切实提高合理开采矿产资源的意识，这是意识保护机制。意识决定行动，指导人的行动，人们只有先重视了思想，才能在行动上谨慎做好工作。对矿产资源开采规划的重要性、无证开采和盗采矿产资源的法律责任、破坏环境的危害性，可以通过讲座和图片标语以及报告会等形式来进行突出宣传。

始终坚持以人为本和科学的可持续发展观。首先，把重视人类的生存环境放在企业环境管理的第一要位。其次，始终把职工的环境思想教育视为环境工作的重点，加强培训，提升职工自身的工作能力和责任感，通过考核进行奖惩来激发职工的自觉性，将职工的麻痹大意和侥幸思想彻底消除，按规程严格操作。最后，借助媒体的力量，如电视、广播、报纸等开展文艺演出、知识竞赛等形式的活动，加强绿色生产绿色开采的宣传阵势，寓教于乐。这样，不仅可以陶冶人的性情，还能规范人

的行为，培养人的环境意识，营造一个关注资源、关注环境保护的生态文化氛围，通过文化渗透提高人的生态环境保护的价值观。

创立新的整治方式，保证整治到位。这是行动保护机制，通过深入实践调查研究，敢于大胆设想，创新整治思路，提出解决问题的建议，积极探索和讨论，制定出一套切实可行的、完整的整治方案，从根本上扼杀矿产资源的不合理开采的局面。对造成环境破坏问题的单位和职工，要深入调查原因，严肃惩治，保证整治到位。具体做法为：以法律为基准，政府要依照法律严格办事，不能顾及私人情面；企业要合法合理地开采矿产资源，要重视人类生存环境和依赖的资源；广大社会民众要积极行使监督权利，组建由政府设立、人民群众构成的监督组织，这样便于民众参与管理。除此之外，政府相应部门还应彻底、全面检查改造我国现有的环境监管体系，真正建立一个科学的、有效的环境监管机制，确保环保意识理念落实到开采的每一步。

管理和监督要严格，入门槛要提高标准，这是资格保护机制。矿业权在授予时，无论是探矿权人还是采矿权人，基本资格必须是法人主体，同时要求配备专业的勘察开采技术人员，矿业主必须取得矿长资格。对有污染的化学品生产、废弃物处置、运输等环节都要进行绿色生产的检查，监督各类企业严格遵守国家的相关法律法规。政府各部门要严肃法纪，严抓那些无视规章制度的企业、明知存在环境隐患却仍然冒险蛮干不予整改、不落实环境责任制的企业和相关负责人，依法进行严肃处理。同时，负责监督管理的人员也要实行责任制，在一定时期内谁负责检查的企业如果出现问题要承担连带责任。

（三）完善矿产资源法规体系，依法规范矿产资源开采秩序

完善我国矿产资源开采与保护的相关法律法规，尽快出台矿产资源合理开采的配套政策，从而可以准确地对矿产资源是否合理开采利用进行界定。对我国目前的矿产资源实际开采利用状况进行一次深入全面的摸底调查，然后总结经验，完善矿产资源法规体系，建立一套切实可行的法规政策，以此确定惩罚标准，加强执行力度。

严格管理探矿权和采矿权，清理对探矿权和采矿权审批不合法的情况，坚决制止对探矿权和采矿权非法干预的行为。根据国家资源产业政策对探矿权和采矿权进行严格规划设置审批程序和审批条件，规范开采秩序，完善相关管理制度。

严厉打击那些证件手续不全就进行勘察开采矿产资源的违法行为，集中整治无证开采或证件过期失效的违法行为。公安部门对违规矿产企业购买爆破器材并使用不予批准，工商部门不应向违法企业发放营业执照，电力部门也终止对其供电服务，国土资源部门要立即停止该企业的无证开采行为，并没收所有违法所得的矿产品和

利润，同时处以重额罚款。

全面查处矿产资源开采的越界行为。严肃排查在本区域内发生越界开采矿产资源、探矿权和采矿权非法转让的违法行为。如有跨出批准矿区开采范围的，要责令该矿产企业返回自身的矿区范围，没收越界开采所得的全部矿产品和利润，依法进行查处并密封该井巷工程。如果该企业拒绝退回越界开采所得矿产品，将依法吊销其勘探采矿的许可证及其他证件。对探矿权采矿权进行非法转让所得的利润予以没收并处以罚款，且要限制期限责令改正，逾期不改的吊销勘察、采矿许可证，而且受让方也按无证开采矿产资源予以严惩。

坚决关闭那些对环境造成严重污染、破坏和不具备安全开采条件的矿山企业。对影响大矿安全开采的小矿和在禁区非法开采的矿山企业都要予以关闭。矿山企业要对环境影响进行评价，不进行评价的要限期停产整顿。有的矿山企业不符合安全生产条件，如不具备通风能力生产、瓦斯抽放系统没有按规定建立、没有防突措施，没有通过审查验收等，要依法取消所有证照，责令停产整改，从而规范开采秩序。

完善补偿恢复矿山生态环境法律责任制度，遵照谁污染谁治理，谁破坏谁恢复原则，将治理措施和资金落实到位。所有矿山企业，无论是已投产的还是新建的，都要对生态环境保护和综合治理制定方案，然后报给主管部门进行审批核查后实施。对老矿山或已经废弃矿山的生态环境治理，遵照谁投资谁受益原则，利用市场机制探索多渠道方式融资加快恢复和治理的速度。

四、加强我国的环境道德建设

(一) 加强矿产资源开采主体的环境伦理教育

环境伦理教育，是高层次的环境教育，是站在人类精神品格上的一种根本性环境道德教育措施。通过环境伦理教育，唤起人们对自然环境的道德良知、生态良知，为人们环境伦理观念的培养和提升奠定思想基础。类似于传统道德教育，环境伦理教育是根据环境的道德原则和规范以及环境价值准则，对人们进行有计划、有组织的影响，灌输到社会成员的内心，将外在的原则规范准则转化为个体的内在道德。通过环境伦理教育，激发人们的环境道德情感意识，提高人们对环境的道德认识水平，使人们懂得如何做一个拥有良好环境道德品质的公民，最终使被教育者建立正确的环境价值观，在生产实践中能够做到爱护环境、尊重环境，自觉协调人与自然环境的关系，自觉提高环境道德修养。

环境伦理教育滞后的一个主要原因就是环境伦理规范会抑制个体物质贪欲行为。近年来，一些黑心矿产开采主体为了牟取私利，一是无证非法开采、乱采滥挖，粗放式开发、大矿小开，影响恶劣；二是将探矿采矿混淆，未经审批边探边采，没有合理的开采方案，造成资源浪费、环境破坏；三是重采轻治，有的采矿活动剥离了山体植被和土层，引发地面塌陷、滑坡泥石流，破坏了矿区耕地、地下水系统。面对这样的环境问题，人们也提出了许多解决措施，但是很少有把塑造矿产开采主体的环境公德作为根本措施去实施。

环境伦理教育对矿产开采主体具有长期性、艰巨性、反复性和综合性的特点。环境伦理教育的长期性是指矿产开采主体树立合理开采矿产资源的道德观念，不是短期教育培训就能完成的，而是要终身进行社会和自我教育才能完成。外界的利益诱惑无处不在，抑制贪欲和善待环境资源教育应贯彻始终，要终身接受环境伦理教育。环境伦理教育的艰巨性不是教育实践过程本身艰巨，而是当今市场经济下，矿产开采的目的就是为了追求金钱利益，而克制个体欲望心理，让环境伦理观念和意识成为社会主流，这是无比艰巨的一项任务，谈何容易。环境伦理教育的反复性是因为环境道德品质习惯的培养、个人认识的提高，这些教育过程需反复进行；环境实践活动不断变化发展，环境伦理教育也要不断完善和提高，所以不能一蹴而就。环境伦理教育的综合性是要与社会其他教育结合起来，互为手段，构成统一综合的体系，不能孤立地进行环境道德教育。

对矿产开采主体进行环境伦理教育主要有以下几种方法。

一是准确系统地向矿产开采主体普及环境道德知识，这是最基本的教育方法。有些人对资源乱采滥伐、破坏矿山环境、违背环境伦理道德，甚至触犯法律，正是由于缺乏环境道德知识。要利用各种途径和手段向矿产开采主体灌输环境道德知识，如举办环境道德知识竞赛活动，在学校地质专业开设环境伦理课程等；还可以利用电视媒体、网络对全民进行宣传教育。通过系统学习，逐步提升矿产开采主体合理开采矿产资源的道德水准逐。

二是在矿产开采主体中树立典型。优秀的道德榜样是正面典型，是现实生活中真实存在的具体的人，他们是环境伦理原则的时代体现，是践行环境道德行为规范的精英，具有广泛的影响力，潜移默化中引导和启发人们朝着正确的方向努力。此外，还要对反面典型案例进行剖析。通过对反面案例分析，引起人们对资源遭到浪费、矿山环境遭到破坏引起后果的关注，达到警戒作用，引导人们树立一种资源枯竭、环境恶化的危机意识。

三是奖励与惩罚相结合。群众舆论是对矿产开采环境行为监督评价的一种强大的力量，是通过群众舆论对矿产开采主体进行环境伦理教育的活动。在舆论基础上，对破坏生态环境、造成恶劣影响和后果的矿产开采人员均给予惩罚，对资源环境保护做出成效的人员给予奖励、表彰，是对环境伦理教育具有抑恶扬善的积极意义。

(二) 建立矿产资源开采的道德行为规范

任何一个国家或社会，人类历史发展的每个时期都需要通过一定的道德来规范人们的行为，调节人们之间的利益关系，维护社会生活秩序。当这些规范能够得到人们有效遵守时，社会才能够井然有序地健康运转。在矿产资源开采过程中，必须强调保护环境的重要性，要强化生态伦理观念，其本质是要求人们以科学的态度准确地处理人类本身发展与自然环境发展之间的关系。我们不仅要在物质方面关注自然的价值，更要在精神方面引起重视。

在矿产资源开采中要践行道德规范，在具体行动上表现为主动节约矿产资源，自觉保护矿区环境，坚决避免破坏生态平衡；在实践中落实可持续发展战略，按规定防治废渣、废水、废气和噪声污染等等。只有在物质层面和道德层面一起努力，双管齐下，才能营造出一个美好的自然生态环境。

新时期，根据现代矿产资源的特点以及开采状况，提出三项原则规范。

1. 合理开发、科学利用、节约资源原则

在矿产勘探开采利用过程中，制定和实施地矿方针，开展地质教育，把提高矿产资源的开采利用率作为所有矿产开采者的道德行为准则和道德要求。

矿产在开采使用和运输冶炼过程中也会对环境造成污染。因此，减轻该行为对生态资源环境的破坏，是对所有地质矿产活动者提出的道德规范要求，要求重点是变废为宝，综合利用资源。将废弃的矿产资源变为有用的矿产资源，很多矿产不是单独的存在而是和多种矿产共生存在，一些金属矿产在使用过后还可以再回收利用，这样不仅减轻了环境负担，还能实现资源循环再利用，节约资源，达到综合开采利用矿产资源的效果。

2. 积极研发能够替代矿产品的新产品原则

当代人发展经济不能无限制地使用矿产资源，资源不可再生，会损害未来的发展造成资源枯竭，这样的代价是不值得的。相对于人类世界来说，矿产资源具有不可再生性。矿产资源的形成是一个长期过程，而人类社会却是短暂的。人类对矿产资源的开采及使用速度又是非常快的，所以矿产资源是相对有限的。随着科技的发展，资源的利用范围变广，人类对新产品的要求不断提高，目前已探明的矿产种类可能已不能满足人类需求，研发新的合金材料代替矿产资源已取得不小的进展，有效地避免了资源在开采利用中的许多问题。

3. 土地谁破坏谁复垦的规范原则

将土地谁破坏谁复垦原则作为矿产开采行为的道德规范，是因为在开采矿产资源时，大面积占用土地，地下矿产开采活动导致地面塌陷，且塌陷面积远大于开采面积；露天开采活动导致地面土壤结构遭到破坏，植被和生物的生存受到威胁。土地复垦，指的是在矿产开采过程中，对造成破坏的土地实施整治措施，实现土地恢复，达到可再利用状态。矿产资源进行大型开采都会造成土地受损，把复垦原则作为矿产开采过程中的道德原则，是要在采矿中纳入土地复垦技术，边生产边修复被破坏的土地。

我国开始实行土地复垦是在20世纪中期，并取得了一些初步进展。例如，在海南岛对铁矿进行的露天开采，20世纪50年代中期开始进行土地复垦，现在当地已变成一片森林，还有休养胜地；60年代，在剡城开采金刚石，现在复垦率达已82%，恢复了千亩以上土地；山东枣庄也在矿区土地上修建了公园。

（三）营造环境资源合理利用的伦理氛围

加强宣传工作，宣传我国环境现状和矿产资源形势，在全社会树立保护环境意识、增强资源忧患意识，唤起人类保护资源环境的道德责任感，营造资源环境合理利用的伦理氛围。全面、认真学习中央关于资源环境的政策法规，建立规范的符合道德要求的行为准则。宣传工作要全方位：第一，面向领导宣传；第二，面向矿产企业宣传；第三，面向公众宣传。

面向领导进行宣传工作，一把手负总责、亲自抓，所以向领导宣传是关键。领导是资源环境的第一负责人，也是落实环境资源合理利用的决策者，更是搞好矿产资源合理开采的领头人。领导的环境意识、资源忧患意识如何，对资源环境的影响极为重要。要向领导宣传中央关于搞好资源环境工作的基本要求，明确各级领导的责任，把领导的思想与中央的精神统一，使中央精神可以落实到实际工作中，目的就是要领导重视资源环境。这样，会议宣传既可以通过领导，召开资源环境会议，布置环境资源合理利用的工作、宣传政策和形势，又可以通过活动或简报宣传合理开采矿产资源、保护生态环境的行为是有利于他人的、社会的、集体的，是道德的。

面向矿产企业抓宣传，保护环境和合理利用矿产资源是矿产企业人员的责任，也是他们的利益所在，从而激发矿产企业的道德责任感。首先，组织矿产企业人员集中公开承诺：牢固树立环境意识，自觉接受监督、自觉遵守规范，按道德行为准则要求自己。其次，矿产企业要组织从业人员参加环保培训：矿企负责人培训、资源环保相关的法律法规、三废治理设施管理、行政许可执行、矿产企业内部环境整体要求等。再次，矿产企业要制定出一套完善的资源环境保护管理制度，健全三废治理设施运行、组织及责任、固废转移台账、固废企业管理等与环境资源有关的管理制度。最后，矿产企业至少要制定出一条固定的保护环境资源宣传标语；同时向矿产企业的主要负责人发送保护资源环境的征求意见函、短信等。

面向公众宣传保护环境、节约资源，提高未来意识，人人树立环境道德观念，遵守环境道德规范，注重全人类利益，利用公众的社会性与广泛性按照环境道德原则，全面营造资源环境的保护氛围。通过开展文体活动，鼓励公众积极参与；邀请环境友好企业、有防治任务的管理单位、绿色社区，积极开展、合理开采利用矿产资源、节约资源、保护生态环境、促进绿色创新生产的公益活动。通过街头宣传，悬挂横幅，在主要路段设置宣传广告；设立街头举报投诉咨询台，接受公众的资源环境投诉，解答公众的环境问题；展示保护环境资源的画板，发放宣传物品。媒体宣传，如电视播放保护环境资源的公益广告，举办专题栏目活动，网站也要及时宣传有关保护资源环境的政策法规。

生态环境问题是矿产资源开采中不容忽略的问题，也是“创新、协调、绿色、开放、共享”的五位一体生态文明建设在矿产资源合理开采的体现。然而，当下人们过于强调经济，缺乏长远眼光，只顾片面追求眼前利益，环境意识淡薄，责任意识缺乏，有的甚至道德沦丧、良心泯灭，对自然资源疯狂掠夺。面对矿产资源的乱采滥伐、无序开采、矿山环境遭到破坏的现状，当前已经从经济、科学技术和法律等方面给予广泛关注，但是对矿产资源开采的伦理思考和研究还很少。矿产资源是有限的，矿产资源开采离不开企业主的利益和人的开采行为，因此离不开环境伦理道德。法律约束的范围是有限的，因而环境伦理教育和德治是解决人们内心深处的根本问题。只有环境伦理引导矿产资源的开采者、企业、政府认识到矿产资源开采的环境伦理问题、人与自然的关系问题、矿产资源开采的可持续利用问题等，才能从根本上认识和解决矿产资源无序开采、乱伐的问题。因此，人们迫切需要探寻矿产资源合理有序开采的环境伦理路径，加强环境伦理教育，建立环境道德规范，从内心深处激发人们对环境的道德情感、对矿产资源开采利用的道德责任感，从而使每一个人都具有环境道德意识并主动肩负起环境道德责任，方能实现我国矿产资源的可持续利用，经济和环境的可持续发展。

第八章　地质找矿工作模式创新——从手工到智能

第一节　地质找矿全流程智能化信息平台建设

一、智慧勘探系统作用

（一）通过智慧勘探系统工程的建设，为地勘工作提供一套改善技术管理、完善服务机制的工作思路，为地质调查、矿产勘查、矿业开发工作提供新的技术方法。

（二）以基础地学数据库为依托，实现集野外数据动态采集、地质数据标准化入库、数据规范化管理、地质建模与综合研究等为一体的地质数据标准化工作流程。

（三）以地质统计学分析、矿床地质建模、3DGIS 等技术为核心，搭建基于定量化地质统计分析的三维地质找矿空间信息评价与分析平台。以构造、物化遥异常、矿化等成矿因素综合分析为基础，结合当代成矿理论研究，建立矿床成矿数字模型的技术方法。

（四）搭建涵盖地质找矿业务处理全流程的地质找矿综合信息应用网络平台，基于云计算服务，实现面向不同地质专业、业务应用和工作方式的综合信息分析与处理，为各级地勘单位用户提供多层次、不同业务领域的一站式功能服务。

二、智慧勘探系统特点

整个系统的功能特点包括以下四个方面。

（一）将智慧勘探的理念引入地质找矿工作，通过 GIS 技术将地质定量分析、三维地质建模与可视化等技术方法有机地融入地质勘查与找矿工作中，为地勘单位的地质找矿工作提供智能化的信息集成、分析和处理平台，使传统找矿方法向数字找矿方法转变，有效地提升地质勘查技术水平，提高地质找矿效率，缩短项目周期。

（二）智慧勘探系统大量吸收了国外定量分析思想与技术方法，形成了一条以现代成矿理论为指导、以地质统计分析与定量评价技术为核心的地质找矿分析评价技术路线。通过将现代成矿理论、矿产勘查新技术与地质统计学、数据挖掘、3DGIS 等分析技术相结合，形成地质找矿信息化、智能化综合解决方案，提高地质研究深度与精度，为传统地质找矿工作提供定量化分析技术与评价方法。

（三）建立动态采集、初步分析并实时反馈的野外地质工作模式。传统野外地质找矿工作主要依靠罗盘、放大镜等工具进行野外数据采集，由于采集效率低、数据质量难以保证，因此无法高效实现项目实时跟踪和现场监督。智慧勘探系统基于手持智能终端研发，应用于多嵌入式操作系统的数据采集平台，将野外地质资料实时回传至地质数据中心，充分整合单位内部优势技术力量，通过远程服务对数据进行分析与加工形成初步研究结果，并及时将信息反馈给一线工作人员，从而加强野外地质工作指导，提高地质找矿工作效率。

（四）将标准化、流程化的工作思路引入地质工作。通过构建跨专业、多学科的地学空间数据库，实现海量、多元、异构地学数据的规范化录入、标准化建库与统一管理。利用搭建式业务处理平台，实现地质业务处理的流程化、规范化，提高业务处理能力与工作效率。

三、系统功能与工作机制

智慧勘探系统作为专业服务于地质找矿领域的信息化创新型解决方案，集成了野外数据采集系统、地质勘查数据管理系统和地质找矿业务综合服务系统。其中，地质找矿业务综合服务系统中又分为三维地质建模与分析和地质统计分析与定量评价两大子系统。

基于嵌入式手持智能终端自主研发了野外数据采集系统，因此改变了传统野外地质找矿工作方式，实现了地质勘查野外生产数据的动态采集、标准管理与实时回传。

系统在传统找矿研究方法基础上进行了应用创新，以现代矿床学理论为基础，吸收、借鉴国内外先进的定量分析找矿技术方法，探索了基于数字矿床的综合预测评价方法体系，形成了以地质统计定量评价技术为核心的数字化应用平台。

平台主要通过三维地质建模与分析、定量分析等数字手段建立了基于实际成矿信息的数字找矿模型，以矿产成矿模式认识库为基础开展精细化数据挖掘，进行矿床成因综合分析与比对，加深地质找矿研究深度、提升矿床发现精度，为地质勘探提供最优化建议。

目前，该系统在多个国家公益性和社会商业勘查项目中得到了应用推广，在固体矿产勘查、海洋地质调查以及城市地质调查、环境地质调查等领域取得了显著的应用成果。

（一）野外数据采集系统

野外数据采集系统将现场采集的野外地质数据实时回传给数据中心服务器，通过地质数据标准化平台完成数据解译、数据分析、数据建模、评价与设计工作，再以云端远程服务动态定向推送给生产一线，进行勘查成果即时反馈。

野外数据采集系统改变了传统野外地质找矿工作方式，实现了地质勘查野外生产数据的动态采集、标准管理与实时回传，从而加强了智库中心对野外地质工作的实时指导，提高了找矿现场决策效率。

(二) 地质数据综合管理系统

地质数据综合管理系统是以地学数据库为依托，利用空间信息技术实现基础地理地质信息以及地质勘查成果资料（包括图件、图像、表格、文字报告等）一体化、标准化、规范化存储的管理系统。

地质数据综合管理系统实现了地质勘查各个阶段、各种数据的分类存储和标准化管理，解决了信息资源无法共享等问题，满足了地质信息软件提供跨专业、多学科、海量数据的存储、管理、综合解译、一体化处理工作需求，形成了高效一体化的矿产勘查信息处理与成果编制流程。

1. 数据标准化模块总体结构

数据标准化功能模块由基础地学数据库和数据库管理系统构成，介于基础数据和各应用平台之间，将采集到的原始数据进行加工，以相应的数据标准进行规范化入库。平台用户通过数据库管理系统实现对地质数据的各种操作以及转换导出，从而更加快捷地实现数据应用。

2. 数据库存储对象

数据标准化平台实现对地质勘查成果数据、基础地理地质数据、分析评价数据等的分类存储与标准化管理。主要涉及的数据包括以下几种。

(1) 区域地理和地质数据。主要包括地理底图、地形地质图、区域地质图等，所有图件以矢量图或栅格图的形式进行存储。其中，矢量图中的要素（如构造线、等高线、地层区等）必须按照系统给定的格式进行属性编辑或关联数据库信息。

(2) 地质勘查成果数据。地质勘查成果数据包括勘查报告、成果图件、文档等，主要以勘查报告电子汇交格式录入数据库中。

(3) 各矿区数据。主要包括矿区数据，如勘探、开采平面图，储量统计数据，采矿权、探矿权边界和年限，生产规模等信息。

(4) 综合评价分析成果数据。主要包括各类模型、综合性分析评价图件、分析评价相关统计表及相关文档与报告。

3. 数据库纵向分层

根据实际工作需要，按照数据在地质综合信息分析与评价中的作用和应用方式，对数据库进行纵向划分。在纵向上按专业领域把数据库划分为基础地质数据库、成果资料库和矿床模型库，各子类可以进行进一步划分。在纵向上的划分如下。

(1) 基础地质数据库

① 基础地质图件。数字化的地质图件；相关标准进行分幅、分层处理，并进行标准编码，各图幅图层编号以数据表的形式存储在数据库中，数据文件存储在文件夹中，用户通过编号检索需要的地图数据文件。

② 勘探工程。勘探工程主要包括钻探、槽探、坑探和井探，数据库依照勘探工程种类分类存储。对于钻孔、坑道等勘探工程分析数据以及地质勘查设计中的部分中间成果和最终结果，按照制定的标准数据格式以数据表的形式直接存储于数据库中，由专门开发的数据库管理模块实现存取管理，并通过记录的坐标信息或编号实现与矢量图或其他类型数据的关联。

③ 物探。地球物理勘探方法对应地球六个主要的场：重力勘探、磁法勘查、大地电磁勘探、地震法、放射性场、地热勘查。

④ 化探。地球化学勘探方法主要有水系沉积物测量、土壤测量、岩石测量、水化学测量、气体测量、生物测量和特种地化找矿法。各类物化探方法的中间和成果数据以数据表的形式存储在数据库中，利用关键字进行检索查询。

⑤ 遥感。主要包括遥感影像图和分析成果数据。

⑥ 综合管理。主要包括矿区边界、采矿权、探矿权的管理。

(2) 成果资料库

① 报告文档资料。主要包括前人已有工作资料以及工作过程中完成的各种文档、报告，如果是电子资料，按照目录的形式存放在文件夹中；如果是纸质资料，则用标签对资料进行详细标注。各种资料依国家、省份、矿区、项目的层次分层存储，并按照工作流程对资料进行分类，每个资料都有唯一标识码。标识码以数据表的形式存储在数据库中，用户通过检索标识码可以快速找到相关资料。

② 模型库。三维模型的存储和管理由专门应用于三维空间数据存储管理的处理引擎完成，并通过对模型编号、记录建模范围以及建模数据对象编码等信息的方法建立模型与项目或其他地质资料的关联，它还包含矿床模型库。通过对比当前工作区矿床的属性与库中矿床模型的属性，更加快捷地确定矿床含矿类型，指明找矿方向。

4. 数据库横向分类

地质数据具有结构复杂、类型多样和数据海量等特性，其表示形式进行横向划分，可抽象为图件、文档、表格三种基本类型。其中，文档包括各类报告（Word、PDF 等）、系统开发成果（源代码、测试数据、用户说明书等）、多媒体（视频和音频）

等电子文件；表格为一切可用二维表格表示的数据，可以是单张电子表格（Excel等），也可以是由若干表格组成的数据库（Access、SQL Server、Oracle等）；图件可以是经MapGIS或ArcGIS等GIS软件矢量化的文件、遥感影像文件、各类成果图件的扫描光栅文件，以及各类空间数据库等。

各类资料以树状目录的形式组织，地质矿产资料可以划分为表格、文档、图件和目录四类实体。其中，图件、表格和普通文档只能作为叶子结点；个人数据库文档（*.mdb或*.xls）既可是叶子结点，也可作为表格的父结点；目录是表格、文档、图件的父结点，也是其子目录的父结点。表格、文档、图件的物理数据可以采用文件、关系数据库中的二进制块、空间数据库等形式存放在计算机媒介质中，而目录只是逻辑上的概念，没有物理数据，不占用存储空间。

上述即为纵向分层、横向分类的地质综合信息分析与评价数据库的总体结构。

5. 数据管理

智慧勘探具有一套数据库管理平台，实现对数据库中地质勘查成果数据以及各类工程分析数据的管理。平台采用B/S模式，根据用户级别的不同设置不同的应用权限，限制对服务器数据的访问，保证数据的安全性，并同时具有良好的并发控制以及可扩展性。成果数据通过数据库管理平台录入数据库，对不符合平台功能脚本条件的数据予以错误警告，保证了数据的完整性。数据库管理平台的主要功能如下。

（1）权限设置。平台用户具有不同的部门和角色，不同的角色具有不同的访问权限。低级用户只能浏览自己建立的数据库，如果要访问其他数据，需要向系统管理员申请权限。

（2）项目管理。用户可以新建、编辑项目信息，主要包括立项设计、任务下达、施工管理、成果编制和成果汇交，类似于0A办公自动化平台。

（3）数据更新。主要包括数据录入、修改和删除等功能，数据录入可以一键导入所有表单数据，实现批量导入，也可以按照工作需要以表单为单位进行针对性导入。

（4）数据导出。数据库中的数据可以通过平台进行导出，方便应用程序使用，导出有批量导出和单表导出两种。批量导出可以生成MDB数据库，通过设置MDB数据表的格式，实现与不同系统在数据层面的对接；单表导出为Excel格式文件，也可以通过设置格式使其适用于不同的应用程序。

（5）查询与统计。系统同时提供数据空间信息与属性信息的查询功能，并根据一定的统计方式对数据进行统计分析处理。

（6）数据展示。为了更直观地浏览数据库中的数据，以目录树的形式组织数据框架，制定数据展示功能。

6. 数据展示

(1) 框架结构

数据组织方式采用树形结构，在平面图上点击工作区所在位置，进入该工作区所属的项目，通过点击不同的节点展示需要的数据。

(2) 展示内容

① 基础地理、地质图件的显示。

② 地质勘探成果数据显示。

③ 实现基础地质地理底图以及地图要素分层显示。

④ 钻孔点位的动态显示。根据钻孔属性数据中的位置信息动态生成点位图，叠加于基础地质、地理底图上进行显示。

⑤ 地质勘查区基本信息显示。主要包括以下三种：第一，根据勘查区基本情况，如勘查区边界拐点坐标、勘查区程度、估算资源（储）量、勘查时间等生成地质勘查分布信息，叠加显示于区域地质图上。第二，地质勘探成果及矿点的动态显示。系统根据地质勘探获得的工程点、勘查线、测区位置信息动态生成勘探点点位图，叠加于基础地质、地理底图上进行显示。第三，采样点及化验项目的动态显示。采样点分布图主要包括钻孔、露头、测井、采样点等信息。

⑥ 专业地质图件的显示。专业地质图件的空间范围若与基础地理底图相匹配，则可直接将此地质图件叠加显示在地理底图上，否则系统将会单独弹出一新窗口显示此专业图件。

⑦ 文档资料显示。对各种勘查项目报告、资源评价项目报告、矿权登记等文档资料，按一定的显示规则在属性显示窗口显示文档资料目录信息，同时在下面的一个窗口显示文档资料内容。

(3) 数据查询与统计

系统同时提供数据空间信息与属性信息的查询功能，并可根据一定的统计方式对数据进行统计分析处理。具体内容如下。

①报告资料查询与浏览。提供基于目录树的报告资料查询方式：通过点击数据目录树表示某类报告资料的节点，在属性显示窗口中列表显示出该节点下所有报告资料的目录信息，供用户进行浏览查询。当文档列表显示时，可以根据时间、勘查区域、勘查程度等筛选条件对报告进行排序及选择性显示。

②属性数据查询浏览。对于系统生成的区域地质图、区域勘查程度图等相关图件，支持图上要素的属性查询与浏览，查询方式主要有以下几种。

〈1〉 条件查询。查询符合给定条件的属性数据，将视图定位到该要素并高亮显示查询结果。

〈2〉图查属性。在图形上通过拉框、线路或多边形等方式输入查询范围和查询条件，根据查询条件输出统计结果。

〈3〉专题属性查询。由用户选择查询专题并按照提示输入相应的查询条件进行查询。

〈4〉查询统计结果及报表输出。

(三) 地质找矿业务综合服务系统

1. 三维地质建模与分析子系统

传统地质找矿信息的处理主要依靠二维图形、表格数据，无法直观地表达三维地质体的空间信息和接触关系，三维地质建模与分析系统基于数字模型将地质学家头脑中的认识如实地转化为空间地质模型，深化地质认识消除盲区。同时，三维地质模型的应用进一步为地质找矿研究提供了模型与数据支持，为数字找矿实践提供了分析基础。

三维地质建模与分析系统的功能主要包括勘探数据建模、化探数据建模、物探数据建模、DTM 数据建模、剖面数据建模、块体模型建模、通用数据建模、模型信息查询、模型编辑、储量估算、勘查设计等功能块，基本上涵盖了地质勘查主流程中涉及的相关地质模型，并可以对不同阶段、不同类型的地质模型进行统一叠加展示。

(1) 地质数据库和勘探工程数据模型

其主要功能特点是能够存储大量和管理大量地质信息。所有的原始数据可以通过 Excel 电子表格进行录入，通过软件汇总的数据库创建流程自动完成数据导入并进行自检。通常搜集的信息如下。

① 工程定位数据。

② 工程测斜数据。

③ 岩层岩性、蚀变特征。

④ 槽探样品数据。

⑤ 地球物探数据。

⑥ 地球化学数据。

⑦ 样品分析数据。

数据库与中心图形紧密相关，通过激活或者拖动鼠标可以迅速浏览钻孔图形和剖面图形。在屏幕上可以编辑和选择不同的钻孔浏览，可以用查询工具进行图形查询，信息包括坐标、岩性、样品、断层以及其他属性。通过完备的动态样品组合查询工具可以快速报告出剖面上的品位和面积信息。所形成的三维钻孔图形中，能显示单个或多个钻孔的地质岩性、品位、轨迹和深度。

(2) 地表模型构建

① 读取常见等高线格式（MapGIS WL，AutoCAD dxf 等）。

② 基于等高线数据生成地表 DTM 模型。

③ 利用地层于地表的投影轮廓线文件可以切割地表 DTM 模型形成地层地表 DTM 模型。

DTM 其实就是实体模型中面模型的另一种称呼，只是对要生成面数据的处理方式与实体模型功能有一些区别，可根据等值线生成 DTM，也可根据离散点生成等值线。主要理论依据是数据的内插、外插数据理论，一般是通过距离幂次反比法和克里格法，依据已有的数据点估算目标点的目标值，待目标点的目标值确定后，生成等值线。

(3) 地质体实体模型构建

实体模型是指在构造三维实体过程中，采用一系列三角面描述实体的轮廓或表面而构成，看似由许多线框围成的完整实体的面和壳，实质是由一系列三角面构成的实体表面和轮廓，即实体使用一系列不重叠的三角形连接点，从而定义一个实体或空心体。在三维空间中，面是不重合和不相交的，可以闭合为一个空间结构。

只要空间任意三个点不在同一条直线上，这三个点都可以唯一定义一个平面，但任意的三个以上不在同一个直线上的空间点不能保证在同一个平面上，通过多个三角面集合则可以模拟其表面。国际上认为使用这种方法表示复杂面最简单，能绘制逼真的三维模型，也有利于计算机进行处理，因此采用三角面集合表示复杂曲面的方法是国际上构造复杂实体通用的方法。

线框模型可用三角形文件和顶点文件来描述。三角形文件用三个顶点来定义一个三角形，顶点文件中三个坐标值定义一个点。

三维地质建模与分析系统的实体建模功能主要包括以下几种。

① 段间相连。指不同的剖面间闭合线段连接三角网。

② 段内连接。指一个闭合线段内自动连接三角网。

③ 段到一个点。指一个闭合线段至一个孤立点连接三角网。

(4) 品位 / 块体模型

块体模型是对地质空间的离散化，离散化实际上是对空间中的连续量或连续体按一定精度进行抽样的过程。我们采用三维栅格方法对矿床地质空间进行分割抽样，分割后得到的各个栅格称为块体。矿床地质空间经分割抽样到体素集合的过程称为矿床地质空间的块体化。地质体是矿床地质空间中的实体，可以通过矿床地质空间的空间域划分直接得到，所以地质体的离散化与矿床地质空间的离散化的方法与过程是一致的。在离散空间中，块体的中心点可以用整数坐标（x, y, z）来表达，这些用整数坐标表达的中心点构成一个规模为 $L \times M \times N$ 的三维离散点集。在体素内，各处的属性值是相同的。

① 创建约束。约束就是对空间操作符和物体的逻辑组合，可以用来控制对块的选择，对信息加以修复，或者对其进行内插值。约束的形成基于地质体的包围盒。

② 块体属性的添加、赋值、编辑。生成块体模型后会产生很多个块体，每个块体应该有多个属性用来表明其性质。例如，当该块体位于某一地层或构造内时，可以以该地层或构造为属性，通过创建的约束将值赋予目标块。当某一块体属性表中的值与实际情况不符合时可以手动更改。

2. 地质统计分析与定量评价子系统

定性描述一直是我国地质专家进行地质找矿分析的基本方法。智慧勘探系统在定性分析的基础上大量吸收了国外定量分析思想与技术方法。

该子系统以现代矿床学为基础，充分利用信息提取与定量化技术，综合分析现有的地质资料，对成矿的要素（如主要控矿岩性、找矿标志、物化探异常标志、地质构造、矿石类型、地质背景等）进行详细分析与提取，通过对地质成矿认识库的定量分析建立勘查前期的综合致矿异常模型；结合地质统计学工程预测与勘查精度评价方法进行工程设计与矿产资源定量评价和预测，快速优化工程布置，获得矿体资源量，从而达到提高勘查项目的研究精度和工程布置的合理性、降低勘探风险、提高找矿成功率、缩短工作周期的目的。

第二节　云时代地质勘查空间数据管理新模式

一、云时代地质数据管理新变革

云时代就是云计算时代，云计算是分布式处理、并行处理和网格计算的发展，或者说是这些计算机科学概念的商业实现。

在科学研究、计算机仿真、互联网应用、电子商务等应用领域，数据量正在以极快的速度增长，数据爆炸发生在可以想到的所有设备、应用程序及个体的各个层级上。

云平台计算数据主要有以下几个来源：① 传感器数据，分布在不同地理位置上的传感器，对所处环境进行感知不断生成数据。即使对这些数据进行过滤，仅保留部分有效数据，长时间累积的数据量也是非常惊人的。② 网站点击流数据，为了进行有效的市场营销和推广，用户在网上的每个点击及其时间都被记录下来，利用这些数据服务提供商可以对用户存取模式进行仔细地分析，从而提供更加具有针对性的服务。③ 移动设备数据，通过移动电子设备，包括移动电话、PDA 和导航设备等，可以获得设备和人员的位置、移动、用户行为等信息，对这些信息进行及时的分析可以帮助人们进行有效决策，如交通监控和疏导系统。④ 射频 ID 数据（RFID），RFID 可以嵌入产品中实现物体的跟踪。一旦 RFID 得到广泛的应用，将是大量数据的主要来源之一。

地质找矿元数据标准的制定晚于地质数据的数字化生产，这就使业界存在大量伴随各个项目独立生产的、无法为其他项目整合利用的非标准数据，由此造成数据的重复生产和冗余管理。这些地质数据具有阶段性、专业性、种类多和格式复杂等特点，且分散在多个部门，资料的完整性、连续性、继承性差。地质找矿数据的这些特点决定了数据存储和管理的难度，如何有效地对这些数据进行存储、管理和充分利用成为国内外地学工作者共同关心的问题。

传统的地质数据管理，由于技术的局限性和数据采集低要求，能够满足传统地质工作需要，但随着矿床资源的日益减少、时间机会成本的增加，时代向我们提出了地质数据管理的新要求。过去，地质数据采集具有分散、互不沟通的特点，这种现象会导致数据错误不能及时改正等错误。当地质数据采集完成后，地质数据分散存储各个单位，各个单位之间的更改会导致数据出现不一致的特点。数据采集过程中，不能及时编辑、更新形成地质成果图件，多数情况下数据解译人员利用地质勘查数据再制作地质成果图件是在地质勘查结束后，这样的工作流程缺少地质勘查提供二次有用信息。在传统的地质数据存储管理方式下，地质数据分散存储各个单位，减少了地质数据的共享。

地质找矿工作具有勘查风险、储量风险、资源品质风险、经济周期等风险因素，特别是海外项目还要考虑政治政策风险、地质地理风险、建设运营风险、环境安全风险和汇率、利率、通货膨胀等因素，以及其他信息不对称产生的风险。鉴于上述大量风险因素的存在，对地质找矿工作必须进行反复研究和谨慎决策，从立项申请、现场踏勘、采样分析、初步论证、专家论证、项目决策到项目实施、项目验收、资料归档等如此繁杂和冗长的工作环节，加上诸多不确定的危险因素，给地质找矿工作带来巨大困难。传统落后的管理方法难以为继，必须寻找、探索新方法和新技术来解决遇到的难题，而利用数据库集群、云计算等信息技术是破解地质找矿工作“瓶颈”制约的有效方法，也是地质找矿工作发展的现实需求。

云时代为地质数据存储提供了更好的管理方式，具体包括以下几点。

（一）数据集中存储

就是将整个单位地质数据、地质勘查全流程数据存于一个数据中心，便于数据的存储管理和共享，也可以减少数据泄露的风险。在云计算出现之前，数据常常很容易被泄露，尤其是便携笔记本电脑的失窃成为数据泄露的最大因素之一。在统一的数据中心后，通过提高安全等级、减少管控节点，能够克服分散存储带来的弊端。由于集中存储于数据中心，当其他单位通过数据中心审核后，地质数据能够快速地被共享。通过提供地质数据共享服务，整体提高了工作效率和降低了成本。

（二）数据实时传送

能及时生成成果图件，反馈指导一线勘查人员。在勘查过程中，地质人员通过PDA等设备将一线的地质数据及时传送到地质数据中心，地质解译人员和地质专家首先会对这些数据进行分析，确保数据的采集符合地质要求，并在出现错误的情况下及时更正一线人员的做法。在检验数据后，通过地质解译人员形成地质成果报告，及时反馈给地质一线人员，为后期的地质勘查提供参考。

（三）统一管理

地质数据是否可利用在很大程度上取决于地质数据的规范性，地质数据的统一管理，要求各类、各个单位的地质勘查数据必须符合一个统一的标准，在此基础上可以更好地为后面的地质单位利用地质数据提供便利。

二、空间地质云平台数据分类标准

传统的地质数据存储缺乏分类标准依据，大多仅依靠经典的Windows文件方式存储，这样的存储方案导致地质数据存放混乱，不利于后期的再利用。为了适应云时代的地质数据存储方式，需要为地质云平台建立一个合适的地质数据分类标准。

（一）地质数据按阶段分类

1. 原始数据层

包括各类钻孔卡片中的野外现场描述、深井档案、各种测试数据、动态监测数据以及地球物理、地球化学勘查中获取的原始资料。这一层次的数据作为系统最原始资料保存，不允许更改。

2. 基础数据层

指系统进行常规分析评价、三维建模所使用的基础数据集合，包括地理空间数据、遥感影像数据、钻孔数据、基础地质数据、环境地质数据、水文地质数据、工程地质数据、地球物理数据、地球化学数据等，这一层次的数据是基础原始数据层的数据经过标准化处理或重新解释后得到，只有授权用户才可以修改。

3. 成果数据层

是指经过专业分析或处理之后生成的各类成果资料的数据集合，包括有关专业的成果图件、城市地质环境质量评价结果、三维模型分析结果，按数据类型，分为矢量图形、三维空间数据、数据表、图片数据、视频数据等。这一层次的数据由用户基于基础数据层进行分析而得到，允许进行编辑修改。

（二）地质数据按表达形式分类

地质数据具有结构复杂、类型多样和数据海量等特性，其表示形式进行横向划分可抽象为表格、图件、模型、文档、多媒体五种基本类。其中，文档包括各类地质报告（Word、PDF 等）、系统开发成果（源代码、测试数据、用户说明书等）等电子文件；表格为一切可用二维表格表示的数据，它可以是单张电子表格（Excel 等），也可以由若干表格组成的数据库（Access、SQL Server、Oracle 等）；图件可以是经 MapGIS 或 ArcGIS 等 GIS 软件矢量化的文件、遥感影像文件、各类成果图件的扫描光栅文件等；模型包括各类三维地质体模型和野外虚拟工作场景模型；多媒体包括视频、音频、场景模型等文件。

三、基于云平台的地质空间数据管理模式

（一）云平台下地质空间数据部署机制

随着地质信息化的快速发展、企业数据中心的建立、IT 架构不断扩展、企业的服务器和网络设备数量越来越多，对 IT 运维和部署管理提出了新的要求，因此数据中心云架构部署方案应运而生。

在云架构方案中，核心组成部分包括云控制服务器和云终端。

1. 云控制服务器是控制中心，负责调度监控任务，检测云终端的工作状态，接受云终端传送的数据。

2. 云终端的主要任务是向云服务器传送地质勘查数据，另外获取云服务器指示信息，可以呈线性增加。

3. 数据中心云架构部署方案为分布式云架构部署方式。在分布式部署方案中，云控制台服务器部署在企业总部，云终端也根据项目需要分布在全世界不同的位置。

以下具体以某地质资料云平台为例，介绍云平台下地质空间数据部署机制。

1. 软、硬件分别布设在局地质信息中心、项目实施单位和矿权单位，系统分为客户端和服务器端，运用 B/S 和 C/S 混合模式。数据管理信息服务平台主要实现数据采集、回传、存储、查询、共享等功能；项目管理信息服务平台主要实现对项目、

进度、成本、质量的管理等功能，可以在平板电脑和台式电脑中运行。

2. 地质信息中心主要布设数据库服务器（数据库系统）、数据库备份服务器（数据库系统）、数据采集回传系统服务器（数据采集回传系统服务器端）、数据管理信息服务平台、项目管理信息服务平台、综合分析服务平台（综合分析软件）。

3. 项目实施单位主要布设平板电脑（数据采集回传系统客户端）、台式电脑（数据采集回传系统客户端）。

4. 矿权单位（境外）主要布设数据库服务器和数据采集回传系统服务器（数据采集回传系统服务器端）。

（二）面向海量地质资料的云服务平台

在地质勘查领域，由于受技术和观念的限制，在过去一直采用“采集—汇总—加工”的地质数据利用模式。这样的模式周期长，往往一个项目需要几年时间，而且在地质数据采集过程中，地质人员缺少专家级指导，这些问题的存在时时刻刻影响着勘查工作的进展。随着互联网的快速发展，传统地质勘查行业也同样可以利用这些崭新的技术为自己服务。

基于上述比较并结合云计算的应用背景，云服务平台的特点可归纳如下。

1. 弹性服务。服务的规模可快速伸缩以自动适应业务负载的动态变化。用户使用的资源同业务的需求相一致，避免了因为服务器性能过载或冗余而导致服务质量下降或资源浪费。

2. 资源池化。资源以共享资源池的方式统一管理。利用虚拟化技术将资源分享给不同用户，资源的放置、管理与分配策略对用户透明。

3. 按需服务。以服务的形式为用户提供应用程序、数据存储、基础设施等资源，并可以根据用户需求自动分配资源，而不需要系统管理员干预。

4. 泛在接入。用户可以利用各种终端设备（如 PC 电脑、笔记本电脑、智能手机等）随时随地通过互联网访问云计算服务。

正是因为云计算具有上述特性，使用户只需连上互联网就可以源源不断地共享资源，实现了“互联网即计算机”的构想。

综上所述，云计算是分布式计算、互联网技术、大规模资源管理等技术的融合与发展，其研究和应用是一个系统工程，涵盖了数据中心管理、资源虚拟化、海量数据处理、计算机安全等重要问题。

（三）云平台数据安全策略

不同的云服务模式，其安全关注点是不一样的，当然也有一些是 IaaS（基础设施即服务)、PaaS(平台即服务) 和 SaaS(软件即服务) 都应该关注的安全，如数据安全、加密和密钥管理、身份识别和访问管理、安全事件管理、业务连续性等。

1. IaaS 层安全策略

IaaS 涵盖了从机房设备到其中的硬件平台等所有的基础设施资源层面。IaaS 层的安全主要包括物理与环境安全、主机安全、网络安全、虚拟化安全、接口安全。

① 物理与环境安全。是指保护云计算平台免遭地震、水灾、火灾等事故以及人为行为导致的破坏。

② 主机安全。要求做到身份鉴别、访问控制、安全审计、剩余信息保护、入侵防范、恶意代码控制、资源控制等。

③ 网络安全。包括网络结构安全、网络访问控制、网络安全审计、边界完整性检查、网络入侵防范、恶意代码防范、网络设备防护。

④ 虚拟化安全。包括两个方面：一是虚拟技术本身的安全问题；二是虚拟化引入的新的安全问题。

⑤ 接口安全。需要采取相应的措施来确保接口的强用户认证、加密和访问控制的有效性，避免利用接口进行对内和对外的攻击以及对云服务的滥用等。

2. PaaS 层安全策略

PaaS 位于 IaaS 之上，用来与应用开发框架、中间件能力以及数据库、消息和队列等功能集成。PaaS 允许开发者在平台之上开发应用，开发的编程语言和工具由 PaaS 支持提供。PaaS 层的安全，主要包括接口安全、运行安全。

① 接口安全。需要采取相应的措施来确保接口的强用户认证、加密和访问控制的有效性，避免利用接口对内和对外的攻击，避免利用接口进行云服务的滥用等。

② 运行安全。主要包括对用户应用的安全审核、不同应用的监控、不同用户系统的隔离、安全审计等。

3. SaaS 层安全策略

SaaS 位于 IaaS 和 PaaS 之上，SaaS 能够提供独立的运行环境，用以交付完整的用户体验，包括内容、展现、应用和管理能力。SaaS 层的安全主要指应用安全，即在应用的设计开发之初，要充分考虑到安全性，制定并遵循适合 SaaS 模式的 SDL (安全开发生命周期) 规范和流程，从整个生命周期上去考虑应用安全。

地质调查工作具有勘查风险、储量风险、资源品质风险、经济周期等风险因素，特别是海外项目还要考虑政治政策风险、地质地理风险、建设运营风险、环境安全风险和汇率、利率、通货膨胀等因素，以及其他信息不对称产生的风险。鉴于上述大量风险因素的存在，地质调查项工作必须进行反复研究和谨慎决策，包括立项申请、现场踏勘、采样分析、初步论证、专家论证、项目决策、项目实施、项目验收、资料归档等如此繁杂和冗长的工作环节，加上诸多不确定的危险因素，给地质调查工作带来难以莫测的巨大困难。传统落后的管理方法难以为继，因循守旧的发展模式举步维艰，而利用数据库集群、云计算等信息技术是破解地质调查工作“瓶颈”制约的有效方法，也是地质调查工作发展的现实需求。

随着全球经济一体化，越来越多的地勘单位参与到全球资源配置竞争当中，参与了许多地质调查项目，积累了大量地质调查资料。其中，大部分资料都处于闲散孤立状态，没有利用信息化技术进行存储管理，信息资料难以查阅共享，无法进行成果资料的二次利用，造成了地质资源的极大浪费，同时也增加了地质调查资料的管理成本，因此采用信息技术对已有的地质资料进行信息化集成管理势在必行、刻不容缓。

随着全球矿产资源竞争日益加剧，地勘单位传统粗放的数据管理方式寸步难行，取而代之的将是科学高效的管理制度和新兴的技术方法，因此今后将会有越来越多的地勘单位通过信息管理技术来提升竞争力，而在地质调查领域势必会掀起新一轮信息化热潮。

第三节　三维数字矿床模型构建技术

一、面向地质矿产勘查的数字矿床建模技术

(一) 数字矿床建模流程

建立面向矿产地质勘查的数字矿床模型目的是实现矿产资源储量估算及矿产资源调查信息的综合表达。整个流程主要由四个部分组成：① 建立矿区或勘查区勘探数据库，并完成数据的检查与校正；② 工程矿体圈定，构建勘探剖面矿体及地质体的边界线；③ 构建矿体三维表面模型，并根据表面模型构建矿体的空间属性模型；④ 基于地质统计学空间插值理论，对矿体属性模型进行赋值。

(二) 单工程矿体圈定

单工程矿体圈定是构建剖面矿体的基础，自动化的工程矿体圈定流程能够极大地提高工作效率，减少计算错误。

1. 数据的预处理

在圈矿之前需根据矿床类型和工业指标的要求对样品数据进行预处理。预处理

的内容主要包括三个方面：① 生成综合折算元素，有些多元素矿床品位普遍低无法单独利用，因此要根据几种指定元素的品位与折算系数生成新的折算值作为综合指标用于矿体圈定；② 设置元素特高品位处理方式，样品的风暴值会对矿段品位的统计产生一定的影响，通过设置元素品位的上限来对样品进行约束，如果样品品位高于上限值可进行上限值替换或剔除等处理；③ 设置统计伴生元素有用金属量时最低品位值，在一些有色金属矿矿体圈定与品位统计中，样品中的伴生金属元素品位只有达到了一定程度才会参与伴生金属量的统计。

2. 圈定条件式的设定与解析

解决复杂条件下单工程矿体自动化圈定的关键，在于如何将每一个圈定矿体（或品级）的圈定规则转化为计算机能够识别的表达式语句。通过表达式的组织，能够快速而准确地对某一矿体（或品级）的圈定规则进行归纳，根据圈定表达式判断当前样品的品位或属性参数是否符合圈矿条件。

3. 单工程矿体自动圈定流程

条件表达式的判断只是初步确定了样品是否符合矿石品级要求，还要对矿体进行矿段长度（最低可采厚度）、连续取样时允许的夹石剔除厚度等参数进行判断，最后生成连续的圈定矿段。具体的圈定流程为：① 基于条件表达式判断样品品位是否符合要求；② 判断是否为连续取样、两段矿之间的间隔是否小于夹石剔除厚度、合并后矿段品位是否符合当前圈定品级要求，如果是则合并圈定矿段，否则新建矿段或不合并；③ 循环上述操作至所有样品都完成判断；④ 按最低可采厚度对所有矿段长度进行判断，如果矿段长度小于最小可采厚度且品位乘以长度小于米百分率值则删除该矿段，反之则保留；⑤ 更换圈定表达式，重复 ①～④ 步骤，进行下一品级矿石的圈定。

（三）基于语义识别的矿体剖面自动连接

1. 矿体连接参数设置

在进行矿体连接前，首先要确定钻孔间矿体的连接规则，主要考虑以下三个方面：① 矿石品级，相同类型的矿石品级允许相连；② 矿体产状，设置矿体的最大剖面倾角，如果连接生成的矿体倾角小于该值则允许连接；③ 工程控制程度，设置矿体最大连接距离，如果钻孔间距大于该值，只能进行矿体尖灭。

2. 矿体外推处理设置

当在矿体间找不到对应的连接时，就要对矿体进行外推处理。矿体外推的距离根据工程的控制程度、见矿的品位值来确定，具体设置为：① 工程间距外推，根据不同的工程间距设置不同的外推比例，如 30～80m 为工程间 1/2 外推，80～120m 为

1/3 外推等；② 矿体边界外推，边界矿体的外推由勘探网度控制，如勘查线间距的 1/4 等；③ 最小外推矿段设置，当矿段长度小于该值时不进行矿体外推，如小于可采厚度。

3. 矿体自动连接过程

设置完工程间矿体连接与外推规则之后，基于一定的自动连接算法进行剖面矿体的自动连接。具体的实现流程为：① 对工程的矿段数据进行处理，将相同品级或矿体编号且大于采剥比的矿段进行合并；② 通过两两工程间对应连接规则对符合连接条件的矿体进行自动连接；③ 对剩下的矿段按矿体外推设置进行矿体外推处理；④ 交互修改，剖面矿体自动连接之后，地质工程师可以根据地质实际情况进行适当的修改。

(四) 矿体空间模型的建立

形成剖面矿体之后，可以利用剖面间矿体的对应关系建立矿体的三维表面模型。基于线框建模技术生成矿体表面模型，其原理是将空间目标剖面上两两相邻的矿体形态控制点按一定的连接规则自动连接起来形成一系列多边形面，然后把这些多边形面拼接起来形成一个多边形网格来模拟地质边界或矿体边界，该建模技术与矿产勘查业务结合最为紧密。其建模基本流程为：首先根据勘探剖面图建立矿体的勘查剖面线框模型；其次按照矿体的产状，通过剖面轮廓线重构技术将相邻剖面间的矿体 (地质体) 模型进行连接生成三维的矿体 (地质体) 模型，并以封闭 TIN 的形式进行存储。

在轮廓线拼接过程中，主要要解决以下几个问题：① 如何确定剖面间轮廓线的对应关系；② 采用何种算法对轮廓线进行拼接；③ 在剖面矿体 (地质体) 连接过程中，由于地质构造的复杂性会出现剖面间对应面数目不一致的情况 (如一对多，多对多等)，如何在构面时对其进行分叉处理。

在矿产勘查中，剖面间矿体面的对应关系一般由地质工程师通过综合分析矿体分布之后确定，因此这里主要关注在对应关系建立之后采用什么样的方法对矿体进行表面建模，并处理相应的分叉情况。由于在矿产勘查数据处理中，符合地质实际是最为主要的，而且在矿体外推时也有相应的规范，如沿矿体产状进行工程间 1/2、1/3 距离外推等，因此这里通过以下过程来对分叉矿体的连接进行处理。

1. 数据预处理

在进行多对多连接前，先由地质工程师确定矿体尖灭的规则，可设置的参数主要为对应关系、尖灭距离 (如工程间距的 1/2、勘查线间距的 1/2 等) 等。同时，针对地质体的不确定性和复杂性，在剖面矿体轮廓线拼接时可以添加分叉辅助线，通过人机交互方式实现分叉矿体（地质体）模型的构建。在矿体（地质体）的边界处，对矿体进行尖灭处理，处理的方式按照固体矿产矿体外推规范划分，包括梯台尖灭、楔形尖灭与锥形尖灭三种方式。

2. 执行构桥算法

设置完连接规则之后，通过计算得到连接两条分支轮廓线分支部分的多边形"桥"。对多边形"桥"进行插值，分支的尖灭点位置确定插点的坐标值。对插值后的多边形"桥"进行三角剖分。将不属于多边形"桥"的两条轮廓线的其他部分合并成一条轮廓线。

3. 执行拼接算法

即将合并后的轮廓线与其对应的轮廓线进行拼接。

（五）矿体属性模型的建立

矿体属性的空间分布模型，是矿体资源量估算与矿山开采设计的必要依据之一。矿体属性模型的建模主要以矢量栅格结合的混合模型为主，其中，在矿体建模中应用最为广泛的是不规则三角网—八叉树模型（TIN+Octree）与线框架块体模型（Wire Frame+Block）。这里采用不规则三角网—八叉树模型（TIN+Octree）混合建模的方式，以不规则三角网（TIN）表达矿体三维空间形态，八叉树（Octree）组织矿体内部的品位分布。其建模过程为：首先利用矿体表面建模技术生成矿体表面模型并存储成TIN模型；其次建立勘查区矿体、块体的空块模型，导入矿体TIN表面模型，依据多边形与TIN的相交关系对空块进行取舍，位于边界上的块体基于Octree结构进行细分，剔除在TIN外部的子块。其中，基于八叉树的块体模型生成技术与基于OBB（有向有界箱）的碰撞检测技术是实现建模的关键。

1. 基于八叉树的块体模型生成技术

基于八叉树的块段模型建模技术的关键与难点是表面模型向八叉树的转换，并直接关系到模型的建立速度与结果的正确性。采用的表面模型到八叉树的转换流程为：先将所有地质体的边界模型的最小外包长方体作为八叉树的根结点，然后将根结点与边界模型作相交测试，在边界相交处细分8个子结点，继续将这些结点与边界作相交测试直到块段粒度满足要求（能较好地表达地质体边界）。

在地质模型的建立过程中，根据表面模型所表达的实体属性不同，可分为矿体模型、岩体模型和断层模型等；根据模型网格是否封闭，可分为封闭网格与开放网格，封闭网格多表达封闭实体（多面体），开放网格多表达层状实体（面状模型）。矿体模型既存在封闭网格（多见于金属矿）又存在开放网格（如煤层）。岩体模型同样既存在开放网格（如层状岩体）也存在封闭网格（如浸入体）。封闭网格即为地质的边界，而开放网格为层状地质体的顶板边界（可以由顶板等高线形成）。在对模型进行边界约束时，对与边界模型相交的块段进行细分直到达到细分粒度要求；对处于封闭网格内部的块段赋予与表面模型相同的属性；对处于开放网格下部的块段赋予与表面模型相同的属性。如果模型表达的是矿体，由于矿体的不均质性，需要对矿体模型内部进行块段细分，以达到能精确表达内部属性、满足地质统计学要求，所以还必须通过判断点在多面体内外及点在面状模型上下的算法来确定块段的属性及决定是否进一步细分。根据八叉树与 OBB 树的特点将它们有机地结合起来进行相交测试，可以大大提高块段模型的建模速度；同时根据交点为“入点”与“出点”相继出现的特点，改进了射线法判断点在一般多面体内外算法，使转换得以快速、正确进行。

2. 基于 OBB 的碰撞检测技术

为了有效地减少地质块段模型的数据量，提高建模过程中运算速度及准确性，采用八叉树结构表达块段模型，对三维目标空间进行块段细分。八叉树与 OBB 树相交测试算法可以提高建模过程中的运算速度，同时改进射线法判断点在多面体内外及点在面状模型上下的算法，以确保复杂地质体块段模型建模的准确。

八叉树的应用主要集中在计算机制图、计算机视觉和图像处理等领域，近些年来许多学者将其引入地学中进行地质建模。在基于八叉树的块段模型的建立过程中不需要对整个原型进行初始栅格化，只是在三维目标的空间位置进行栅格化，这样可以大大避免冗余数据的产生。传统采用简单长方体表达块段模型的方法在几何数据上主要记录每一个块段的中心点坐标以及其细分级数，在 32 位系统中，如果坐标点采用双精度浮点型（8 个字节），细分级数采用整型（4 个字节），则每个单元块需要 28 个字节的存储空间。常规八叉树编码（又称明晰树编码）是八叉树最基本的编码方法，这种方法明确存储所有需要的内容，没有任何数据压缩，因而便于检索，但是存储空间的使用率不高，所以这种编码方法一般较少运用。线性八叉树的方法对八叉树的模型进行压缩存储，仅仅存储叶结点的内容：叶结点的位置（I，J，K）及其所在八叉树的级数。在 32 位系统中，如果结点位置和级数都用一个整型来表达，则每个块体单元需 15 个字节。实际上，在研究的目标范围不是特别大的情况下，结点位置的每一维只用 2 个字节，而级数只用一个字节来表达，如在 100000m 的范围内，精确度可以达到 $100000/2^{16}=1.53$m，则此时每个块体只需 7 个字节。由此可见，采用线性八叉树存储块段模型，可以极大地减少存储空间。由于八叉树的结构性与层次性，很容易建立遍历算法（前序遍历、中序遍历、后序遍历），而且时间杂度远低于非结构性数据组织方式。另外，八叉树结构也很容易寻址结点的邻居结点，便于空间分析。基于八叉树的块段模型具有如下优点：① 能较为精确地表示矿体的边界特征；② 便于空间检索与分析；③ 占用存储空间小，一般仅为三维栅格的

10%～30%；④ 计算体积较简便；⑤ 可以利用八叉树层次结构、递归细分等特点提高建模算法运算速度。

有向有界箱 OBB 是在 RAPID 系统中首先使用的，当时该系统声称是最快的碰撞检测系统，曾一度作为评价碰撞检测算法的标准。OBB 树在寻找最佳方向、确定在该方向上最小包围盒尺寸时计算相对复杂，但是它的紧密性是最好的，可以成倍地减少参与相交测试包围盒的数目和基本几何元素的数目，在大多数情况下其总体性能要优于 AABB（轴向包围盒）和包围球。与 AABB 相比，OBB 树的最大特点是其方向的任意性，可以根据被包裹对象的形状特点尽可能紧密地包裹对象。构建 OBB 树一般采用下行式方法，即从整个数据集开始不断递归细分直到所有的叶子结点不需再细分。OBB 树的细分规则是用一垂直最长轴的平面分割数据，分割点为数据中心点。因为分割点始终是中心点，所以 OBB 树总是平衡树。

OBB 树与八叉树一个结点相交测试：首先对表面模型建立 OBB 树；其次把即将与模型进行相交测试的八叉树结点形成一个 OBB；最后将 OBB 树的根结点与八叉树 OBB 根据轴分离理论开始进行分离测试。如果一个结点与八叉树 OBB 不可分离，则进一步判断该结点是否是叶子结点，如果不是，则取出其子结点重复以上操作，如果是，则取出该结点中的三角形面片与八叉树 OBB 进行分离测试，如果存在不能分离的三角形，则说明当前八叉树 OBB 对应的八叉树结点与表面模型相交，需要对其进行细分为 8 个子结点。OBB 与三角形的分离测试也是利用轴分离理论进行的，不过此时潜在的分离轴只有 13 根，它们是三角形的法矢量及 OBB 的 3 根方向轴，$1+4=5$ 根；OBB 的一条边矢量与三角形的一条边的叉乘，有 $3\times3=9$ 根潜在分离轴。

在整个建模过程中，主要是解决块体与多边形之间位置关系的判断和判断效率问题。块体与多边形之间位置关系的判断可以简化成点与多面体之间的位置判断问题。

在生成矿床空间属性模型的基础上，对属性模型进行块体赋值。目前，国内外通用的矿体块体赋值方法有距离反比法、普通克里格法、指示克里格法、泛克里格法等。具体处理步骤为：首先对原始样品进行组合样划分；其次对组合后的样品进行数据分析，确定样品分布形态；再次通过结构分析理解空间样品分布的相关性；最后通过合适的估值算法对属性模型进行块体赋值。

二、矿床资源储量的标准化统计

数字化、模型化的业务处理流程每个阶段都是为储量估算做准备。智慧勘探系统除了提供国内传统资源储量计算方法，还重点引入了符合国际矿产资源储量估算标准的克里格算法，并形成符合澳大利亚勘查结果、矿产资源和矿石储量报告规范

(以下简称 JORC 规范) 的地质报告，通过上述定量统计的方法进行矿产资源储量估算，能大幅节省工作时间，并极大地提高资源估算精度。

(一) 传统法矿床资源储量的标准化统计

1. 地质剖面法

该方法是矿床勘探中应用最广的一种资源储量估算法。它利用勘探剖面把矿体分为不同块段。除矿体两端的边缘部分外，每一块段两侧各有一个勘探剖面控制。按矿产质量、开采条件、研究程度等，还可将其划分为若干个小块段，根据块段两侧勘探剖面内的工程资料、块段截面积及剖面间的垂直距离即可分别计算出块段的体积和矿产储量，各块段储量的总和即为矿体或矿床的全部储量。

剖面法的特点是借助勘探剖面表现矿体不同部分的产状、形态、构造以及质量的不同研究程度和矿产储量的分布情况。按勘探剖面的空间方位和相互关系，剖面法又分为水平剖面法、垂直平行剖面法和不平行剖面法。垂直剖面法中又可分为两种：一种是按勘探线为划分块段边界的，这是最常用的一种；另一种是以勘探线间的平分线为划分块段边界的，又称为线储量法，即每一勘探剖面至相邻两剖面之间 1/2 距离的地段为该剖面控制的地段，分别计算各块段的储量，然后累加即得矿体或矿床的储量。

地质剖面法储量估算的主要处理流程如下。

(1) 利用勘探剖面把矿体分为不同块段。

(2) 求剖面上的平均品位、面积：C，S。

(3) 针对两个剖面平行或不平行两种情况分别进行体积计算。

(4) 矿体储量计算：以下两个公式进行。

矿石量＝矿石体积 × 矿石体重

金属量＝平均品位 × 矿石量

2. 地质块段法

此方法原理是将一个矿体投影到一个平面上，根据矿石的工业类型、品级、资源储量类型等地质特征将一个矿体划分为若干个不同厚度的理想板块体，即块段；然后用算术平均法 (品位用加权平均法) 的原理求出每个块段的储量，各部分储量的总和即为整个矿体的储量。地质块段法应用简便，可按实际需要计算矿体不同部分的储量，通常用于勘查工程分布比较均匀，由单一钻探工程控制，钻孔偏离勘探线较远的矿床。

地质块段法按其投影方向的不同又分为垂直纵投影地质块段法、水平投影地质块段法和倾斜投影地质块段法。垂直纵投影地质块段法适用于矿体倾角较陡的矿床，水平投影地质块段法适用于矿体倾角较平缓的矿床，倾斜投影地质块段法因为计算较为烦琐，所以一般不常应用。

（二）克里格法矿床资源储量的标准化统计

地质统计学作为资源储量估算中的一种基本方法，在储量估算中的应用过程主要包括数据预处理、块体模型建立、变异函数计算与拟合、克里格估值、资源储量分级等内容。选择合适的估值方法对矿体进行资源储量估算是矿产资源储量评价中最重要的环节。根据以往的研究，估值方法的选择与待估区域内矿体品位的整体分布特征有关，如果数据服从正态分布，那么可以使用简单克里格、普通克里格及泛克里格；若数据不服从正态分布，则用对数正态克里格、指示克里格和中位数克里格较为合适；而当数据既不服从对数正态分布又不服从正态分布而且数据的变异系数很大、特高品位不易处理时，使用指示克里格较为合适。同时数据的偏度也可作为克里格估值方法选择的依据：当偏度大于6时，应用正态对数克里格较为合适；当偏度小于6时，普通克里格较为合适。当然，如果数据勘探程度较高、控制网度较密，也可以使用距离幂反比法进行估值。智慧勘探平台主要实现了距离反比法、简单克里格、普通克里格、指示克里格等估值方法。

三、矿区预可行性研究定量评价

（一）矿区预可行性定量化研究评价技术

矿区的预可行性评价工作主要是通过建立相应的评价指标和标准体系库，以空间地质数据库为基础对矿山的勘查类型、矿山服务年限与规模、矿区经济、环境等方面进行评价。

（1）矿山的勘查类型。即从矿体的长度、厚度复杂程度，矿体构造的复杂程度等方面对矿区的勘查类型进行评价，并划分勘查类型的等级。

（2）矿山服务年限与规模。即从矿山储量、年产量、矿石损失率和采矿贫化率等方面估算出矿山的服务年限与规模等级。

（3）矿区经济评价。即选择合适评价当时市场价格的技术经济指标，初步提出建设投资、收益、利税等经济评价概况。

（4）环境评价。即结合矿区的地理地质，对矿业开发活动可能产生的影响进行预测，从而对矿区的环境情况进行评价。

最后，综合上述工作对矿区的矿产普查勘探工作提出初步的预可行性评价指标，并形成矿区预可行性报告。

(二) 矿区预可行性定量化评价流程

矿区预可行性定量化评价的基本流程是建立评价编号，选择矿种，根据矿种从标准库中选用合适的评价体系，以智慧勘探数据库中提取信息和人机交互两种方式实现对小因子的评价；以加权求和的方式来实现对大因子的评价，实现矿区的经济评价、勘查类型评价、服务年限与规模评价和环境评价，从而实现整个矿区的预可行性评价。

从智慧勘探数据库中提取用于评价的数据，包括该矿区样品编号、矿体编号、岩矿芯的长度、样品品位等信息，并保存到智慧勘探数据库中。

建立矿区预可行性定量化评价的基本信息（包括矿区编号和矿区的主要矿种），系统将从评价指标和标准体系库中选择该矿种的指标和标准；结合类似矿山企业的生产经验，对矿山的储量、年产量、损失率、贫化率等进行预测，将其用于矿山服务年限与规模的评价；根据搜集的资料，形成包括矿体长度、矿体厚度、矿体复杂程度和矿体构造复杂程度的数据，用于勘查类型的评价；参照类似企业及市场行情，对经济指标进行预测（包括单位成本、市场单位价格、增值税率、其他税率等用于矿区的经济评价）。

矿产行业一般用自然地理、基础地质、矿山开发对环境的影响和与矿业活动有关的环境影响这四个大因子对矿区环境进行评价。自然地理包括地形地貌、降雨量、植被覆盖、区域重要程度四个小因子；基础地质包括构造、岩性组合、边坡构造三个小因子；矿山开发对环境的影响包括主要开采方式、主要开采矿种、开采点密度、占用土地比例、地质灾害、地质灾害隐患、水资源破坏程度、矿山生态环境恢复治理难易程度等小因子；与矿业活动有关的环境影响包括大气污染程度、粉尘污染程度、水体污染程度、尾矿库隐患等小因子。矿区环境评价的四个大因子根据其对环境的影响程度有不同的系数，每个小因子根据其对环境的影响程度又有其不同的系数，对照小因子的阈值范围和描述，结合矿区环境的实际情况选择合适的阈值进行加权求和，最后得到的结果与环境评价分类进行对照，获取该矿区的环境类别及环境评价情况。

(三) 矿区预可行性研究报告的自动化生成

将从智慧勘探数据库中提取的信息与人机交互信息存储到数据库中，通过评价编号对矿区的经济、矿山服务年限与规模、勘查类型、环境的各项指标进行计算和分类，并进行显示和存储。

第四节　基于定量地质分析的资源储量估算技术

一、品位数据的预处理

数据前期准备和处理是地质统计学矿床模型构建的基础，其中，数据预处理和样品组合最为关键，对后期变异函数获得、理论模型的构建都有较大的影响。

(一) 区域化变量选择

矿床赋存于含矿岩体或控矿单元之中，其矿化特征、品位分布都可以通过区域化变量来刻画。区域化变量，可以理解为一种在空间上具有数据的实函数，其在空间中的每一个点都能够取一确定的数值，同时当由一个点迁移至下一个点时，函数值是变化的，反映了变量在空间中的结构性与随机性。结构性指的是变量的某种特征（如品位）在点 x 与 $x+h$ 处函数值 $Z(x)$ 和 $Z(x+h)$ 具有某种程度的自相关性，这种自相关性依赖于矿体的矿化特征及两点间的向量 h；随机性则指的是变量的分布呈现出不规则的特征。

在利用地质统计学方法进行矿产资源储量估算之前，区域化变量的选择是重要且需慎重决定的。第一，需要确定估值的变量。品位无疑是最不可或缺的参数，同时如果矿体的几何形态复杂，那么就要考虑以厚度为变量研究矿体的结构特征。第二，区域化变量必须保持在所研究的空间域内变化性最小。应根据矿床成矿特征、蚀变和氧化程度对不同岩性或成矿单元中的矿石品位分类进行统计，分析不同空间域内品位的分布特征。直方图是最方便和直接的手段，分布特征相同的空间域可以合并在一起进行统计分析，不同的则应该分开处理。

(二) 特高品位的处理

由于特高品位样品的品位值高出主体分析数据的平均值很多，因此它的存在会严重影响地质统计学建模的精度，具体表现为：① 提高整体数据的均值与方差，并使实验变异函数的基台值上升，降低曲线稳健性；② 对周围块体的品位产生强烈的影响，高估金属性；③ 在克里格估计过程中可能产生负的样品权系数。因此，在地质统计学矿体模型构建前必须对特高品位进行处理，而如何在样品分析阶段识别并处理特高品位就成了需要重点关注的问题。

1. 特高品位识别方法

判别样品是否为特高品位的方法很多，归纳起来主要分为图形判别和公式判别两种形式。

(1) 图形判别。品位分布概率曲线图是一种较为常用的图形判别方式，通过图形展示样品品位的累计概率分布，观察分布图尾部与样品整体有偏差的数据点，确定可以接受的数据上限值 (如 95% 以内的样品)。另外，其他一些可以表现数据分布情况的图件，如方图、品位相关性图都能够作为识别特高品位的工具。

(2) 公式判别。国内外学者根据在地质统计学应用实践中的经验，提出了很多特高品位判别公式，其中，估计临域法是最为通用的方法之一。其公式如下。

$$I=\frac{n\cdot(G-m)^2}{(n+1)\cdot\sigma^2}$$

式中：I 为识别特高品位的统计质量，服从 F 分布；G 为待判别的样品值；m 为样品的平均值 (不包含待判别样品)；n 为样品数 (不包含待判别样品)；σ^2 为样品值的平均方差。当 $I>3.84$ 时 G 被判别为特高品位，其概率为 95%。

2. 特高品位处理方法

特高品位的处理方法也有多种，其中以截平法、估计临域法最为常用。截平法是指将样本数据中的特高品位按特定阈值进行替换或剔除。虽然截平法会导致估计平均品位的下降和金属量的减少，但是由于其阈值的影响范围与其他样品一样，所以可以抵消平均品位下降带来的影响。而阈值的获得可以参考估计临域法提出的公式。

$$GL=\sqrt{\frac{3.84\cdot\sigma^2\cdot(n+1)}{n}}+m$$

式中：GL 表示替代特高品位 G 的阈值，公式的其他参数与估计临域法公式相同。

另外，品位概率图、整体样品平均值的 6 ~ 8 倍、整体样品平均值 2 ~ 3 倍的标准差等均可以作为特高品位临界值制定的参考。

(三) 不同性质样品的处理

地质矿产勘查经历预查、普查、详查和勘探等阶段，每个阶段都能够获得丰富的工程取样分析结果。这些样品的取样方法方式、取样方向和研究目的都有所不同 (如钻孔按岩芯垂直取样，坑道则以水平方向刻槽取样)，从而导致不同类型工程获取的数据具有不同的变异函数形态。因此，需要通过调整样品组合方式和搜索方向，使不同类型数据的变异函数相近或相似，综合利用各种数据进行模型构建与资源储量估算。

(四) 缺失样品的处理

在进行样品分析与处理时，缺失部分样品是较为常见的情况。样品的缺失分为随机缺失和选择性缺失两种情况。其中，随机缺失指的是在岩芯取样或化学分析过程中由于失误导致随机样品的丢失，这类样品的丢失对于样品整体分布没有显著的影响，而选择性缺失数据大多是由于勘查经费限制或研究目的不同等原因而造成样品数据有目的性的缺失，最常见的情况就是只分析富矿相中的样品而丢弃贫矿和废石样，因此对于选择性缺失的数据则需要对其进行慎重的考虑与分析。特别是处于贫矿和废石段中因品位无法利用而有目的丢弃的缺失样，如果贸然地将其作为未估值区域来处理的话，势必会使品位估值偏高，导致投资决策失误。为了重建均匀、无偏的区域化变量，可以采取以下几种处理方法。

1. 为缺失样品赋背景值

如果是随机缺失的样品，可以按相邻样品的平均值赋给缺失样品；如果是选择性缺失的样品，则需分情况处理：若缺失段为废石，则可以将缺失样品段按 0 赋值；若缺失样位于矿体范围内实际采矿过程中无法剔除，则可以根据矿床整体贫矿的特征赋予适当的分析数据。

2. 按富矿相估值储量

这种处理方式的前提是可以保证在后期采矿过程中能够完全地进行富矿段选择性开采，其他废石不会对其产生影响。

(五) 样品的组合及统计分布特征

将原始样品按相同的长度进行重新组合，是地质统计学法资源储量估算与矿床建模的基础。通过样品的组合划分使样品获得相同的承载，适当减少样品的数量，提高计算效率。在矿床建模与储量估算实践中，采用何种划分方式和长度生成组合样品是地质人员十分关心的问题。

常用的样品组合方式有两种：① 不考虑勘探工程的测斜，而直接沿垂直方向对样品进行组合，但是这种划分方式的缺点在于，如果钻孔间的倾角存在很大的差异，那么得到的组合样所影响的实际样品段也会存在较大差异；② 沿勘探工程测斜方向对品位样品进行组合，这种划分方式可以使生成的组合样品获得相同的承载，由于生成的组合样无法在空间上形成规则的阵列，所以会增加后期变异函数计算搜索的困难，但是可以通过增设变异函数搜索方向容差的方式解决。同时在划分方向上，有学者认为从钻孔底部向上组合（自底向上）较从钻孔顶部向下组合（自顶向下）更为可靠。

除了考虑划分的方式和方向，在对样品进行重新组合时还需要考虑划分的地质域、边界等其他有重要影响的因素：① 必须在特定的地质域内划分组合样，不同域内的样品（如不同的矿层之间、中心相与过渡相之间、氧化带与原生带之间等）一般不能组合在一起；② 对于处于开采阶段的矿床，一般需要开采台阶和选矿单元对组合样进行控制；而对于层控矿床，样品的组合还需受矿层顶 / 底板的约束。同时，由于矿化边界的限制等原因，在组合划分到最后一个样或断样处时会产生一个较短的样品而带来不同的支撑，对于该样品的取舍也要充分考虑。

组合的样品长度取多少合适，目前普遍的观点是样品组合的长度要适当，至少不应该明显小于取样平均长度，从而提高计算效率。根据研究目的不同，样品组合的长度取值有多种方式：① 可以利用计算离散方差中数据去群簇化方法，统计不同组合长度下样品整体平均值的变化，同时做出长度与样品整体品位平均值的曲线图，均值——组合长度曲线中均值的最低点所对应的长度即为最优的样品组合长度值。② 在进行样品的组合划分时，样品数量和均修程度是重点需要考虑的因素，建议取块体高度的 1/2 作为组合长度。③ 可以按矿山开采台阶高度进行样品的组合。

在进行样品组合时，以钻孔的实际测斜方向由上而下以固定的高度进行组合。组合长度通过统计样品长度频率和计算样长平均值综合确定，取平均值以上样品长度频率最高的值，这样既能保证组合后的样品具有相同的承载，又尽可能地保持样品原有的地质信息，避免组合样段过大导致品位的均修。同时，在断样处考虑到样品过短带来的支撑不一致的问题，设置了组合样品最小长度值，若断样处的组合样长度小于组合样长的 1/10 则将被剔除。

二、实验变异函数计算

为了弥补经典统计学没有考虑样品空间位置的缺陷，在地质统计学中引入变异函数这一工具，能够反映区域化变量的空间变化特征，特别是通过随机性反映区域化变量的结构性。变异函数分析是克里格估值的基础，其效果直接影响各种方法的储量估算精度。变异函数计算与拟合主要涉及三个步骤：一是实验变异函数计算；二是利用理论模型对不同方向或尺度的实验变异函数进行拟合；三是对不同方向的变异函数进行结构套合。

通过对区域化变量进行变异函数计算和结构分析获得数据的空间结构数学模型，是地质统计学资源储量估算法实际应用过程中较难准确把握的地方，特别是如何确定变异函数的参数获得稳健变异函数、如何从变异函数中获取区域化变量的结构信息以及区域化变量呈现各向异性时怎么样进行结构套合。

（一）变异函数的定义

变异函数表征了区域化变量在 Z（x）和 Z（x+h）位置增量平方的数学期望。变异函数具体定义如下：设区域化变量 Z（x）为定义在三维空间域中的随机函数，设 h =（h_1，h_2，h_3）是三维位移向量，设在 n 个已知观测点 u_1，u_2，……，u_n 中，有 N（h）对点的相对位移关系（近似地）为 h，则变异函数的计算公式为：

$$\gamma(\mathrm{h})=\frac{1}{2N(\mathrm{h})}\sum_{i=1}^{N(\mathbf{h})}\left[Z\left(x_i\right)-Z\left(x_i+\mathrm{h}\right)\right]^2$$

从定义不难看出，变异函数的计算依赖于有效数据的空间构形。由于勘查取样点往往是不规则的，因此在按某一步长进行点对搜索时，需要利用方位和倾角来确定三维位移向量 h（称为取样间距或滞后距）。方位角是所指定方向向量在水平面上投影与正北方向的夹角，顺时针方向为正，逆时针为负。倾角是指方向向量与水平面的夹角。由于在非规则网数据中很难找到指定方向的点对，因此要设置一个方向误差范围，即容差。

（二）变异函数的性质

变异函数具有以下性质。

1. 连续性

随着搜索间距 h 的增大，区域化变量 Z(x) 和 Z(x+h) 间增量的方差也逐渐增大，从变异函数曲线上表现为 γ（h）从 0 值开始逐渐变大。这一现象表现了变量值变化的连续性，如矿体品位、厚度的均匀变化等。如果在短距离内（h 较小），矿体的矿化连续性较好，则对应的 γ(h) 值就小；而随着 h 值的增大，矿体的矿化连续性变弱，不相关性增强，从而导致 γ（h）值的不断增大。

2. 可迁性

在通常情况下，当取样间隔 h 大于某一数值 a 时，变异函数的值不再增大，而是稳定在某一极限值 γ（∞）附近 γ（∞）称为变异函数的基台值，记做 C，a 称为实验变异函数的变程。基台值反映了区域化变量变异性的强弱。同时，该极限值亦是随机函数的先验方差，记为 σ^{*2}。

3. 样品的影响范围

变程 a 可看成样品的影响范围。区域化变量 Z（x）与周围 h < a 范围内的样品均有一定程度的空间相关性。该相关性随着两点间间距的不断变大而下降。当 h > a 时，样品间的影响消失。

4. 块金效应

两样品间间距即使再小两者的品位仍然存在差异，此种现象在地质统计学中被称为块金效应。块金效应的产生是由于观测、分析误差及矿化微小变化等原因导致，其数值称为块金值，以 C_0 表示。

(三) 引起区域化变量之间品位变异的因素

区域化变量 Z（x）、Z（x+h）之间品位产生变异的因素很多，根据不同尺度可以分为如下几种：① 岩芯采取率的变化、样品取样时的误差、实验室分析和测试误差等会引起矿石品位在微小距离（$h \approx 0m$）内的品位变异；② 矿物相之间的过渡或突变等也会引起品位变异（$h < 1cm$）；③ 矿层与废石之间的交替、矿化透镜体和围岩之间的交替等（$h < 100m$）引起的区域化变量间品位的变异；④$h < 100km$，即由区域构造、岩浆侵入活动所导致的变异。

在矿业实践中，上述几种因素往往是同时起作用的，因此我们计算获得实验变异函数是上述结构变化特征在不同滞后距（h）上的综合表达。根据勘探程度不同，在详查和勘探阶段，勘探工程的间距一般在 25 ~ 100m，因此获得的变异函数主要反映了上述 ③、④ 两种地质结构的变化，如矿体与岩体之间的交替变化趋势、矿床深边部品位变化的趋势等。由于工程间距较大，无法获得全矿区矿物相的微小变化，只能通过较小的滞后距沿勘探工程方向进行变异函数计算，获得某一方向上矿体矿物相交替产生的变化情况。

(四) 影响实验变异函数的因素

1. 取样间距对变异函数的影响

取样间距的大小对变异函数的稳定性有一定影响。一般认为，随着取样间距的不断变大，品位信息变化的随机性变大，矿体中微型结构特征被逐渐掩盖。同时，变异函数值也会随着样品组合样长的增大而减小，这种现象被称为均修作用。那么取样间距设置为多大，既能相对完整地反映样品的空间变异特征，又能保证变异函数曲线的平稳性呢？可以借鉴对原始组合样数据进行方差与变异性分析的方法，通过变异函数值平均值、方差和变异系数的变化对比图来评价变异函数的稳健性，一组稳定的实验变异函数曲线应该有较小的方差和变异系数。

2. 样品组合长度对变异函数的影响

组合样长的大小也会影响变异函数的稳健性。从理论上来讲，样品组合长度越大样品的均修程度越高，实验变异函数的变异性也越小。但与取样间距一样，组合样长对变异函数基台值的变化也并非呈比例关系。组合样长或取样间距大于某一值之后，变异函数不再发生变化，因此其对实验变异函数的影响程度还和区域化变量本身的结构特征有关。分别按 2m、6m、10m、15m、20m、25m 的组合长度对实验数据的原始样品进行重新组合。

例如，组合样长为 6m 和 10m 的两组曲线的基台值基本一致，而组合样长为 20m 的变异曲线的基台值则略大于组合样长为 15m 的变异曲线。随着样品组合长度的增加，变异函数稳定性并未得到显著增加。因此，样品组合的长度对变异函数的稳定性没有显著的影响。

3. 特高品位对变异函数的影响

特高品位是造成实验变异函数发生畸变的主要因素之一。由于实验变异函数都是通过点对间差值平方和计算，因此特高品位对它的影响就显得尤为突出了。对于特高品位的处理有两种方式：① 在实验变异函数计算前，可采用剔除法将特高品位去除或利用估值临域法对特高品位进行处理，从而排除其对实验变异函数稳健性造成的影响；② 在实验变异函数计算时，如果研究域内特异值较多，为避免原始信息的过度损失可采用设置限制特高邻差值法，即当某一点对的差值绝对值大于设置的邻差值时，该点对所计算的差值平方和就不被计入实验变异函数统计。此种方法的优点是不用剔除原始组合样品中的特高品位值。

4. 比例效应对实验变异函数的影响

比例效应的存在会使实验变异函数波动性变大，抬高块金值和基台值会使估计方差增大。比例效应的定义如下：设 V（x_0）和 V（x_0'）是中心点在 x_0 和 x_0' 处的两准平稳领域 [例如 V（x_0）代表富矿相，而 V（x_0'）代表贫矿相，γ（h，x_0）和 γ（h，x_0'）是该两领域内各自计算得到的变异函数。这两个变异函数与在领域 V(x_0) 和 V(x_0') 数据的平均数 $m*$（x_0）和 $m*$（x_0'）的函数 $f\left[m*\left(x_0\right)\right]$ 和 $f\left[m*\left(x_0'\right)\right]$ 成比例，其比值为 γ_0(h)，这种现象称为结构的比例效应。其表达式为：

$$\frac{\gamma\left(h,x_0\right)}{f\left[m*\left(x_0\right)\right]}=\frac{\gamma\left(h,x_0'\right)}{f\left[m*\left(x_0'\right)\right]}=\gamma_0(h)$$

在矿业实践中，当样品数据直方图呈明显的正或负偏态时，比例效应对实验变异函数的影响就不容忽视，必须设法消除。

消除比例效应的方法有两种：一种是将原始组合样数据取对数，然后求实验变异函数值；另一种是做相对实验变异函数，即以领域内的变异函数值除以该领域内数据均值的平方。这样做出的相对实验变异函数就表现为一个与 x_0 无关的平稳实验变异函数。正比例效应多是由于区域化变量具有对数正态分布引起的，因此将原始组合样数据取对数后再进行变异函数的计算是消除比例效应对常用的方法。

三、变异函数的理论模型

(一) 常用的变异函数拟合模型

通过实验变异函数计算获得的是一组等间距离散点，这些离散点是不能直接应用到克里格估值中的，因此需要将其拟合成一定的函数形式，但是克里估值中所用到的变异函数要求函数是非负、正定的，而在实际情况中大多数函数都不满足这一条件。下面就列举一些已被证明是常用的、有效的、基本的变异函数模型用于对实验变异函数进行拟合。最常见的理论模型有球状模型、指数模型及高斯模型。

1. 球状模型

球状模型是应用最广的一种变异函数模型，其数学表达式为：

$$\gamma(h)=\begin{cases}0 & (h=0)\\ C_0+C\left(\dfrac{3h}{2a}-\dfrac{h^3}{2a^3}\right) & (0<h\leqslant a)\\ C_0+C & (h>a)\end{cases}$$

式中，C_0为块金常数；(C_0+C)为基台值；C为拱高；a为变程。

由于实验变异函数在接近原点处呈线性形状，在变程处达到基台值%原点处变异函数的切线在变程的2/3处与基台值相交，所以实验变异函数在大多数情况下都可以拟合成球状模型。

2. 指数模型

指数模型其数学表达式为：

$$\gamma(h)=\begin{cases}0 & (h=0)\\ C_0+C\left(1-e^{-\frac{h}{\alpha}}\right) & (h>0)\end{cases}$$

式中，C_0和C意义与前相同，但a不是变程，当$h=3a$时，$1-e^{-\frac{h}{a}}=1-e^{-3}\approx 0.95\approx 1$，即$\gamma(3a)\approx C_0+C$，从而指数模型的变程$a'$约为$3a$。当$C_0=0$，$C=1$时，称为标准指数模型。

指数模型在原点处为线，连续性最好，是一种较稳定的模型。

3. 高斯模型

高斯模型的数学表达式为：

$$\gamma(h)=\begin{cases}0 & (h=0)\\ C_0+C\left(1-e^{-\frac{h^2}{a^2}}\right) & (h>0)\end{cases}$$

式中，C_0 和 C 意义与前相同，当 $h=\sqrt{3a}$ 时，$1-e^{-\frac{h^2}{a^2}}=1-e^{-3}\approx 0.95\approx 1$，即 $\gamma(\sqrt{3}a)\approx C_0+C$，所以高斯模型的变程 a' 约为 $3a$。

从高斯模型的曲线中不难发现，该曲线在原点处为抛物线形状，反映了变量的连续性较强，但在大尺度上又呈现和指数函数模型相近的特点。

(二) 变异函数结构套合的方法

变异函数为我们提供了构建区域化变量空间结构模型的数学工具，而在实际地质矿床研究中区域化变量的变化是复杂的，其在不同方向上可能有着不同的变异性。以层状矿体为例，其沿产状方向与厚度方向所表现的矿体连续性及样品的影响范围是不同的；同时在同一方向上往往也包含着不同尺度上多层次的变化特征，所构建的变异函数也不是一种单纯的结构，而是由多层次结构叠加在一起形成的套合结构。为了能够全面了解区域化变量的变异性和结构性就必须进行结构分析，即构造一个变异函数模型对有效结构信息进行定量化概括，用以表达区域化变量主要的结构特征。

套合结构可由多个理论变异函数组成，其表达式为：

$$\gamma(h)=\gamma_0(h)+\gamma_1(h)+\cdots\cdots+\gamma_n(h)$$

式中，每一个变异函数 $\gamma_1(h)$，均代表了某种特定尺度下区域化变量的变异程度。如果区域化变量在各个方向上所表现的性质（如矿化现象）均相同时，称为各向同性，反之则称各向异性。各向异性性质又可划分为几何异向性和带状异向性两种。

1. 几何异向性

如果在不同的方向上区域化变量表现出相同的变异程度和不同的连续性，即基台值 C_0 相同而变程 a 不同，那么就称为几何异向性。可以通过简单几何变换，将几何各向异性的不同变异函数模型转化为各向同性。

2. 带状异向性

当区域化变量在不同方向上变异性之差不能用简单的几何变换得到时，称为带状异向性，其中，$\gamma_0(h)$ 具有不同的基台值 C，而变程 a 可以相同或不同。

套合结构可以方便地表示为许多变异函数（协方差函数）之和，每一个变异函数表示一种特定尺度上的变异性。

四、地质找矿智能化分析及定量预测理论

所谓地质找矿智能化分析及定量预测，即以现代矿床学为基础，充分利用信息

提取与定量化技术综合分析现有的地质资料，以某一类型矿床（或矿种）为单位对成矿的要素（如主要控矿岩性、找矿标志、物化探异常标志、地质构造、矿石类型、地质背景等）进行详细分析与提取，建立地质找矿信息参考库，为地质勘查与找矿工作提供决策依据。同时，将定量化技术与区域地质成矿研究相结合，综合分析有利成矿地质条件和物化探异常，并与矿区的地质成矿背景相结合，建立勘查区地质体异常识别信息库与地质识别模型。最后以该模型为基础，建立勘查前期的综合致矿异常模型，结合地质统计学工程预测与勘查精度评价方法进行工程设计与资源量预测，快速优化工程布置获得矿体资源量，从而达到勘查（探）项目的研究精度和工程布置的合理性，降低勘探风险，提高找矿成功率，缩短工作周期的目的。

（一）矿床智能化分析与预测总体实现思路

矿床智能化分析与定量预测在三维空间上主要借助于立方体预测模型来实现传统的二维找矿向三维找矿的新突破。该方法首先通过研究矿区控矿地质条件和找矿标志在空间上特别是在深部的变化规律，通过将研究区划分成三维立方体网格的方法，综合分析处理各种深部找矿评价的定量化信息，实现三维找矿模型的建立，最终进行三维成矿预测与评价。该方法在空间三维分析、数据储存管理、三维地质体的可视化方面也有巨大的优势。

立方体预测模型隐伏矿体预测方法首先通过研究矿区控矿地质条件和找矿标志在空间上特别是在深部的变化规律，综合分析处理各种深部找矿评价的定量化信息，建立三维找矿地质模型。其次建立研究区地层、构造、岩体、已知矿体和元素异常的三维实体模型，并根据实体模型研究区三维立方体提取，将找矿定量化信息赋予每一个立方体预测单元。最后使用合适的统计预测方法，开展集研究区深部矿体定位、定量、定概率为一体的三维预测。该流程包括三个核心工作环节，即地质信息集成、成矿信息定量提取和立体定量评价。在地质信息集成环节研究地质找矿信息、模型的质数据库存储和组织方法，为立体定量评价建模提供数据驱动；同时通过数据库的构建搜集、总结和提升已有的综合地质与成矿规律研究成果，为开展成矿系统分析、建立矿体定位概念模型和立体定量评价提供知识驱动。成矿信息定量提取环节的核心是抽象研究对象（矿田或矿床）的地质体、控矿因素与找矿标志，建立地质体的三维模型（实体模型、栅格模型），进行勘查技术有效性评价和地质推断，使用控矿地质因素的三维空间定量分析的技术方法为立体定量预测建模提供定量指标集。立体定量评价的核心是研究如何构建控矿地质因素到矿化分布的映射关系，对深边部资源进行预测评价。

基于地质信息集成—成矿信息定量提取立体定量评价的地质成矿信息定量分析

评价技术流程。从软件实现的角度来讲，可以大体分为地质数据综合管理、找矿概念模型构建、研究区三维地质模型、地质找矿信息提取、成矿信息的定量评价、勘查辅助设计六部分内容。

1. 前期已有地质研究资料和矿区生产资料的搜集与整理

对研究区地质背景和矿床成因类型进行总结，根据已有的地质工作和相关研究确定在研究区的地质环境下形成的矿床类型。对矿区的地质、构造、物探、化探、钻孔数据建立矢量化数据库，特别要搜集矿区地质剖面图、中段平面图和钻孔编录资料。

2. 按照传统的基于二维 GIS 成矿预测方法建立研究区找矿模型，特别是大比例尺矿床描述性模型

列出相关的地质、地球物理、地球化学、遥感等找矿标志，为三维立体找矿预测提供找矿变量的选取依据。

3. 使用合适的三维地质建模软件建立研究区三维地质模型

使用搜集到的矿区地质剖面图、中段地质图和钻孔编录数据，根据立方体预测模型的建模要求，建立研究区地层、构造、岩体、已知矿体和钻孔的三维实体模型。

4. 建立立方体预测模型

使用建模软件的相关功能进行三维立方体预测单元的提取，并对立方体单元进行地层、构造缓冲、岩体缓冲、化探元素异常等属性赋值，将找矿信息定量化。

5. 三维成矿信息的统计预测

根据定量化后的三维立方体模型对三维立方体预测单元所包含的数据进行统计处理，使用例如找矿信息量法的统计方法进行找矿信息量、找矿有利度运算，三维物化探数据异常的圈定，确定找矿靶区、重点工作区和成矿有利区。使用矿床产出的概率估计法计算研究区三维空间成矿概率，并预测未发现矿体单元的数目，指导下一步找矿工作。

6. 辅助地质勘探

基于三维成矿分析结果及三维地质模型，利用三维剖切、等值线追踪、立体成图等技术生成相应的剖面、中段分析评价图件，为地质工程师进行工程布置、工作方案设计提供模型支持。

(二) 综合控矿地质模型构建方法

矿床是地质体产于一定的地质环境中。矿床及其环境有各种属性，其地球物理、地球化学和遥感信息等方面与无矿地段的属性不同，是矿床存在的指示标志，可以用各种找矿方法检测出来。除地质方法外，用以检测各种指示标志的方法还有遥感

方法、地球物理方法、地球化学方法等，但是每一种找矿方法只能在一定范围内适用，因此寻找一种适用范围较广的、较为通用的找矿预测方法便成为必然。综合信息找矿预测就是以遥感方法为先导，以地质方法为基础，结合地球物理、地球化学方法进行找矿预测的一种综合方法。矿产信息是各种成矿相关信息（包括地质构造、地球化学、地球物理，以及由它们伴生的地表信息）的综合体现。由此可见，矿产信息具有多源性特征，因此综合运用地质、地球物理、地球化学、遥感等技术方法的集成组合，进行矿产资源的综合评价与分析，无疑已成为现代矿产预测和勘查工作的主要趋势。

矿产勘查中的综合信息是指借助于基础地质、地球物理、地球化学、遥感等一系列技术方法所获取的资料，在地质成矿规律的指导下，通过信息之间的相互检验、关联、转换，总结出的能客观反映地质体和矿产资源体特征的有用信息集合。它们是不同等级矿产资源和不同等级地质体之间在基础地质、地球物理、地球化学、遥感等不同侧面信息的差异反映，它们之间是一个有机关联的整体，地质体和矿产资源体是综合信息的统一体。综合信息找矿模型是指在成矿模型理论先验前提下，从找矿（矿产资源体）的角度出发，总结客观存在的找矿标志、找矿前提及其综合信息特征，形成一种统计性的找矿模式，即综合信息找矿模型，其目的就是在建立综合信息找矿模型的基础上，通过直接找矿信息和间接找矿信息的关联及合理的信息转换，建立以间接找矿信息为主体的适合研究区研究程度的综合信息预测模型。

随着找矿难度增大，在寻找隐伏矿和难识别矿勘查工作中，综合应用基础地质、物探、化探、遥感资料进行综合信息成矿预测是现代地质找矿勘查的一种重要手段，而且该手段将发挥越来越重要的作用。矿产勘查是一项探索性很强的实践活动，有着极大的风险性和不确定性，并且需要较长的周期和一个实践、认识、再实践、再认识的反复过程。矿产勘查又是一种经济行为，要求以较少的投入取得较好的地质效果和较大的经济效益，在市场经济条件下其商业性更为突出。当今对矿产勘查方法技术的选择和应用，不仅要求取得地质效果，而且必须经济、合理。矿产勘查又是一门涵盖面很广的综合性应用科学，具有很强的实践性或调查研究性，既需要理论的指导，又需要经验的积累。

找矿实践积累所建立的矿床模式已被公认为是矿产勘查和资源评价的有效工具。从应用角度分析，矿床模式可分为成矿模式和找矿模型两类。成矿模式是对成矿规律研究的总结，集中反映了矿床形成的内部、外部特征和成因机制，是指导矿床勘查的理论基础；而找矿模型是针对某一类具体矿床，是矿化信息和找矿方法的最佳组合，符合客观实际的矿床模式将发挥更重要的作用。大型、超大型矿床的发现对国民经济发展有着举足轻重的作用，开展大型、超大型矿床的成矿环境、成矿条件和矿床地质特征的研究已成为世界各国的重要课题。虽然大型、超大型矿床的分布具有独特性或“点”型特征，但从已知大型、超大型矿床产出的特殊区域地质背景、区域地球物理、地球化学特征，矿床与周围地质、地球物理、地球化学环境的关系等研究矿床的成矿机制和形成规律，进而建立矿床的地质—地球物理—地球化学找矿模型，或简称综合信息找矿模型，作为预测和勘查大型、超大型矿床的“类比”和“求异”的依据，仍然是一种基本、和有效的方法。

地质体集合是矿产资源体的控矿因素，各种地质、地球物理、地球化学、遥感信息是不同等级地质体和不同等级矿产资源体的不同侧面反映。各种地球物理场、地球化学场的类型、强度、形态、分布都是与地质体、矿产资源体的物质成分、产状及埋深相联系的。由于地质体和矿产资源体的复杂性，相同的地质体可以有不同的地球物理、地球化学场；同样地，地球物理、地球化学场也可以反映不同的地质体，这种场和地质体对应的不唯一性，带来地球物理、地球化学和遥感信息的多解性，一直困扰着地球物理、地球化学和遥感信息的充分应用。造成地球物理、地球化学和遥感信息的多解性原因在于观测这些资料时并没有将它们的来源联系起来，实际是将某一地区所有地质单元作为一个整体来观测，是所有个体的总反应，所以说这种多解性和不统一性是必然的。只有在地质理论先验前提下，以地质体和矿产资源体为单元，进行各种信息的相互关联、转换和解释，才能有效地克服地质观察的不统一性和物化探的多解性，较全面地反映地质体和矿产资源体的客观面貌。国际地学界一致认为，“多学科综合是矿产勘查获得成功的途径”，提高地质、物探、化探、遥感方法在找矿勘查中的应用效果和经济效益，综合信息找矿模型的指导是不可忽视的。

（三）控矿地质因素的定量提取技术

1. 地质控矿要素定量提取的主要思想

（1）三维证据权法找矿有力度评价

证据权法是加拿大数学地质学家 Agterberg 提出的一种地学统计方法，采用一种统计分析模式，通过对一些与矿产形成相关地学信息的叠加复合分析来进行矿产远景区的预测。其中的每一种地学信息都被视为成矿远景区预测的一个证据因子，而每一个证据因子对成矿预测的贡献是由这个因子的权重值来确定的。证据权模型既考虑了地质存在的找矿权重，又考虑地质因素缺失的找矿权重，实际上，后验概率就是在先验概率的基础上对证据权的正负叠加。

证据权法是成矿预测的一种重要方法，在二维平面上利用该模型进行成矿预测的原理及技术已经非常成熟。

(2) 地质界面距离场分析

矿床是成矿作用过程的产物，而成矿作用过程则是发生在地质历史时期复杂的物理化学过程。地质场实际上是地质作用或成矿作用物理化学过程中各种物理、化学场的综合表征与体现，所以又被称为地质综合场。从理论上来看，在掌握地质历史时期的成矿过程中各种物理化学参数和边界条件的情况下，可以通过物理化学方程导出各种物理、化学场，并进而建立综合场。许多学者在这方面开展了大量工作，包括地质作用与成矿作用物理化学过程、地质综合场等，并已取得了许多成果。但由于地质作用及成矿过程的复杂性、成矿期后长期的地质改造和破坏作用、地质历史的久远性，地质学家很难准确地还原地质历史时期成矿过程的各种物理化学参数、边界条件等历史数据。

控矿地质因素场与空间中某点到相关联地质界面的距离有关，即控矿地质因素场是到地质界面距离的空间分布函数。在地质空间中，最为常用的是选择欧式距离作为空间距离。地质界面之间的距离或地质空间中某点到地质界面的距离，用以表示和研究地质界面之间的几何接近程度或地质界面对空间中某点的影响程度。在实体实现时将点到地质界面的距离设定为点到地质界面的最小距离，即预测空间中某单元 (体元) 到地质界面的最近距离作为控矿地质因素场对单元的影响程度。

① 地质界面表面趋势度分析

空间趋势形态反映的是空间物体在空间区域上的主体特征，它忽略了局部形态起伏以揭示空间区域上的主体特征，在矿床地质空间中相关地质体的主体形态将对周围成矿起到一定程度的影响。因此，对地质体形态的分析将是控矿因素定量提取的重要步骤。

地质体形态可以通过地质界面的波状起伏来描述，趋势—剩余分析方法可以实现连续性高、变化程度相对较小的地质体 (断层、褶皱、岩层界面、岩体顶面、地层界面等) 的几何形态拟合、空间分布和空间结构分析，能反映地质体在一个方向上的主体形态，当地质体形态不复杂时该方法能满足地质体趋势形态分析的要求。

可借鉴传统的曲面趋势形态分析方法，结合地质界面的实际情况，采用地质界面的原始 TIN 模型，利用距离平方反比法对地质界面进行趋势形态分析。其中，距离平方反比是一种权重平均插值法。其基本原理是：假定样点间的信息是相关的，在进行空间插值时，估测点的信息来自周围的已知点，信息点距估测点的距离不同对估测点的影响也不同，其影响程度与距离平方成反比。

② 地质界面形貌学分析

不整合面的陡峭程度通过坡度来进行定量表达，不整合面与地层的斜交程度则需要通过它们之间的夹角来定量表示。因此，坡度和夹角的正确计算对于成矿规律的发现有着重要的作用，由于地质界面都是采用TIN模型进行建模，所以求地层界面与不整合面交线上的某点的夹角就是求经过该点的两个三角面片之间的夹角。

2. 地质控矿要素定量提取流程设计

(1) 三维证据权找矿有利度评价功能设计

三维找矿模型的定量分析是借助于立方体预测模型来实现的，三维证据权找矿有利度评价亦是如此。首先，通过综合分析处理各种深部找矿评价的定量化信息，在矿床研究程度比较高的区域建立三维地质控矿模型；其次，对三维控矿模型进行三维块体化，基于证据权理论统计各地质控矿因素的含矿概率权重形成权重表；再次，建立未知区域三维地质模型，并进行块体化；最后，通过权重计算值对未知区域块体进行赋值，获得未知区域找矿有利度评价模型。其具体步骤如下。

① 地质体块体化。可根据现有地质资料对矿体的揭示(特别是勘探线的分布)，结合矿体的形态、走向、倾向和空间分布特征，将研究范围进行三维立方块化。在建立的立方体模型后，将找矿数字模型所确定的预测参数作为属性赋给每一个单元块。

② 地质单元含矿概率统计。基于找矿信息量法、证据权统计等方法实现地质单元含矿概率的统计，使用地层实体模型对立方体模型所包含的地质变量进行限定，划分地层、岩浆岩、构造、矿体、物化探异常所包含的立方体，作为成矿要素变量，通过证据权、找矿信息量等统计学方法计算出各个地质变量对于成矿的贡献，形成权重计算表。

③ 未知单元含矿概率评价。以地质单元含矿概率的统计结果为基础，对未知单元进行含矿概率计算，形成三维评价模型。

(2) 地质界面三维形态分析功能设计

基于TIN的地质界面三维形态分析的理论框架，以理论之间的关联为基础，结合空间分析计算机实现的实际情况对地质界面三维形态进行分析。

① 地质界面的距离场分析技术

空间的几何接近程度，预示着空间关联性的大小，即地质对象间空间距离越近，则其空间关联性越大，这种关系的确定通过距离场分析得到。通过栅格模型已经将地质空间划分成很小的立体单元格，即立体单元格代表着地质空间的地质对象，于是地质界面与其他地质对象的空间相关性，可以通过立体单元到地质界面的距离来定量描述。其算法步骤如下。

步骤一，初始化。首先准备地质界面TIN模型数据，在内存中建立地质界面的数据结构，包含三维点结构类对象数组和三角形面结构类对象数组，分别对应着地质界面TIN模型的两个文件，即顶点文件和三角形面文件；其次进行地质空间栅格模型读入，其存储立体单元在立体单元结构数组中。

步骤二，求立体单元到三角形面的距离。对地质空间栅格模型的每个立体单元逐个计算与地质界面 TIN 模型中所有三角形的最小距离，其中有两次循环：外循环是逐个取出立体单元参与计算，而内循环则逐个检索 TIN 模型中的三角形面和节点，与某个立体单元进行距离计算。

步骤三，求立体单元到地质界面的最小距离。在步骤二中已经求出每个立方体单元到 TIN 模型所有三角形面的最小距离，于是每个立体单元到 TIN 模型的最小距离为这些已求距离的最小值，通过距离值的遍历比较即可求出。另外，因为地质界面可以将地质空间分为上、下两部分，立体单元在地质界面的上下之分反映了该单元受到的成矿影响不同，所以约定距离值存在正负之分，即在地质界面之上的立体单元距离值为正，而在地质界面之下的立体单元距离值为负。区分立体单元在地质界面的上下，是通过比较立体单元中心点的高程与到地质界面最小距离处的高程大小，如果立体单元中心点的高程大于到地质界面最小距离处的高程，则距离为正；反之，距离为负。

步骤四，距离场数据存储。通过步骤三，每个立体单元都对应着一个且只有一个到 TIN 模型的最小距离，将其存储在立方体单元结构类对象的最小距离属性中。将每个立体单元到 TIN 模型的最小距离处（面上的一个点）称为距离识别点，将其坐标和所在三角形面的标示也保存在立方体单元中。

步骤五，计算其他地质界面距离场。不同地质界面具有不同的形式参数，于是继续用此算法针对其他地质界面求距离场。重复步骤一至步骤四，求得各种参数保存在立体单元中。

② 地质界面的几何形态参数夹角提取

地质界面间夹角提取的基本思路同坡度的算法思路类似，根据空间相关性原理，立体单元到地质界面的最短距离处相关的夹角值即为立体单元受到影响的夹角值。而这个夹角值并不一定是在该点处计算得到的，而是通过一种近似的对应关系得到，即与该点距离最近的一个地质界面间夹角。

地质界面间的夹角提取的具体步骤如下。

步骤一，初始化。读入地质空间栅格模型和地质界面 TIN 模型；通过地质界面的距离场分析，可找到某一个立体单元（其标示 CubelD）相关的距离标示点 P_d，即立体单元到 TIN 模型的最小距离处，其坐标 P_d（x_p，y_p，z_p）和所在的三角形面的标示 TriID 已知。

步骤二，地质界面的栅格模拟。地质界面 TIN 模型虽然在很小的点上其夹角就是三角形面间的夹角，但是地质界面 TIN 模型是对地质界面的模拟，而地质界面是波状起伏的，显然与其他地质界面的实际夹角不能通过这种简单的面求交来得到。这里改变了求解夹角的思路。在尽量保证精度的情况下，通过地质界面的栅格模拟间接求解夹角。

步骤三，对地质界面栅格求交集。地质界面的栅格化是基于地质空间栅格模型的，即与地质空间栅格模型具有相同的索引起算点和格网精度。所以对地质界面栅格求交集即找到相同立体单元索引值，于是得到了一个地质界面栅格交集 U。

步骤四，求与距离标识点相关的交集栅格单元。在众多地质界面交集栅格单元中，需要确定与距离标识点 P_d 相关的一个，这种相关也是通过距离来衡量的。于是将距离标识点 P_d 逐个与地质界面交集 U 中的栅格单元中心点求距离，找出距离最小的栅格单元，即为交集栅格单元。

步骤五，地质界面的夹角计算。在相交处栅格单元 IXYZ 中，通过地质界面栅格模拟时保存的穿过立体单元三角形面标识来查找在此栅格单元中的三角形面，三角形面之间夹角即为地质界面的夹角。

步骤六，夹角值存储。

③ 地质界面形态趋势—起伏分析提取

基于 TIN 的地质界面形态趋势—起伏分析的流程可以概括为：首先对地质界面原始 TIN 模型中的每一个顶点，采用搜索半径的圆形分析窗口进行距离反比法空间插值滤波计算，得到每一个顶点的新属性值，即形态趋势值；其次利用公式得到每一点相应的形态起伏，再进行形态趋势 TIN 模型重构；最后逐步增大分析窗口的半径，对上一次形态趋势—起伏分析得到的形态趋势 TIN 模型进行类似的形态趋势—起伏分析，得到了更高一级的形态趋势和形态起伏。

④ 软件实现思路

第一，形态趋势分析。对于总体趋势变化比较平缓的地质界面（不存在复杂的地质构造如超覆的地质界面），则可以选择操作简便、执行效率高的空间插值滤波算法进行形态趋势—起伏分析；而对于复杂的地质界面，则可以对地质界面进行适当分解，得到许多个简单的地质界面，然后一一进行处理。以下将以简单地质界面为例，采用距离反比法来进行形态趋势分析。其具体步骤如下。

步骤一，初始化。地质界面 TIN 模型数据的输入，包含顶点文件和三角形面文件，其中进行形态趋势—起伏分析的是顶点文件，即改变属性 z 的值但不改变三角形的拓扑结构，三角形面文件的作用主要是帮助三角形点的查找。

步骤二，确定窗口分析的原则。利用距离反比法进行形态趋势分析其实质是利用滑动窗口进行分析。一般进行距离反比法的原则有两个，一个是窗口范围原则，即在窗口范围内的采样点参与计算；另一个是数量原则，即窗口规定一个最大值并由一定数量的采样点参与计算。此处采用窗口范围原则，利用一个圆形窗口进行筛选采样点。

步骤三，窗口分析。以待计算的点为圆心，以圆形窗口内的数据为基础，通过距离与属性值平方的影响成反比的计算方法，得到了待计算点的属性值。

步骤四，窗口滑动计算。对于地质界面 TIN 模型的每一个顶点，都利用步骤三的方法进行窗口分析，最终得到了一个新的属性值数组。

步骤五，形态趋势面 TIN 模型重建。新的属性值数组与原 x, y 坐标组成点文件，利用原有的三角形面文件组成了新的 TIN 模型，重新导入软件，得到了形态趋势面 TIN 模型的重建。

第二，形态起伏分析。其具体的步骤如下。

步骤一，初始化。读入地质界面原 TIN 模型和由形态趋势分析得到的形态趋势面 TIN 模型。

步骤二，对应点的查找。在地质界面原 TIN 模型上的点处得到剩余值时，需要查找其在形态趋势面中对应的点。由于地质界面原 TIN 模型与形态趋势面 TIN 模型具有相同的拓扑结构，即有相同的三角形面文件的标示，所以可以通过地质界面原 TIN 模型中点的标示查找其所在三角形的标示，然后在形态趋势面 TIN 模型中查找到相应的三角形，比较三角形中三个顶点的 x，y 坐标，即可找到对应的点。这样比直接比较所有点的 x，y 坐标要快得多。

步骤三，剩余值计算。通过步骤二得到了两个对应的点，于是两点的属性值 z 相减则得到了剩余值，即剩余值等于地质界面原 TIN 模型中的点的属性值减去其趋势面上对应点的属性值。

步骤四，剩余面的重建。同样，以步骤三计算得到的剩余值与原 x，y 坐标组成点文件利用原有的三角形面文件，组成了新的 TIN 模型，重新导入软件，得到了剩余面 TIN 模型的重建。

第三，多级形态趋势—起伏提取。基本思路：在建立地质界面趋势面的基础上，改变形态趋势分析中的窗口大小，对地质界面的形态趋势面再次进行形态趋势分析，得到第二级形态趋势面。相应地，通过剩余分析，即形态趋势面与第二级形态趋势面的差值，得到了形态趋势面的剩余面，称之为第二级剩余面。同理，可得到更高级别的趋势面和剩余面。

多级形态趋势—起伏提取的具体步骤如下。

步骤一，初始化。读入地质界面原 TIN 模型。

步骤二，形态趋势分析和起伏分析。确定一个形态趋势分析窗口的大小，对输入的 TIN 模型进行形态趋势分析和剩余分析，得到了新的趋势面和剩余面。

步骤三，多级形态趋势—起伏提取。以步骤二产生的新的形态趋势面作为输入，以获取比原来更大的分析窗口，重复步骤一和步骤二，得到更高级别的形态趋势面和剩余面。一般提取两三级形态趋势面即可。

(四) 矿床成因智能化分析

矿床成因智能化分析评价技术是实现科学找矿的基础，同时也是减少勘查风险、提高勘查效益的重要途径。所谓矿床成因智能化分析评价是指在基本成矿理论的指导下，通过结合国内外各地区的地质条件建立具有代表性的成矿和找矿模式，根据一定的成矿地质理论、成矿地质环境、成矿条件、控矿因素和找矿标志对将来可能发现的矿床作出推断、解释和评价，提出潜在矿床发现的途径，从而发现矿床并对潜在的资源量进行评价。这将有助于人们合理地进行宏观部署，指导具体的勘查工作，提高找矿效果和经济效益。

1. 矿床成因智能化分析关键技术

(1) 成矿条件分析

由于经济状况所限，加之地质构造的复杂性，人们对地球表面地壳三维地质结构的认识有限，因此找寻未发现的矿床就成了一项充满风险的工作。由于找矿勘探的需要，成矿评价于20世纪40—50年代得到蓬勃发展。至20世纪70年代末，国际上实施了“矿产资源评价中计算机应用标准”，推出6种标准的矿产资源定量评价方法，即区域价值估计法、体积估计法、丰度估计法、矿床模型法、德尔菲法和综合方法。GIS的发展彻底解决了地学信息技术应用的障碍，在地球科学各个研究和应用领域得到了前所未有的广泛应用。现代矿产勘查工作产生的地质、地球化学、地球物理、遥感等海量专题信息，得以通过计算机定量分析技术进行综合，达到对未知区定位、定量评价的目的。20世纪90年代，美国提出了第二代矿产资源评价的信息化内容，包括矿产资源的空间数据库、评价方法的计算机化、信息共享的网络化。矿产资源潜力评价在此期间有两大突破：一是将全球板块构造运动的理论与成矿学结合，总结了世界上重要的矿床成矿模式；二是广泛应用GIS等计算机信息处理技术进行矿产资源评价。美国学者提出的“三步式”矿产资源评价方法已成为较完善的矿产资源评价体系。中国学者在成矿预测方面也取得了突破性的进展，具体包括：①“地质异常致矿理论”和“三联式”5P地质异常定量评价方法；② 从地质、物探、化探、遥感、矿产资料信息综合出发，强调矿产定量预测与其他预测相结合，独创综合信息矿产资源评价方法；③ 从玢岩铁矿成矿模式建立到以成矿系列理论为指导，结合中国的实际情况，将成矿预测研究提高到了一个新的理论高度；④ 矿床在混沌边缘分形生长，分形理论已被广泛应用于矿床预测、非线性矿产资源定量评价；⑤

集计算机科学、数学、神经学等学科于一体的综合交叉学科——人工神经网络在成矿预测中的应用也取得了一定成果。

(2) 矿床成矿模式研究

矿床成矿模式可对矿床赋存的地质环境、矿化作用随时间空间变化显示的各种类型（包括地质、地球物理、地球化学）以及成矿物质来源、迁移富集机理等矿床要素进行概括、描述和解释，是成矿规律的表达形式。建立和使用成矿模式作为矿床研究的一种方法，较早地得到了地质工作者的使用，多运用于矿床成因机理的探讨。通过建立成矿模式，从复杂的地质现象中概括出其中的重要特征，从而把一个矿床的形成过程分解为几个基本的成矿要素，并分析和解释它们之间的相互关系。

随着先进的仪器和分析技术被引进地质学科，由地质年代学、地球化学、地球物理学、遥感地质学和计算机方法产生的大量新的精确资料，为矿床成矿模式的创建创造了新的条件，据此建立的成矿模式大大提高了矿床模式的实用价值，更主要的是使许多矿床成因问题逐步得到解释，提高了建立模型与地质实际的吻合程度。建立成矿模式需要将具体矿床的资料加以简化，从而有利于类比应用；进一步研究矿床分类的问题，查明各种成矿因素在不同地质条件下的变化关系，揭示矿床形成的一般规律，进而总结成矿规律，进行成矿预测。

成矿模式是在典型矿床研究的基础上建立的，是矿床学理论最好的表达形式。其中，斑岩型铜矿热液蚀变模式、密西西比河流域古含水层模式、沉积型铜矿的萨布哈模式和日本的块状硫化物火山成因模式等是目前国际上普遍认可的矿床成矿模式。南岭成矿带所建立的多个区域成矿模式，则代表了我国独创的成矿模式理论。

2. 矿床模式认知库建设主要思路

固体金属矿床成矿模式知识库建设的主体思路便是在上述成矿模式研究的基础上，以勘查（探）和已开采矿产为目标，总结整理典型、常见的固体金属资源矿床成矿模式，按照地质知识分类标准形成成矿模式数据库。同时，研发成矿模式智能匹配和成矿评价技术，构建固体金属矿床成矿模式知识分析评价平台，为地质勘查人员提供有关矿床成矿作用较完整的概念及成矿规律，拓展地质类比的思路，实现潜在矿床知识挖掘与关键地质特征分析，为地质勘查提供更为合理的方法，提高地质找矿的科学性，降低勘探风险。

(1) 成矿模式匹配方法

相似类比理论是矿产预测的理论依据，指在一定的地质条件下产出一定类型的矿床。在相似地质条件下产出相似的矿床，同类矿床之间可以进行类比，将与已知矿床的地质背景相似的地区认定为成矿远景区或圈定为找矿靶区。其具体内涵如下。

① 在相似的地质环境下，应该有相似的成矿系列或矿床产出。

② 在相同的（足够大）地壳体积内应该有相同（或相似的）矿产资源量。

在实际工作中应用相似类比理论，需要提出类比的内容，一般来说包括以下几类。

第一，确定类比的关键内容。矿床的形态可以多种多样，但矿床的成因类型是进行类比的首要内容，否则会导致类比的失误。

第二，确定类比标志的层次和数量等级。在同一成因类型矿床间进行类比时，必须严格按照同一层次的标志进行类比，决不能对不同层次的标志进行类比，被类比标志的数量等级要取得合理。

第三，分清不同指标在成矿作用过程中的功能。只有相同功能的指标才可以进行类比。在成矿作用过程中汇总起到相同作用或趋于相同作用的不同指标，不是可类比指标。在应用相似类比理论时，充分辨明指标的功能是极为重要的。

第四，优化可供类比的指标。对指标进行排序，确定它们之间的相对重要性。同一指标对不同类型的矿床的重要性是不相同的。

第五，探索类比指标的最佳组合关系。有些类比指标在单独进行类比时，可能不起或者仅起很小的作用，但几个相关指标组合可能成为类比关键指标。

相似类比理论在预测或寻找类似的矿床时有一定作用，但对新类型矿床的预测或寻找将不起作用。在应用相似类比理论时，常用矿床模式作为类比对象，确定类比指标。

（2）划定定性和定量预测问题

在以中、大比例尺为核心的成矿预测工作中定性预测是主要的，包括研究成矿规律、建立模式（矿床模式和找矿模式）、划分成矿带和成矿远景区、靶区优选和标定级别。定量预测仅对潜在的资源量作出估算，根据相似类比理论阐明潜在矿床的几何特征是矿体的规模、产状、形状、空间位置、埋深、边界等矿床特征的描述问题，是预测工作的主体，仅对上述描述内容作出具体阐述；定性预测的结果指导验证工作的布置，而定量预测若是在定性预测的基础上则更有实际意义。

（3）划定成矿模式匹配单元，确定成矿匹配的层次

成矿单位，是在一定构造单元和地质发展的历史阶段，由沉积、变质、岩浆作用等结果形成的地质体范围内对成矿作用及矿床富集程度进行的不同层次和等级的划分。不同层次的成矿单元对成矿作用及其成矿地质条件的描述是不同的，需要根据当前成矿学的理论对成矿规律的认识及成矿预测所需要解决的问题进行合理划分。成矿单元按规模划分为以下 5 级。

Ⅰ级成矿带。指全球成矿带，属全球成矿体系范畴，反映全球范围地幔巨大的不均一性，且与地壳的不均一性无关。它常与全球性的巨型构造相对应，可能是在

几个大地构造—岩浆旋回期间发育而成，而每一个旋回有其特有的矿化类型。我国境内的滨太平洋、特提斯喜马拉雅和古亚洲成矿带均属于Ⅰ级成矿带，在我国境内只展布了每个带的一部分，每个带的构造因岩浆旋回和演化历史各不相同，其矿化类型也各不相同。它们在我国境内交汇，构造了我国成矿带空间展布不同、矿化类型多样、成矿元素组合各异的总体分布格局。

Ⅱ级成矿带。指与大地构造单元相对应或跨越不同大地构造单元的含矿区域。成矿作用是经一个或者几个大地构造—岩浆旋回的地质历史时期形成，发育有特定的矿化类型。在地质历史演化的过程中，成矿物质的富集受地壳物质的不均匀性控制，受构造的多级或多序次控制。而矿床往往富集在大地构造单元的特定部位。

Ⅲ级成矿带。指在Ⅲ级成矿带范围内，与大地构造有地质联系的区段内受区域或同一地质作用控制的某几种成因类型矿床集中地区。它展示了区域成矿的专属性。

Ⅳ级成矿带。是受同一成矿作用控制或几个主导控矿因素控制的矿床分布区。

Ⅴ级成矿带。是受有利地质因素中同类成矿因素控制矿床形成和分布的矿体。通常指地层、构造、岩浆岩、地球物理场和地球化学场等因素控制形成的某矿种、某类型矿床或几类成因相同的矿床组合。

(4) 构建固体金属矿床成矿模式认识数据库

按成矿要素确定矿床模式的相似类比指标，形成固体金属矿床成矿模式认识库、通用库和案例库。

(5) 固体金属矿床成矿模式认识数据库模式匹配

① 根据不同区域地质构造背景环境，参考金属典型成矿地质构造背景粗略分析成矿金属。

② 依据相似环境中产生相似矿床的相似类比理论，建立不同层次的成矿省、不同层次的成矿带及矿化集中区的典型成矿矿床。

③ 不同类型矿床形成地质条件不同，具体控矿因素不同，所形成矿体形态产状、矿石组成、结构构造及围岩蚀变特征各异，因此通过对所发现矿（化）点自身地质及矿化特征研究，包括所处区地层、构造、岩浆岩、矿化体（带）产状、矿石组成、结构构造、围岩蚀变特征等的分析，与所属成矿区带及其他地质条件相似地区已知矿床特征进行对比分析，可以初步判断其可能所属的矿床类型。

3. 矿床模式认知库地质成矿要素分类

矿床成矿模式，即矿床形成过程的模式，确切地说，是对矿床赋存的地质环境、矿化作用随时间空间变化显示的各种特征（包括地质、地球物理、地球化学和遥感地质）以及成矿物质来源、迁移富集机理等矿床要素进行概括、描述和解释，是成矿规律的表达形式。矿床类型是千变万化的，但建立矿床成矿模式的总体内容是相似的，具体包括以下几种。

① 区域地质背景（大地构造单元、所在区域地质特征）。

② 成矿环境。包括赋矿地层（地层时代和岩性特征）、成矿岩体（岩石组合、岩性特征及年代）、控矿构造。

③ 矿体组合分布及产状。

④ 矿石类型及矿物组合。

⑤ 矿石结构构造。

⑥ 矿化阶段及分带性。

⑦ 事变类型及分布。

⑧ 成矿物理化学条件。

⑨ 控矿因素和找矿标志。

（五）深部矿床资源的定量预测评价

由于不同矿种所呈现的矿床地质特征千差万别，因此在实际矿床分析中所采用的信息提取与控矿规律分析技术也各不相同。智慧勘探平台从突出的平台实用性出发，重点研究实现了一套针对接触交代型和热液型矿床地质找矿信息的定量分析与评价技术和方法。由于接触交代型和热液型矿床的成矿条件除了受大地构造背景影响外，主要与含矿岩体、活动性较强的碳酸盐质地质界面等因素有极大的联系，因此智慧勘探平台主要基于地质界面定量分析的地质成矿信息提取与评价技术，对矿化空间分析指标进行计算，并构建矿区隐伏矿体立体定量评价模型，将其应用于矿床的资源量预测。

1. 矿化空间分析的目的

矿化空间分析是通过地质统计学方法对矿体金属量进行估算的前提和基础，通过该过程能确定估算中所需的各种参数，有利于更准确地估算矿体中的金属量。该金属量构成了一个重要的矿化指标，而矿化指标是对矿体进行定量评价的重要依据之一，因此通过定义及计算该指标值，将为隐伏矿体的立体定量预测提供保障。

（1）矿化空间分析流程

矿床矿化空间分布信息可以通过空间单元矿化指标（以下简称矿化指标）来体现，即可以通过一系列方法计算矿体块体模型中的各立体单元块体的矿化指标。通过建立三维空间地质空间中矿化指标与地质单元找矿信息指标之间的定量关系，对研究区内分布的隐伏矿体进行定位定量预测。

矿化分布实际上是矿化指标在三维地质空间上的分布，描述这些指标的变量称为矿化变量。矿化变量包括：① 平均品位；② 单元金属量；③ 单元含矿性指标。

地质单元找矿信息则描述了控矿地质因素的成矿有利度，反映了地质控矿作用在三维地质空间上的分布结果，描述这些指标的变量称为找矿信息变量。

因此，通过建立矿化指标与找矿信息指标之间的关联关系模型，可实现对立体单元中的品位、金属量和含矿性指标的预测。

(2) 矿化空间分析的功能

① 矿化指标的定义

矿化指标主要指描述 Cu、Pb、Zn 等有益元素平均品位、单元金属量的地质变量。矿化指标的具体定义如下。

第一，单元品位。指落入单元的取样样品按样长加权求得的元素平均品位（%）或采用块体模型估算的元素平均品位（%）。

第二，单元金属量。指单元块体中元素金属量的实际值（t）。

第三，单元含矿性指标（IOre）。如果元素单元品位大于等临界品位（如边界品位、边际品位、工业品位等）则 IOre 为 1，否则 IOre 为 0。

② 已知块体单元的确定

为了正确计算矿化指标，必须把矿体单元划分为已知单元和未知单元。已知单元是指被勘探工程穿过的单元、有样品落入其内的单元和矿体块体模型包含的单元；其他的单元均为未知单元。因此，利用以下规则来对块体单元属性 vt 来进行描述。

当 $vt \neq 0$ 代表已知单元，$vt = 0$ 代表未知单元。对于已知单元，有三种情况，用二进制的三个位（2^0、2^1、2^2）来表达，分别代表该单元是被勘探工程穿过的、有样品落入其内的和矿体块体模型包含的。对于块体单元属性的确定主要按如下步骤进行。

第一，将所有立体单元的 vt 都设置为 0。

第二，通过计算得到那些被勘探工程穿过的单元，并将该单元的 vt 与 2^0 进行或运算，即 $vt| = 2^0$。

第三，对于有样品落入其内的单元，计算其样品中心点的坐标（x，y，z），然后将该样品中心点的坐标转换为一定规格尺寸的网格的整数坐标（i_x, j_y, k_z），最后将整数坐标（i_x, j_y, k_z）对应的单元 vt 值与 2^1 进行或运算，即 $vt| = 2^1$。

第四，对于矿体块体模型包含的单元，其计算方法与第三相似，将单元的 vt 与 2^2 进行或运算，即 $vt| = 2^2$。

矿体块体模型包含的已知块体单元，易于通过建立矿体块体模型获得，而勘探工程穿过的已知单元，则必须通过计算来求得。其中，样品中心点坐标的计算对被勘探工程穿过的单元矿化指标计算尤其重要，在计算其中心点坐标之前，需要得到钻孔的轨迹线段。

③ 矿化指标的计算

已知单元矿化指标的计算步骤为：首先基于勘探工程取样计算单元矿化指标，其次基于矿体块体模型计算单元矿化指标，最后合并单元矿化指标。

步骤一，基于勘探工程取样计算单元矿化指标。落入单元内的样品按样长加权计算平均品位，即为该单元的矿化指标（Pb、Zn）。

$$C=\sum_{i=1}^{n}C_iH_i/\sum_{i=1}^{n}H_i \quad (x_i,y_i,z_i)\in v$$

式中，C_i、H_i、(x_i,y_i,z_i) 分别代表样品 i 的含量（Pb、Zn）、样长、中心点坐标；v 代表某单元占用的空间区域。

步骤二，基于矿体块体模型计算单元矿化指标。基于矿体块体模型计算的单元矿化指标以普通克里格法估计块体或单元的平均品位为基础。在得到上述两种矿化指标之后，需要对指标进行合并，合并按如下步骤进行。

第一，若单元是矿体块体模型包含的，即 vt & 2^2 为真，则矿化指标取值为基于矿体块体模型计算的单元矿化指标。

第二，若单元是有样品落入其内的，即 vt & 2^2 为假，但 vt & 2^1 为真，则矿化指标取值为基于勘探工程取样计算的单元矿化指标，而矿化指标取值为 0。

第三，若单元是被勘探工程穿过的，即 vt & 2^2 为假，vt & 2^1 为假，但 vt & 2^0 为真，则矿化指标取值为 0。

通过上述步骤，能够对所有已知单元的矿化指标进行计算。对于已知单元来说，如果元素单元品位大于等临界品位（如边界品位、边际品位、工业品位等）则 IOre 为 1，否则 IOre 为 0。

2. 隐伏矿体立体定量评价模型

隐伏矿体立体定量评价模型表达的是三维空间地质空间中的矿化指标与找矿信息指标之间的定量关系，可用来对研究区内分布的隐伏矿体进行定位定量预测。

矿化分布实际上是矿化指标在三维地质空间上的分布，描述这些指标的变量称为矿化变量。矿化变量包括：① 单元某元素平均品位；② 单元某元素金属量；③ 单元含矿性指标模型。

找矿信息指标描述了控矿地质因素的成矿有利度，反映了地质控矿作用在三维地质空间上的分布结果，描述这些指标的变量称为找矿信息变量。通过建立矿化指标与找矿信息指标之间的关联关系模型，实现对立体单元中的品位、金属量和含矿性指标定量评价与资源量预测。

对矿化指标与找矿信息指标之间的关联关系进行量化表达，需要先确定参与建模的找矿信息指标。不同的矿化变量有不同的找矿信息变量与其相对应，如不整合面距离场因素、不整合面趋势一起伏因素、不整合面坡度因素、不整合面夹角因素、地层界面距离场因素、地层界面趋势一起伏因素等。矿化泛函模型定量地揭示了找矿信息变量与矿化变量之间的关联关系，可以用来对研究区内所有立体单元的矿化指标（单元某元素平均品位、金属量）进行估值预测。

单元含矿性估计模型是用来对未知区立体单元的含矿性指标 IOre 进行估计，单元含矿性指标 IOre 在地质意义上是指在单元内找到工业矿体的概率。单元含矿性指标 IOre 相当于矿化指标值的概率化，对找矿信息变量具有函数依赖性，因而在找矿信息变量与含矿性指标之间也存在类似的泛函模型。

参考文献

[1] 陈洪冶，马振兴 . 地质勘查综合实训教程 [M]. 北京：地质出版社，2014.

[2] 孟旭光，吴尚昆 . 矿产资源规划方法 [M]. 北京：地质出版社，2014.

[3] 谭旭红，陈梅，张倩 . 矿产资源价值计量及补偿研究 [M]. 徐州：中国矿业大学出版社，2014.

[4] 薛亚洲，王海军 . 全国矿产资源节约与综合利用报告 [M]. 北京：地质出版社，2014.

[5] 石长岩 . 红透山矿开采技术方法与工程实践 [M]. 沈阳：东北大学出版社，2014.

[6] 张宏伟，霍丙杰 . 煤矿绿色开采技术 [M]. 徐州：中国矿业大学出版社，2015.

[7] 臧传伟 . 非煤矿床地下开采 [M]. 北京：煤炭工业出版社，2015.

[8] 王刚，陈连军，王文波，等 . 海域下煤层安全开采上限关键技术研究 [M]. 北京：冶金工业出版社，2015.

[9] 张梓太，沈灏，张闻昭 . 深海海底资源勘探开发法研究 [M]. 上海：复旦大学出版社，2015.

[10] 刘志逊，魏迎春，曹代勇 . 煤炭地质勘查技术跟踪与勘查模式研究 [M]. 北京：地质出版社，2015.

[11] 蔡运胜 . 金属矿产地质勘查中地球物理方法应用综述 [M]. 北京：地质出版社，2015.

[12] 刘凤民，夏浩东，刘晓文，等 . 危机矿山接替资源勘查实物地质资料采集 [M]. 北京：地质出版社，2015.

[13] 李增学 . 矿井地质手册地质・安全・资源卷 [M]. 北京：煤炭工业出版社，2015.

[14] 曹文贵，刘晓明，张永杰 . 工程地质学 [M]. 长沙：湖南大学出版社，2015.

[15] 贾琇明，张和生，隋刚，等 . 煤矿地质学 [M]. 徐州：中国矿业大学出版社，2015.

[16] 于学峰，洪飞，魏健，等 . 黄金矿产资源的开发利用 [M]. 北京：地质出版社，2016.

[17] 任香爱，杜东阳，刘向东，等 . 整装勘查区实物地质资料信息集成技术方法研究与应用 [M]. 北京：地质出版社，2016.

[18] 宓荣三 . 工程地质 [M]. 成都：西南交通大学出版社，2016.

[19] 吴冲龙，刘刚，张夏林，等 . 地质信息原理与方法 [M]. 北京：地质出版社，2016.

[20] 王新泉 . 工程地质学 [M]. 长春：吉林大学出版社，2016.

[21] 张博，曾凌云，史瑾瑾，等 . 我国矿产资源勘查开采区块优化研究 [M]. 北京：地质出版社，2017.

[22] 马杰 . 我国能源矿产资源开发及其利用效率研究 [M]. 北京：中国经济出版社，2017.

[23] 吴德超，陶晓风，曹锐 . 地理地质学原理第 3 版 [M]. 北京：地质出版社，2017.

[24] 王志骅，常松岭，张磊，等 . 煤矿地质 [M]. 北京：煤炭工业出版社，2017.

[25] 隋旺华，张志沛，吴基文，等 . 煤矿工程地质学 [M]. 北京：煤炭工业出版社，2017.

[26] 叶天竺，韦昌山，王玉往，等 . 勘查区找矿预测理论与方法各论 [M]. 北京：地质出版社，2017.

[27] 毕颖出，程增晴 . 矿产地质勘查研究 [M]. 延吉：延边大学出版社，2018.

[28] 黄炳香 . 流态矿产资源开采导论 [M]. 徐州：中国矿业大学出版社，2018.

[29] 南怀方，邱胜强，刘超 . 矿产资源破坏价值鉴定技术 [M]. 郑州：黄河水利出版社，2018.

[30] 李桂臣，张农，刘爱华 . 固体矿床开采 [M]. 徐州：中国矿业大学出版社，2018.

[31] 冯安生，鞠建华 . 矿产资源综合利用技术指标及其计算方法 [M]. 北京：冶金工业出版社，2018.

[32] 鲍玉学 . 矿产地质与勘查技术 [M]. 吉林科学技术出版社，2019.

[33] 池顺都 . 金属矿产系统勘查学 [M]. 武汉：中国地质大学出版社，2019.

[34] 张宝仁 . 黄金矿山地质学 [M]. 北京：地质出版社，2019.

[35] 余继峰，金爱文，宋召军 . 野外地质实践教程 [M]. 徐州：中国矿业大学出版社，2019.

[36] 张立明 . 固体矿产勘查实用技术手册 [M]. 合肥：中国科学技术大学出版社，2019.

[37] 路增祥，蔡美峰 . 金属矿山露天转地下开采关键技术 [M]. 北京：冶金工业

出版社，2019.
[38] 李新民 . 新形势下地质矿产勘查及找矿技术研究 [M]. 北京：原子能出版社，2020.
[39] 李瑞明，杨曙光，张国庆，等 . 新疆煤层气资源勘查开发及关键技术 [M]. 武汉：中国地质大学出版社，2020.
[40] 师明川，王松林，张晓波 . 水文地质工程地质物探技术研究 [M]. 北京：文化发展出版社，2020.
[41] 徐宏祥 . 煤炭开采与洁净利用 [M]. 北京：冶金工业出版社，2020.
[42] 万志军 . 能源矿产资源 [M]. 徐州：中国矿业大学出版社，2020.
[43] 李伟新，巫素芳，魏国灵 . 矿产地质与生态环境 [M]. 武汉：华中科技大学出版社，2020.
[44] 曹树刚 . 现代采矿理论及技术研究进展 [M]. 重庆：重庆大学出版社，2020.
[45] 张亮，冯安生，赵恒勤 . 矿产资源基地技术经济评价理论、方法及实践 [M]. 北京：冶金工业出版社，2021.
[46] 鲁岩，李冲 . 矿山资源开发与规划 [M]. 徐州：中国矿业大学出版社，2021.